Günther Nussbaum

(K)ein Pfusch am Bau

Günther Nussbaum

(K)EIN PFUSCH AM BAU

Wie ein Bausachverständiger (s)ein Traumhaus richtig bauen würde

Linde
populär

Bibliografische Information der Deutschen Nationalbibliothek
Die Deutsche Nationalbibliothek verzeichnet diese Publikation in der Deutschen Nationalbibliografie; detaillierte bibliografische Daten sind im Internet über http://dnb.d-nb.de abrufbar.

Formatentwickler und Produzent der Fernsehserie „Pfusch am Bau" ist die ON-MEDIA TV- und Filmproduktion GmbH in Zusammenarbeit mit Martin Gastinger und ATV.
Die Fernsehserie wird vom FERNSEHFONDS AUSTRIA gefördert.

ISBN 978-3-7093-0555-3 (Print)
ISBN 978-3-7094-0695-3 (E-Book-PDF)
ISBN 978-3-7094-0696-0 (E-Book-ePub)

Umschlag: buero8
Satz: Strobl, Satz·Grafik·Design, 2620 Neunkirchen

1210 Wien, Scheydgasse 24, Tel.: 01/24 630
www.lindeverlag.de
www.lindeverlag.at
Druck und Bindung: PBtisk a.s.
Dělostřelecká 344, 261 01 Příbram, Tschechien – www.pbtisk.eu

Inhalt

Kapitel 3: Dick betoniert und trotzdem schief – das Fundament

Kapitel 4: Nur dicht ist dicht – Keller und Drainagen

Kapitel 5: Untrennbar und doch zerstritten – Wände und Fassaden

Kapitel 6: Wer hinaufschaut, ist selber schuld – die Decke

Kapitel 7: Estrich und Boden

Kapitel 8: Für Regenwetter ungeeignet – das Dach

Kapitel 9: Betreten verboten – Flachdächer, Terrassen, Balkone

Kapitel 10: Lüften überflüssig – Fenster und Türen

Kapitel 11: Heizen erlaubt, aber vergeblich – Heizung und Elektrik

Kapitel 12: Immobilienkauf

Kapitel 13: Sanierung und Altbestand

Kapitel 14: Was uns nicht umbringt, macht uns hart – Raumluft und Wasser

Kapitel 15: Rechtsstreit

Vorwort zur ersten Auflage

Nach knapp 30 Jahren in der Bauwirtschaft war es für mich Zeit für eine neue Berufung. Ein logischer Weg schien der Beruf des Gerichtsgutachters zu sein, doch diesem konnte ich nicht viel abgewinnen. Aufklärungsarbeit und die Weitergabe der eigenen Erfahrungen sind dort tabu, sie widersprechen verständlicherweise dem Gerichtsgeheimnis. Das entspricht weder meinem Ego noch meinem Sendungsbewusstsein.

Um Dinge zu verändern, muss man die Öffentlichkeit informieren und ein Bewusstsein schaffen. Wie erkläre ich später jemandem, dass ich mein Leben lang von den Fehlern der Bauwirtschaft profitiert habe? Warum also nicht der Öffentlichkeit ungeschönt über „Pfusch am Bau" erzählen? Nur dann wird sich etwas ändern.

Also habe ich vor ein paar Jahren begonnen, Fachartikel für Bauverlage zu schreiben, und erreiche so jeden Monat ein paar Tausend Interessierte. Mir ist es wichtig, Privatleute darüber zu informieren, wie sie ihre Bauarbeiten selbst überwachen können, und dass Fachleute, ausgestattet mit dem notwendigen Knowhow, ihre Fehler erkennen und beseitigen.

Um eine breitere Öffentlichkeit zu erreichen, habe ich den „Bauherrenhilfe.org – Verein für Qualität am Bau" gegründet. Dann kam Martin Gastinger von ATV auf mich zu. Er fand unsere Öffentlichkeitsarbeit gut und wollte ein neues Service-Format etablieren: „Pfusch am Bau". Jetzt noch Fernsehen, wow! Diese Chance habe ich gerne wahrgenommen. „Pfusch am Bau" ist heute auf vielen Baustellen allgegenwärtig. Nach rund 90 Folgen versäumen private Bauleute oft keine Sendung, stehen selbstbewusst auf der Baustelle und ermahnen die Baufirmen zu einer fehlerfreien Ausführung.

Damit habe ich mir auch in der Bauwirtschaft mehr Freunde als Feinde geschaffen. Viele Firmen schreiben oder rufen mich an, um sich zu bedanken. Qualität ist wieder gefragt, der Billigstbieter wird von privaten Bauleuten mit Misstrauen beäugt. Gutes Handwerk hat wieder einen höheren Stellenwert.

Günther Nussbaum

1 Hinweis: Nachfolgende Informationen können keine Rechtsberatung darstellen. Es wird keine Gewähr für die Richtigkeit oder Aktualität übernommen. Haftungsansprüche, die durch die Nutzung der dargebotenen Informationen verursacht wurden, sind grundsätzlich ausgeschlossen.

Vorwort zur zweiten Auflage

Seit dem Erscheinen der ersten Auflage im Jahr 2012 hat sich einiges verändert: Die neue Generation von Elektrogeräten kann ein Auslösen der bis dahin gebräuchlichen FI-Schalter verhindern, die Bauordnung erlaubt sinnvollerweise die Gebäudeheizung mit Strom, die Brandschutzvorschriften wurden gelockert und es gibt einige neue Normen. Nach der erfreulicherweise zum Bestseller mutierten Erstauflage hatte ich mir ursprünglich vorgenommen, im Anschluss ein Buch zum Thema „Sanierungen und Gebrauchtimmobilien" zu schreiben. Aus zeitlichen Gründen habe ich das bislang nicht geschafft. Aber ich war nicht untätig und habe nach vielen, teilweise verzweifelten Bauherren-Anfragen massiv Zeit in die Entwicklung von „Qualitätsbetrieben" investiert (Bauherrenhilfe.org). Mein lang geplantes und endlich umgesetztes Projekt der „geprüften Betriebe" nimmt mich nun mehr in Anspruch als erwartet. Wir prüfen Betriebsmittel und Baustellen, Mitarbeiter und die Kundenzufriedenheit. Dabei hat es mich überrascht, wie viele Firmen bereit sind, sich tief in die Karten schauen zu lassen. Wer ein Qualitätsbetrieb sein will, muss Transparenz zeigen. Es ist mir ein großes Bedürfnis zu zeigen, dass es nicht nur viele wirklich gute Betriebe gibt, sondern dass diese auch die überwiegende Mehrheit darstellen.

Außerdem war es mir ein Bedürfnis, statt eines zweiten Buches neue Themen in eine zweite Auflage einzubringen. Schlussendlich lassen sich der „Gebrauchthauskauf" und die „Sanierung" gar nicht so einfach vom Neubau trennen. Rund um die Verwirrung zum Thema „Estrich und Fliesen" habe ich noch ein gänzliches neues Kapitel geschrieben und das letzte Kapitel beschäftigt sich mit dem Thema „Rechtsstreit". So sind insgesamt vier neue Kapitel entstanden. Last but not least habe ich das erste Kapitel um Infos zum „Nachbarschaftsrecht" ergänzt. Denn was nützt dem Leser die beste Bautechnik, wenn vertrags- und baurechtliche Umstände das „Traumschiff Hausbau" gegen die Wand fahren lassen?

Ich wünsche mir von Herzen, dass ich Ihnen, den Leserinnen und Lesern, ein klein wenig von meiner bautechnischen Begeisterung übermitteln kann und vor allem: dass sich Ihre Investition in dieses Buch tausendfach für Sie rechnet![1]

Günther Nussbaum

PS: Man möge mir die nicht ganz gendergerechte Sprache verzeihen. Wenn ich von Bauherren und Häuslbauern schreibe, meine ich natürlich auch Baufrauen und Häuslbauerinnen.

Kapitel 1

Mit Recht geplant - die Planungsphase

Grundlegendes

Bevor wir die einzelnen Schritte der Vorbereitung und Hausplanung besprechen, möchte ich Ihnen zwei grundlegende Gedanken zum Thema Wohnraumerrichtung mitgeben – es geht um Nachhaltigkeit bzw. Ökologie sowie um den „L.E.B.E.N.S.-Faktor".

Nachhaltigkeit und Ökologie

Heutzutage sollte die Passivbauweise Standard sein, ja sogar das Plusenergiehaus ist schon Realität. In diesem Sinne ist die EU-Gebäudcrichtlinie zu begrüßen, die vorschreibt, dass wir bis 2020 nur mehr „Nearly zero energy"-Gebäude bauen dürfen, also Häuser, die nahezu keine Heizenergie mehr benötigen. Österreich ist darin bereits weltweit führend, kein Land baut so viele Passivhäuser wie wir.

Die baurechtlichen Vorgaben verlangen den Passivhausstandard noch nicht. Wie und mit welchen Materialien Sie die Wärmeschutzvorgaben erreichen, bleibt also Ihnen – fast – überlassen. Leider öffnet dies der Verwendung bedenklicher Materialien Tür und Tor. Glaswolle, heute als Mineralwolle getarnt, sowie Polystyrol-Dämmungen sind zwar billig, ökologisch aber bedenklich. In Verbindung mit der immer dichter werdenden Gebäudehülle und der massiven Verwendung bauchemischer Produkte entsteht ein Giftcocktail, dessen Folgen noch niemand abschätzen kann. Wer starke Nerven hat, liest dazu das 14. Kapitel zum Thema Raumluft.

Abb. 1: Nach einer guten Planung endet der Wahnsinn Hausbau meist im echten Traumhaus. Quelle: © Architektur: YES, Graz und © Foto: Croce & Wir für eternit.at

Für Sie ist vorab wichtig zu wissen, dass ökologische Baumaterialien zwar nicht immer 100-Prozent Natur sind, aber weniger krank machen und auf lange Sicht den Wert Ihrer Immobilie beträchtlich steigern. Durch den Einsatz dieser Materialien werden regionale Betriebe unterstützt, und sie sind besser für Mensch und Umwelt – natürlich nur, wenn die ökologischen Materialien nicht über tausende Kilometer angeliefert werden. Unter den Begriff „Nachhaltigkeit" fällt übrigens auch die Wiederverwertung von Materialien am Ende der Gebäudelebensdauer. Künftige Gebäude werden vermehrt unter dem Aspekt der Nachhaltigkeit gebaut, planen Sie das mit ein, in 20 Jahren werden Makler und Käufer danach fragen!

Weiterführende Informationen und Anbieter:
www.bauherrenhilfe.org/fachbuch_nachhaltigkeit

Der L.E.B.E.N.S-Faktor

Gleich vorab: Ein Billighaus kommt Sie in der Regel teuer zu stehen. Und zwar in Form von erhöhten Wartungskosten sowie hohen Wertverlusten beim Wiederverkauf, denn der wahre Gebäudewert zeigt sich später. Ich nenne das den L.E.B.E.N.S-Faktor, das ist (m)ein Kürzel für:

Lebensdauer – **E**nergiekosten – **B**etriebskosten – **E**rneuerungskosten – **S**ervicekosten

Wer heute als Eigentümer Millionen in ein Bürogebäude investiert, interessiert sich nur zu einem Teil für den Kaufpreis. Er fragt vor allem nach Lebenszyklen, Energie- und Betriebskosten. Die Renditen für Investoren sind knapp kalkuliert, eine Flachdachsanierung nach nur 20 Jahren – übrigens keine Seltenheit –, und das Gebäude rechnet sich nicht mehr.

Denken auch Sie immer an das Motto: Zuerst mehr investieren – danach Geld sparen! Stöhnen Sie nicht, wenn die Baufirma zehn Prozent Mehrkosten für das Öko-Passivhaus verrechnet, das ist gut investiertes Geld. Im Laufe von 50 Jahren spart das „qualitätsgesicherte" Passivhaus locker 230.000 Euro. Die Ersparnis setzt sich aus mehreren Faktoren zusammen. Zunächst verheizen sie 80 Prozent weniger Geld, aber den Hauptteil machen Wartung, Instandhaltung, Reparaturen und schließlich Erneuerungsintervalle, die Sie einsparen, aus. Sie könnten mit dem ersparten Geld fast schon ein Zweithaus für Ihren Nachwuchs errichten. Auf die Qualität zu achten gilt natürlich nicht nur für den Passivhaus-Standard.

Abb. 2: Gebäudehülle hochwärmegedämmt und mit PV-Anlage am Dach. Elektrisches Heizen ist zu einer ökologischen Alternative geworden. Quelle: Kurier / e-Marke

GUT ZU WISSEN

Bei Gerichtsstreitigkeiten berechnen Sachverständige die durchschnittliche Lebensdauer sämtlicher Gebäudeteile, nachzulesen in einer Art „Haltbarkeitskatalog“*. Demnach ergeben sich im Zeitraum von 50 Jahren folgende Erneuerungszyklen:

Dach: zweimal
Terrasse: dreimal
Fassade: zweimal
Böden: viermal
Fenster: zweimal
Haustechnikteile: ein- bis dreimal

*Quelle: Nutzungsdauerkatalog baulicher Anlagen und Anlagenteile 2006, Gerichtssachverständige, Landesverband Steiermark und Kärnten

De facto bleiben *bei einer durchschnittlichen Bauweise* ohne Qualitätssicherung nach 50 Jahren nur die Fundamente, die Wände und der Dachstuhl im Originalzustand. Bedenken Sie, dass Sie bei fachgerechter Ausführung jeden dieser Multiplikatoren um mindestens 1 zurücksetzen können!

Interessant ist, dass die L.E.B.E.N.S.-Kosten meist weder in Architekten- und schon gar nicht in Handwerkerberatungen vorkommen. Ich erinnere mich an Diskussionen in Innungen (Standesvertretungen) vor rund 20 Jahren, als neue, vermeintlich hochwertigere Baustoffe eine große Verbreitung fanden. Die Firmen machten sich Sorgen, dass sie in 20 Jahren keine Arbeit mehr hätten, und lehnten daher diese Materialien ab.

Billig gebaut? – Reparaturrücklagen einplanen

Sie kennen das vielleicht von Eigentumswohnhausanlagen. Die Hausverwaltung behält einen Teil der Betriebskosten als Rücklage für Reparaturen und Instandhaltungen ein. Kleinere, aber auch unerwartet hohe Bauleistungen fallen dem Einzelnen so nicht wesentlich zur Last. Beim privaten Hausbau empfehle ich, es genauso zu machen.

Haben Sie in der Planungs- und Bauphase gespart, sollten Sie damit rechnen, dass nach der Bauübergabe erhöhte Instandhaltungs- und Reparaturkosten auf Sie zukommen werden. Sie können auch ein Haus mit Baumängeln übernehmen, wenn die Preisminderung entsprechend hoch ist, diesen Betrag legen Sie gleich auf das Rücklagenkonto.

Bei normaler Bauführung und mängelfreier Abnahme sorgen Sie selbst vor: Legen Sie nach den ersten fünf Jahren monatlich 30 Cent pro Quadratmeter Wohnfläche für Unvorhergesehenes auf ein Sparbuch.

Gut versichert?

Angeblich schützt sich nur rund ein Drittel der Bauherren durch eine entsprechende Versicherung. Und das, obwohl es im Leben eines Häuslbauers wohl kaum etwas Gefährlicheres gibt als eine Baustelle. Kommen während der Bauarbeiten Dritte, wie beispielsweise der Nachbar oder Passanten, zu Schaden, haftet dafür der Bauherr. Unter Umständen kann der Liegenschaftsbesitzer auch für verschuldensunabhängige Schäden verantwortlich gemacht werden, wenn beispielsweise Risse nach Grabungsarbeiten am Nachbarhaus auftreten. Auch dann, wenn trotz aller ordentlichen Sicherheitsmaßnahmen wie etwa Warnschildern und Absperrungen Personen- oder Sachschäden eintreten, erweist sich die Haftpflichtversicherung häufig als Retter aus der drohenden finanziellen Not. Bestimmte Pflichten kann der Bauwerber zwar vertraglich an einen Bauunternehmer oder den Baustellenkoordinator weitergeben, allerdings ist er in der Regel immer noch für dessen Überwachung verantwortlich.

BEWEISSICHERUNG AM NACHBARGRUND

Nachbarobjekte sollten – im guten Einvernehmen mit dem Nachbarn – vor Baubeginn genau unter die Lupe genommen werden. Vor allem bei nahe am Nachbarfundament erforderlichen Grabungsarbeiten oder erschütterungsintensiven Bohrungen und Bauarbeiten sollten Sie jedenfalls eine Beweissicherung organisieren. Sonst beschuldigt Sie Ihr Nachbar womöglich später, an allen Schäden des Gebäudes schuld zu sein.

Es gibt aber auch Schäden, für die Versicherer häufig nicht haften. Dabei handelt es sich oftmals um unvermeidbare Schäden oder solche, die nur mit unverhältnismäßig hohem finanziellem Aufwand vermeidbar wären. Zum Beispiel: Schwere Baufahrzeuge überqueren notwendigerweise das Nachbargrundstück und dabei entstehen Schäden auf den Wegen. Eine Bauherrenhaftpflichtversicherung springt in diesem Fall vermutlich nicht ein, weil der Schaden vorhersehbar war.

Versäumen Sie in der Hektik des Umzuges auch keinesfalls die rechtzeitige Ummeldung von der Rohbauversicherung auf die Eigenheimversicherung. Hier ergeben sich beträchtliche Wertunterschiede. Damit das Eigenheim gut versichert ist, ist eine korrekte Angabe der Gebäudedaten und Anlagen wie etwa das Vorhandensein von Solar- oder Photovoltaikanlagen absolut notwendig. Bei einer Unterversicherung wird auch im Schadensfall ein analoger Prozentsatz von der Deckungssumme abgezogen.

Schließlich sollte bereits im Beratungsgespräch abgeklärt werden, wie weit Einfriedungen oder Beleuchtungsanlagen mitversichert oder im Bedarfsfall durch Zusatzdeckungen einzuschließen sind. Berücksichtigen Sie auch eine mögliche Erweiterung des Versicherungsschutzes hinsichtlich Leitungswasserschäden sowie die Absicherung von Einrichtung und Inhalt des Rohbaus. Auch eine Unfallversicherung für am Bau unentgeltlich arbeitende Freunde und Verwandte gibt es!

GUT ZU WISSEN

Diese Versicherungen sollten Sie im Zuge Ihres Hausbaus auf jeden Fall abschließen:

- ➜ Rohbauversicherung: Diese kommt für jene Kosten auf, die durch Schäden wie Sturm, Feuer oder Hagel und vieles mehr entstehen.
- ➜ Bauherren-Haftpflichtversicherung: Diese haftet für Schäden, die andere am Bau beteiligte Personen, auf der Baustelle spielende Kinder, Passanten oder Ihre Nachbarn erleiden.
- ➜ Bauwesenversicherung: Diese deckt Schäden ab, die zulasten des Bauherren, des Bauunternehmens oder Handwerkers gehen. Sie gilt als Rundumschutz für den Bau.

Nebenkosten - Kostenfalle Baustelle

Nebenkosten sind prinzipiell alle Kosten, die nicht in unmittelbarem Zusammenhang mit den Bauarbeiten stehen.

Schon beim Grundstückskauf fallen einige grundlegende Nebenkosten an, vor allem bei neu gewidmeten Grundstücken ist mit hohen Aufschließungs- und Anschlusskosten zu rechnen. Die „Erschließung“ beschreibt alle Maßnahmen, die nötig sind, um ein baulich genutztes Grundstück an das öffentliche Verkehrswege- und Versorgungsnetz anzuschließen.

Manchmal werden unter Aufschließungskosten auch die Anschlussgebühren für Wasser und Kanal sowie die zugehörigen Baukosten für die Herstellung der Leitungen ab der Grundstücksgrenze verstanden. Nicht zuletzt wegen der unterschiedlichen Bedeutung des Begriffes „Aufschließungskosten" in den einzelnen Bauvorschriften der Bundesländer ist eine klare Zuordnung der einzelnen Gebühren und Kostenvorschreibungen jedoch nicht möglich. Da in Kaufverträgen des Öfteren die Bezahlung von „Aufschließungskosten" als vertragliche Verpflichtung einer Vertragspartei obliegt, muss vor einer bloßen Verwendung dieses Begriffes ohne nähere Erläuterung gewarnt werden. Zur Vermeidung von Missverständnissen und späteren Streitfällen sollten vielmehr alle diesbezüglichen Gebühren und Abgaben im Vertragstext einzeln angeführt und für jede Position auch die Zahlungsverpflichtungen durch Verkäufer- oder Käuferseite geregelt sein. Gleiches gilt im Falle des „aufgeschlossenen" Bauplatzes: Ohne eine eindeutige Aufzählung im Vertrag, welche Kosten damit angesprochen und bereits bezahlt sind, sind Streitigkeiten vorprogrammiert. (Quelle: Arbeiterkammer / meingrundstueck.at)

CHECKLISTE NEBENKOSTEN

- 3 Prozent bis 5 Prozent Kaufvertragserrichtung (Anwalt, Notar)
- 3,5 Prozent Grunderwerbsteuer (Finanzamt)
- 1,1 Prozent Gerichtsgebühr für Eintragung Eigentumsrecht
- 1,2 Prozent Gerichtsgebühr für die Eintragung eines Pfandrechtes
- 50 bis 400 Euro für sonstige Kosten bei Grundbuchseintragungen
- Maklerprovision 3 Prozent plus 20 Prozent Umsatzsteuer
- 40 bis 400 Euro Grundverkehrskommission
- 150 bis 2.200 Euro für die Vermessung und Parzellierung

Aufschließungskosten (ohne Gas):

- 700 bis 4.500 Euro für Anliegebeiträge an die Gemeinde für Zufahrtsstraße
- 2.000 bis 4.500 Euro für Stromanschluss
- 700 bis 1.500 Euro für Wasseranschluss
- 1.500 bis 3.800 Euro für Kanalanschluss
- 150 bis 800 Euro für Telefonanschluss

Baurechtliche Grundlagen

Viele Bauherren empfinden die baurechtlichen Vorgaben und vor allem die sie ausführende und überwachende Baubehörde zunächst als Feind, der sie in ihrer Individualität einschränkt. Doch diese Vorschriften machen Sinn und haben ihre Berechtigung. So manche baulich ausufernde Selbstdarstellung und Rücksichtslosigkeit würde ansonsten Nachbarschaftsstreitigkeiten zum Alltag werden lassen.

Die Baubehörde überwacht die Einhaltung der Richtlinien für das Bauen im gesellschaftlichen Umfeld, mischt sich aber – fast – nie in die Details ein. Dafür haben Sie Normen und Regeln sowie das Know-how von Architekten, Ingenieuren, Baumeistern und Handwerkern an Ihrer Seite. Die gesetzlichen Bauvorgaben dienen der Rücksichtnahme auf die Nachbarn, dem Schallschutz, dem Umwelt- und Wärmeschutz und schließlich auch der Sicherheit im Sinne brandschutztechnischer Vorgaben, der Standfestigkeit und der Erdbebensicherheit. Darüber hinaus regelt der Gesetzgeber viele weitere Dinge wie Grundstücksabstände, Gebäudehöhen, Mindestmaße für Zimmergrößen, Raumhöhen, Belichtungs- und Belüftungsöffnungen. Nicht zuletzt soll dadurch eine gewisse Rechtssicherheit gewährleistet werden.

Die Bauordnung - rechtliche Bauvorschriften

Eine Vereinheitlichung der Bauvorschriften ist eine seit Jahrzehnten bestehende Forderung aller Baubeteiligten. Der erste Versuch, eine Musterbauordnung auszuarbeiten, geht auf das Jahr 1948 zurück. Doch während die bautechnischen Aspekte durch die OIB-Richtlinien vereinheitlicht umzusetzen sind, umfasst das öffentliche Baurecht viele rechtliche Vorschriften, welche je nach Bundesland immer noch unterschiedlich umgesetzt werden. Dazu gehören beispielsweise die Nachbarrechte oder eben die Bebauungsbestimmungen.

Im Gegensatz zu den technischen Richtlinien sind Bauvorschriften unbedingt einzuhalten. Sie dürfen beispielsweise die Vorgaben zum Wärmeschutz oder den Baufluchtlinien nicht unterschreiten. Darüber hinaus können Sie aber mit Ihrem Bauunternehmer eine bautechnisch fehlerhafte Ausführung vereinbaren, was beispielsweise bei einem Holzschuppen oder einem auf Zeit errichteten Bauwerk durchaus Sinn macht. Es darf daraus nur keine Verletzung der Schutzziele, wie zum Beispiel des Brandschutzes oder der Standsicherheit, resultieren.

OIB-Richtlinien – technische Bauvorschriften

Mit den OIB-Richtlinien ist es gelungen, zumindest eine Harmonisierung der bautechnischen Vorschriften zu realisieren. Die OIB-Richtlinien sind wie die

Abb. 3: Quelle: MassivWertHaus/ MWH-Steiermark massivwerthaus.at

Landesbauvorschriften (www.bauordnung.at) frei verfügbar. Die OIB-Richtlinien 2015 wurden am 26. März 2015 in der Generalversammlung des Österreichischen Instituts für Bautechnik (OIB) beschlossen und sollen die Ausgabe 2011 ersetzen. Ab wann diese in den einzelnen Bundesländern gelten, ist der Homepage (www.oib.or.at) des „Österreichischen Instituts für Bautechnik" zu entnehmen.

Den OIB-Richtlinien liegen folgende „Schutzziele" zugrunde:

1. Mechanische Festigkeit und Standsicherheit
2. Brandschutz
3. Hygiene, Gesundheit, Umweltschutz
4. Nutzungssicherheit und Barrierefreiheit
5. Schallschutz
6. Energieeinsparung und Wärmeschutz

Nachbarrechte – gut zu wissen

Ein Stück Kuchen und ein freundliches Gespräch mit den künftigen Nachbarn haben schon so manchen Streit verhindert. Aber um zu wissen, wer besucht werden sollte, ist zunächst ein Blick in die Rechtslage notwendig, wobei es hier je nach Bundesland unterschiedliche Regelungen gibt. Beispielsweise besitzen Nachbarn nach der „Tiroler Bauordnung 1998" nur noch auf die Einhaltung der Abstandsbestimmungen nach § 6 der Bauordnung einen Rechtsanspruch.

Zusätzlich wurde fast nur mehr „Anrainern" Parteistellung eingeräumt, das gilt auch für das Burgenland.

Einsprüche durch Nachbarn werden durchwegs kritisch gesehen. Dabei wird übersehen, dass oft erst derartige Einsprüche zur Einhaltung der Bauvorschriften geführt haben. Ohne rechtlich verpflichtet zu sein, wird es vorteilhaft sein, so früh als möglich mit dem Nachbarn ein Gespräch zu führen, um seine Wünsche allenfalls schon im Planungsstadium zu berücksichtigen. Ein Rechtsstreit, selbst wenn er gewonnen wird, kann eine teure Verzögerung des Bauvorhabens bedeuten. Tatsächlich hat der Nachbar aber nur ein beschränktes Mitspracherecht.

Wer ist nun überhaupt „Nachbar"? Die Oberösterreichische Bauordnung erklärt vorbildlich, wer Nachbar ist: „Nachbarn sind Eigentümer (Miteigentümer) der Grundstücke, die unmittelbar an jene Grundstücke angrenzen, auf denen das Bauvorhaben ausgeführt werden soll, und darüber hinaus jene Grundeigentümer, die durch das Bauvorhaben voraussichtlich in ihren subjektiven Rechten beeinträchtigt werden können." Es genügt demnach offenbar schon, wenn der Eigentümer des fremden Grundstückes in einem räumlichem Naheverhältnis zu Ihrem Grund steht, aber nur dann, wenn er mit Auswirkungen zu rechnen hat, welche ein aktuell geltendes Schutzgesetz verletzen. Es sind daher allenfalls nicht nur die unmittelbaren Nachbarn mit Kuchen zu besuchen. Das Recht auf Akteneinsicht (§ 17 AVG) steht „Nachbarn" im Sinne der jeweiligen Bauordnung bereits ab Einreichung des Bauvorhabens bei der Behörde zu. Der Rechtsprechung ist zu entnehmen, dass es nicht maßgeblich ist, ob nachteilige Einwirkungen auf eine andere Liegenschaft tatsächlich eintreten, sondern ob mit Ihnen gerechnet werden muss.

Welche Umstände könnten, auszugsweise und abhängig vom jeweiligen Bundesland, subjektiv-öffentliche Nachbarrechte begründen?

Abstandsvorschriften

Der Nachbar hat nicht grundsätzlich einen Rechtsanspruch auf Einhaltung von Abständen, vielmehr muss es sich um Abstände handeln, deren Nichteinhaltung seine Rechte verletzen. Die Vorarlberger Bauordnung (Vbg BO) 1972 räumte den Nachbarn Nachbarrechte insoweit ein, als diese Rücksichten in Bezug auf Brandschutz, Gesundheit, insbesondere Belichtung, Luft und Lärm betreffen. Nach „Vbg BO 2001" wird bestimmt, dass für Einfriedungen oder sonstige Wände und Geländer bis zu einer Höhe von 1,8 Metern über dem Nachbargrund kein Mindestabstand gilt. In der „Stmk. BO" ist vorgesehen, dass die Behörde geringere Abstände für Nebengebäude vorschreiben kann, wenn dies das Ortsbild erfordert. Umgekehrt können auch größere Abstände vorgeschrieben werden, wenn die zu erwartende Belastung das ortsübliche Ausmaß übersteigen würde (z.B. Lärm).

Als Ausnahmen von der Einhaltung von Abständen kommen vielfach Schutzdächer, Dämmmaßnahmen nach technischer Notwendigkeit zur Sanierung der Außenwände bei bestehenden Bauten sowie Erker, Gesimse, Sockel, Zierglieder, Windfänge und Kellerlichtschächte in Betracht. Darüber hinaus kann jedoch auch eine geringfügige Überschreitung der einzuhaltenden Abstände zu einem Versagen der Baubewilligung führen.

Auf die Einhaltung der Bauhöhe besitzt der Nachbar einen Rechtsanspruch, jedoch nicht auf eine Beschränkung der Geschoße, wobei wiederum im Bebauungsplan die Anzahl der Geschoße eingeschränkt werden kann. In der Rechtsprechung wurde das Recht auf Einhaltung der Gebäudehöhe dahingehend eingeschränkt, dass der Nachbar nur eine Verletzung durch die ihm zugewandte Gebäudefront durchsetzen kann. Hier geht es in erster Linie um den Lichteinfall auf das Nachbargrundstück.

Ausnutzbarkeit Bauplatz

Eine typische Beschränkung ist die Festlegung einer höchstzulässig bebaubaren Fläche, einer bestimmten Bebauungsdichte, aber auch die Bestimmung gärtnerisch auszugestaltender Freiflächen. Die Ausnutzbarkeit des Bauplatzes wird als Nachbarrecht offenbar nur in der Kärntner, Wiener und OÖ Bauordnung genannt.

Beschaffenheit und Statik

Dieser Punkt ist in bausachverständigen Fragen immer wieder relevant. Flächen, die sich wegen natürlicher Gegebenheiten wie Hochwassergefahr, Steinschlag, Bodenbeschaffenheit oder Lawinengefahr für eine zweckmäßige Bebauung nicht eignen, dürfen nicht als Bauland gewidmet werden (§ 21 OÖ ROG). Nach der Hochwasserkatastrophe 2002 wurde im Jahre 2005 ergänzt:

- Flächen im 30-jährlichen Hochwasserabflussbereich dürfen nicht als Bauland gewidmet werden.
- Es besteht Baulandwidmungsverbot im 100-jährlichen HW-Abflussbereich (mit Ausnahmeregelungen).

Haben Nachbarn hinsichtlich der gesetzlichen Anordnungen über die Beschaffenheit des Bauplatzes ein Mitspracherecht? Die meisten Bauordnungen kennen ein solches auch gar nicht. Die Vorarlberger Bauordnung ordnet aber an, dass Einwendungen der Nachbarn gestützt werden können, „soweit mit Auswirkungen auf Nachbargrundstücke zu rechnen ist". Die Bestimmung dürfte wohl den Nachbarn davor sichern, dass ein oberhalb liegendes, rutschgefährdetes Grundstück überhaupt bebaut wird, wird es dennoch erbaut, dann nur unter Auflagen, die so die Gefahr bannen. Analog dazu dürfte der Fall zu sehen sein, wenn eine Quelle bzw. Schichtenwässer durch einen Bauplatz verlaufen. Es kommt gar nicht so selten vor, dass diese unterirdischen Wasserläufe durch ein Bauvorhaben „umgeleitet" werden.

Brandschutz

In bestimmten Fällen ist den Nachbarn hier sogar ein Zustimmungsrecht eingeräumt, wie beispielsweise bei Öffnungen in Brandwänden (Feuermauern) an einer gemeinsamen Grundgrenze. In der NÖ Bauordnung hat der Nachbar schon ein Mitspracherecht bei der Vergrößerung eines Lagerraumes oder bei einer Türöffnung zu einem Heizraum. Jedenfalls da, wo eine Brand- und Rauchausbreitung möglich sind. Er wird allerdings kein Mitspracherecht bezüglich der Durchführungsart und des Brandschutzkonzeptes haben können.

Belichtung und Belüftung

Bestimmungen über eine bestimmte Gebäudehöhe oder einen bestimmten Abstand dienen vor allem einer ausreichenden Belichtung und Belüftung. Nach der Kärntner Bauordnung besitzt der Nachbar etwa kein Recht auf Licht und Luft vom Baugrund, ein Recht auf „Besonnung" wird demnach nicht beschrieben. Auch in Salzburg hat der Verwaltungsgerichtshof festgehalten, dass ein Recht auf Wahrung des Licht- und Sonneneinfalls nicht vorgesehen ist. Dem Nachbarn steht nur das Recht zu, dass der Abstand zu seinem Grundstück eingehalten wird.

Flächenwidmung und Bebauungsbestimmungen

Grundsätzlich wird der Nachbar nur dann ein Mitspracherecht haben, wenn die Festlegungen des Flächenwidmungsplanes auch dem Interesse des Nachbarn dient. Hier ist wohl der Immissionsschutz zu nennen, analog zur NÖ Bauordnung: Emissionen, die von Bauwerken oder deren Benützung ausgehen, dürfen das Leben oder die Gesundheit von Menschen nicht gefährden bzw. Menschen durch Lärm, Geruch, Staub, Abgase, Erschütterung, Blendung oder Spiegelung nicht beeinträchtigen.

Immissionsschutz

„Jeder, der in einem gemischten Baugebiet eine Wohnung errichtet oder benützt, muss damit rechnen, dass er den Immissionen ausgesetzt sein wird, welche in einem solchen Gebiet üblich sind", urteilte der Verwaltungsgerichtshof (VwGH 14.1.1963, 0659/62). Ob eine Belästigung das ortsübliche Ausmaß übersteigt, ist unter Berücksichtigung der jeweiligen Flächenwidmung zu beurteilen. Demnach ist der Standort des Bauvorhabens entscheidend und nicht das Grundstück des Nachbarn.

Wo Nachbarrechte enden

Umgekehrt haben Nachbarn in der Regel und auszugsweise angeführt, keinen Anspruch bei Fragen hinsichtlich

- der Vorschriften zum Ortsbild, schönheitlicher Ansichten, Straßenbild,
- der Verkehrsverhältnisse auf öffentlichen Verkehrsflächen,
- der Veränderung des Grundwasserspiegels, eines Brunnenwasserstandes,
- der Bauausführung und Statik, im Besonderen nicht der Sicherung der Baugrube.

Bauverhandlung

Sinn und Zweck einer Bauverhandlung ist es vor allem, einen Ausgleich zwischen den unterschiedlichen Interessen von Bauwerber und Nachbarn zu erzielen.

Vor der Antragstellung zum Baubewilligungsverfahren muss der Bauwerber sich – zumindest teilweise – Gewissheit verschaffen, welche Personen als „Nachbar" dem Bewilligungsverfahren beizuziehen sein werden, auch wenn die Behörde schlussendlich dafür die Verantwortung trägt. Die oberösterreichische Bauordnung schreibt beispielsweise vor, dass dem Ansuchen ein Verzeichnis der Nachbargrundstücke und Nachbarn beizulegen ist.

Die niederösterreichische Bauordnung erlaubt zur Beschleunigung des Bewilligungsverfahrens den Entfall der mündlichen Bauverhandlung, wenn

- die Baubehörde die Nachbarn von dem Einlangen des Antrages unter Angabe von Zeit und Ort für die Einsichtnahme nachweislich verständigt und
- gleichzeitig die Nachbarn aufgefordert werden, eventuelle Einwendungen gegen das Vorhaben binnen 14 Tagen ab Zustellung einzubringen, und
- innerhalb dieser Frist keine Einwendungen erhoben wurden.

In der oberösterreichischen Bauordnung wiederum heißt es sinngemäß: Wird ein Antrag zur Baubewilligung nicht zurückgewiesen, hat die Behörde eine mündliche Bauverhandlung an Ort und Stelle, mit mindestens einem Amtssachverständigen anzuberaumen. Zur Bauverhandlung sind jedenfalls die Parteien (Bauwerber, Nachbarn, ...) sowie die zuständige Straßenverwaltung, der Planverfasser und ein allenfalls bereits bestimmter Bauführer zu laden. Die Ladung kann auch gut sichtbar durch eine Bekanntmachung in den betroffenen Häusern erfolgen. Auch in Oberösterreich kann eine Bauverhandlung entfallen, wenn

- das Bauvorhaben plangemäß zu bewilligen ist und
- die Nachbarn durch ihre Unterschrift auf dem Bauplan erklärt haben, gegen das Bauvorhaben keine Einwendungen zu erheben.

Abweichungen von den Bebauungsbestimmungen

Nach den geltenden Landesbauordnungen kann eine Bewilligungen erteilt werden, wenn „unwesentliche Abweichungen von den Bebauungsvorschriften" vorliegen. Jedoch gibt es keinen Katalog, wann eine solche „Unwesentlichkeit" gegeben ist. Verlassen Sie sich daher keinesfalls auf mögliche Ausnahmebestimmungen. Halten Sie sich streng an die Vorgaben der Bauordnung.

Die OIB-Richtlinien bringen mit der Ausgabe 2015 einige Erleichterungen und einen positiven Umgang mit „Toleranzen zu Abständen und Maßen". Beispielsweise war bis dato eine Unterschreitung der Durchgangsbreiten (OIB-RL 4) nicht zulässig. Auch nicht um einen Millimeter. Wird nun in der Ausführung vom vorgeschriebenen Maß abgewichen, gilt das Schutzziel trotzdem erfüllt, wenn Toleranzen laut den Werkvertragsnormen eingehalten werden. Wenn beispielsweise die ÖNORM DIN 18202 für flächenfertige Wände eine Ebenheitsabweichung von sieben Millimetern Durchhang auf zwei Meter Länge zulässt (erhöhte Anforderung fünf Millimeter auf zwei Millimeter), ist diese Abweichung von der Behörde zu akzeptieren.

Weiterführende Informationen und Anbieter:
www.bauherrenhilfe.org/fachbuch_baurecht

Vertragsrechtliche Fragen

Bautechnisch ist der Hausbau nahezu überreguliert, es gib kaum einen Bauteil oder Handgriff, der nicht durch Richtlinien und Normen geregelt ist. Die meisten Streitfälle haben daher ihren Ursprung auch nicht in einer fehlerhaften Bauausführung, gestritten wird vielmehr, weil im Vorfeld keine klaren Vereinbarungen getroffen wurden! Ganz egal, ob Sie einen Auftrag an den Planer oder den Bauunternehmer erteilen, vereinbaren Sie auch die kleinste Kleinigkeit immer schriftlich. Jeder Vertrag ist immer nur so gut, wie er für Sie im Streitfall nützlich sein kann.

In diesem Kapitel finden Sie einige wichtige Punkte, die in einem Vertrag auf jeden Fall geklärt sein sollten.

Wer ist Ihr Vertragspartner?

Diese Frage ist für den Werk- oder Kaufvertrag und danach für alle Vereinbarungen auf der Baustelle besonders wichtig. „Vertragspartner" kann nur ein Mensch oder eine juristische Person, beispielsweise eine Genossenschaft, GmbH oder AG sein. Darin liegt schon die erste Hürde. Existiert mein Vertragspartner überhaupt, erfüllt er die rechtlichen und gewerberechtlichen Rahmenbedingungen?

Die Unterschrift, die jemand für eine GmbH oder andere juristische Person ohne Vollmacht, also ohne entsprechende Berechtigung abgibt, wird im Streitfall nichts wert sein. Auch wenn die Visitenkarte noch so schön aussieht, Begriffe wie „technischer Direktor" oder „Geschäftsführung" bedeuten noch lange nicht, dass Ihr vermeintlicher Vertragspartner die Befugnis hat, mit Ihnen zu verhandeln. Achten Sie darauf im Besonderen während der Bauarbeiten. Da steht Ihnen meist nur mehr der Projekt- oder Bauleiter zur Seite.

TIPP

Ist Ihr Bauleiter überhaupt befugt, Preise zu verhandeln? Verlangen Sie jedenfalls eine Vollmacht vom kaufmännisch rechtlichen Geschäftsführer.

Der sogenannte „Vertreter ohne Vollmacht", also der Polier ohne Befugnis, haftet zwar für den durch sein Verhalten herbeigeführten Schaden, jedoch nicht für die Vertragserfüllung, beispielsweise für die Ausführungen der Nachtragsarbeiten am Carport.

Jetzt habe ich ein Buch in der zweiten Auflage geschrieben, über die ATV-Sendung „Pfusch am Bau" und meine Publikationen bin ich bekannt geworden. Borgen Sie mir deswegen mal schnell 200.000 Euro? Wohl eher nicht.

Achten Sie genau darauf, auf wen Sie sich einlassen – auch im Hinblick auf allfällige spätere Gewährleistungs- oder Schadenersatzansprüche. Gehen Sie zu einer Kreditauskunftei wie der KSV1870 Gruppe und fragen Sie *vor* jeder verbindlichen Vertragserklärung nach der Bonität und den Vermögensverhältnissen des gewünschten Vertragspartners.

CHECKLISTE - WER IST MEIN VERTRAGSPARTNER?

- ➜ Gewerbescheine vorhanden? Siehe Online-Check: www.wko.at
- ➜ Bonität ausreichend? Eine Schnellauskunft erhalten Sie über KSV.at (ab 6,90 Euro exkl. USt.).
- ➜ Firmenbuchauszug prüfen, Firmeninhaber, Geschäftsführer über www.kompany.at (circa 10 Euro)
- ➜ Firmenreferenzen hinterfragen
- ➜ Firmenbesuch: Büro und allenfalls Werkstatt vorhanden?
- ➜ Komplettrecherche beim Verein Bauherrenhilfe.org anfragen

Werkvertrag oder Kaufvertrag?

Mit Ihrem Vertragspartner schließen Sie in der Regel einen „Werkvertrag" ab. Bei diesem verpflichtet sich der Werkunternehmer, ein möglichst genau definiertes Werk herzustellen. Beim „Kaufvertrag" wird normalerweise ein schon fertiggestelltes Objekt erworben. Wenn das Objekt, in dem Fall unser Haus, noch fertigzustellen ist, sind die Grenzen zum Werkvertrag fließend.

Dem Werkvertrag muss ein Anbot zugrunde liegen. Akzeptieren Sie niemals ein mündliches Angebot! Unterschreiben Sie aber auch nichts, was Ihnen unklar ist und nehmen Sie das Kleingedruckte ernst! Denken Sie daran, ein Vertrag wird immer für den Streitfall abgeschlossen. Formulierungen wie „für die Anlieferung von Baustoffen müssen die Zufahrtswege für Schwertransporte geeignet sein. Wir haften nicht für Straßenverschmutzungen im Zuge der Materialanlieferungen" können Sie teuer zu stehen kommen. Wenn der Lkw bei der Materialanlieferung zu groß ist, muss auf kleinere umgeladen werden. Die Mehrkosten wird man Ihnen umhängen wollen. Ein anderes Beispiel: Die Anlieferung bei Regen hat zu einer Schlammschlacht auf den Anfahrtsstraßen geführt, sodass der Straßenerhalter gezwungen ist, seine Reinigungstrupps loszuschicken. Die Rechnung erhalten Sie dann.

Folgende beispielhafte Formulierung können Sie dem Vertragswerk selbstbewusst hinzufügen: *„Der Anbieter kennt die örtlichen Verhältnisse und hat sich von den Gegebenheiten auf dem Bauplatz selbst Kenntnis verschafft. Sein Angebot nimmt in allen Angebotsdetails darauf Rücksicht."*

Streichen Sie, was Ihnen nicht gefällt. Korrigieren Sie, wo Sie Ihren Nachteil vermuten, übermitteln Sie danach dem Vertragspartner „Ihre" neue Vertragsfassung zur Unterschrift. Jetzt ist es Zeit zu handeln wie auf dem orientalischen Basar. Danach ist es zu spät, da dürfen Sie nur mehr mit Ihrem Anwalt dessen Kosten verhandeln. (Das geht auch!)

Der Vertrag muss also abgeschlossen und von allen Parteien unterfertigt sein, erst dann darf auf der Baustelle gearbeitet werden. Sie denken, das sei ohnehin selbstverständlich? Dann werden Sie nicht glauben, wie viele Bauvorhaben ohne verbindlich vereinbarte Angebote und ohne wasserdichte Verträge abgeschlossen werden. Ich gehe von rund 70 Prozent aus. Baufehler rücken da in den Hintergrund.

Noch eins: Bei wichtigen Punkten wird eine einseitig verschickte E-Mail nicht ausreichen. Ihr Gegenüber muss aktiv und nachweislich sein Einverständnis bekunden. Sonst behauptet er am Ende, dass er Ihre Änderungswünsche und Preisvorstellungen gar nicht bekommen hat. Außerdem: Schweigen gilt dann auch nicht als Zustimmung!

Fertigstellungsfrist

Ein Hausbau ohne Fertigstellungsfrist ist wie eine Lehrzeit ohne festgelegten Abschluss vermutlich nie zu Ende. Handeln Sie gemeinsam mit Ihrem Vertragspartner eine angemessene Frist aus. Erst dann haftet er für den sogenannten „Verspätungsschaden". Allerdings müssen Sie Schadenersatzforderungen immer nachweisen. Also beispielsweise die erhöhten Mietkosten, die Lagergebühren für die schon bestellte Küche, Stehzeiten für den Tischler, der die Einbaumöbel fristgerecht montieren sollte, etc.

Einfacher ist dagegen die Vereinbarung einer „Pönale". Dieser „pauschalierte Schadenersatz" ist bei Fristüberschreitung unabhängig vom tatsächlichen Schaden einzufordern. Beispielsweise vereinbaren Sie 1.000 Euro pro Woche Verzug oder ein Prozent pro Woche. Hier haben Sie den Vorteil, dass ein Schaden nicht nachgewiesen werden muss.

Bedenken Sie aber, dass „überschaubare, kurzfristige Verzögerungen, die der Sphäre des Auftraggebers zuzurechnen sind, die Fertigstellungsfrist entsprechend analog verlängern". Bei derartigen leichten Bauverzögerungen bleibt die vereinbarte Pönale bei einem Fristversäumnis allenfalls bestehen.

Schlechtwetter als Verzugsgrund?

Oftmals wird vereinbart, dass Schlechtwetter die Fristen entsprechend verlängert, also die Fertigstellung nach hinten verschiebt. Ich rate davon ab, das zu akzeptieren. Vereinbaren Sie zumindest, welche Art von Schlechtwetter welche Leistungen verzögern darf! Warum etwa soll Regen die Arbeiten in überdachten Innenräumen verzögern? Und was ist Schlechtwetter? Sind +2 °C schon ein Hindernisgrund für Verputzarbeiten? Oder erst Temperaturen unter null? (Ja, da liegt in der Regel schon eine Unterschreitung der mindesten Verarbeitungstemperatur vor, weil mineralische Putze unter 5 °C nicht mehr oder nur verzögert abbinden). Geben Sie zur vorgeschlagenen Frist des Unternehmers noch die eine oder andere Woche dazu, aber streichen Sie die Schlechtwetterregelung.

ACHTUNG

Wenn Sie den Leistungsumfang massiv ändern, dann fällt die Pönale!

Anders gestaltet sich die Lage bei einer massiven Änderung der Leistungen und des Bauzeitenplanes durch Umstände, die Sie zu verantworten haben. In diesem Fall entfällt die Strafzahlung zur Gänze. Überlegen Sie also *vor* Auftragserteilung, welche Arbeiten genau beauftragt werden. Kommen während der Arbeiten doch noch der Pool, die Garage, der Dachausbau oder die Fliesenleger- und Malerarbeiten dazu, so werden Sie die verbindliche Fristvereinbarung und damit ein wichtiges Druckmittel vergessen können.

Abschließend gilt: Bleiben Sie bei allen rechtlichen Belangen fair. Wenn Ihr Vertragspartner nicht rechtzeitig fertig wird, sich aber in der Bauzeit sichtlich bemüht hat, kann man durchaus Gnade vor Recht ergehen lassen. Schließlich weiß man nie, wozu man seinen Vertragspartner später noch braucht.

Hausübergabe

Der Auftraggeber muss nur ein fertiges, mängelfreies Werk übernehmen. Und Sie können, mangels anderer Vereinbarungen, auch nicht dazu gezwungen werden, das Haus oder einzelne Bauabschnitte vor dem vereinbarten Zeitpunkt zu übernehmen. Bei vielen Streitfällen bleibt unklar, ab welchem Zeitpunkt die Übergabe, ergo die Gewährleistungsfrist, begonnen hat! Mangels eines Übernahmeprotokolls können eventuell das Schlussrechnungsdatum oder die „Inbetriebnahme", also das Einzugsdatum, herangezogen werden, darüber entscheidet schlussendlich ein Richter. Bei der gut organisierten Baustelle wird jedenfalls ein „Übergabeprotokoll" erstellt. Dieses ist zwar gesetzlich nicht vorgeschrieben, aber jedenfalls zu empfehlen.

In das Protokoll schreiben Sie alles hinein, was Ihnen nicht gefällt. § 928 des ABGB normiert, dass „Mängel, die in die Augen fallen", sofort gerügt werden müssen, andernfalls sie als genehmigt gelten. Wenn Sie das nicht tun, haben Sie die „gesetzliche Vermutung" gegen sich, dass der Mangel im Zweifel von Ihnen genehmigt wurde. Es sind demnach alle „offenkundigen" Mängel in das Protokoll einzutragen. Darunter versteht man Mängel, die auch ohne besondere sachverständige Kenntnisse sofort durch bloßen Augenschein festgestellt werden können. Ansprüche wegen Baufehlern, die Sie nicht hätten erkennen müssen, bleiben natürlich erhalten.

Haftung und Gewährleistung

Bis zur Übernahme haftet der Bauunternehmer für Risiko und Untergang des Bauwerks. Wird das Haus am Tag VOR der Übergabe durch ein Feuer zerstört, muss der Bauunternehmer ein komplett neues Haus errichten. Egal, ob er das Feuer zu verantworten hat oder nicht! Entsteht das Feuer am Tag NACH der Übergabe, ist er von der Haftung befreit. Da bleibt dann nur die Hoffnung, dass Sie rechtzeitig für Versicherungsschutz gesorgt haben.

Gewährleistung nach § 933 ABGB

Gewährleistung bedeutet Haftung des Unternehmers für eine mangelhafte Leistung, noch ohne dass ein Schaden eingetreten sein muss. Ein Mangel ist das Fehlen von

- ausdrücklich bedungenen oder
- gewöhnlich vorausgesetzten

Eigenschaften.

„Ausdrücklich bedungen" bedeutet „was vereinbart wurde". Zu den „gewöhnlich vorausgesetzten Eigenschaften" sind auch die technischen Normen zu zählen, die mangels anderer Vereinbarungen immer anzuwenden sind, da sie im Zweifel den Stand der Technik definieren. Im Übrigen haftet der Vertragspartner auch für Werbeaussagen und öffentliche Angaben zur Qualität des Vertragsgegenstandes.

Die Gewährleistungsfristen

- Bis sechs Monate nach Übernahme: Gemäß § 924 ABGB wird bis zum gegenteiligen Beweis vermutet, dass Mängel, die innerhalb dieser Frist aufgetreten sind, bereits bei der Übergabe vorhanden waren. Das betrifft die sogenannte „Beweislastumkehr" und belastet den Bauunternehmer. Kann dieser sich nicht „freibeweisen", kann er also das Gericht nicht davon überzeugen, dass der Mangel bei der Übergabe noch nicht vorhanden war, so ist er zur Gewährleistung zu verurteilen.
- Bis drei Jahre nach Übernahme: Stellen Sie innerhalb dieser Frist einen Mangel fest, so können Sie eine Preisminderung, die Verbesserung, die Nachlieferung des Fehlenden oder den Austausch der mangelhaften Sache verlangen.

- Bis zwei Jahre nach Übernahme: Diese Frist gilt nur bei beweglichen Sachen. Es ist aber beim Hausbau davon auszugehen, dass alle Sachen als „unbeweglich" anzusehen sind. Auch die Küchenmöbel sind nach dem Einbau durch den Tischler fix mit dem Haus verbunden und damit in der Regel „unbeweglich".

ACHTUNG: Gemäß § 933 ABGB sind Gewährleistungsansprüche betreffend unbewegliche Sachen binnen drei Jahren gerichtlich geltend zu machen. Eine bloße Mängelrüge an den Vertragspartner genügt da nicht! Der Bauunternehmer kann Ihnen jedoch eine Fristverlängerung gewähren, für den Fall, dass die 3-Jahres-Frist nicht ausreicht. Im Anlassfall rate ich Ihnen, bei geringfügigen Mängeln zuerst Ihren Vertragspartner zu kontaktieren. Bei offenbar wesentlichen Baufehlern rufen Sie den Gutachter oder den Baurechtsanwalt zur Hilfe.

Gewähr muss nur für solche Mängel geleistet werden, die zum Zeitpunkt der Übergabe der Sache vorhanden sind. (§ 924 ABGB)

Schadenersatz nach § 933A ABGB

Streng von der Gewährleistung zu unterscheiden ist der Schadenersatz! Während bei der Gewährleistung der Unternehmer schon für das bloße Vorhandensein eines Mangels einstehen muss, bezweckt das Recht des Schadenersatzes die Beseitigung sämtlicher Folgen eines Fehlers.

Demnach können Sie im Rahmen der dreijährigen Gewährleistung – ohne dass ein Schaden bereits eingetreten sein muss – eine offenbar fehlerhafte Sache reklamieren. Tritt aber erst nach 15 Jahren ein Schaden auf, ist zwar die Gewährleistung vorbei, aber es steht Ihnen unter Umständen immer noch Schadenersatz zu. Sie müssen sich jedoch die 15-jährige Nutzung anrechnen lassen. Die Frist für die Erkennung liegt im Schadenersatzrecht bei 30 Jahren!

Ein Schaden liegt nicht nur dann vor, wenn die Zwischenwand den Hund erschlagen hat, sondern auch wenn

- erhöhte Betriebskosten (Energie),
- ein geringerer Wert oder
- erhöhte Instandhaltungsintervalle

nachweisbar werden.

Weiterführende Informationen und Musterformulare:
www.bauherrenhilfe.org/fachbuch_baurecht

Planungsfragen

Wenn Sie schon sehr genau wissen, was und wie Sie bauen, brauchen Sie nur einen Einreichplan und den dazugehörenden Energieausweis für die behördliche Baubewilligung. Dafür einen Planer zu finden ist in der Regel einfach.

Folgende Personen sind befugt, Behördenpläne zu zeichnen:

- ➜ Ziviltechniker und Architekten
- ➜ Ingenieurbüros
- ➜ Holzbau-Meister
- ➜ Baumeister

Abb. 4: Individuelle Architektur mit massiven Fertigwänden. Quelle: Mabahaus.at

Wenn Sie noch nicht so genau wissen, was und wie Sie bauen möchten, Sie die finanziellen Ressourcen bzw. wenig Zeit haben oder einfach auf kompetente Beratung und Ausführungen Wert legen, bieten sich verschiedene Instrumentarien an, um Ihnen die Planung zu erleichtern. Im Folgenden finden Sie die unterschiedlichen Möglichkeiten.

Architektenvollvertrag mit örtlicher Bauaufsicht

Wenn Geld keine Rolle spielt, können Sie einen Architekten mit einer Generalvollmacht ausstatten. In der besten aller möglichen Welten würde sich der Ablauf folgendermaßen gestalten:

- ➜ Bei einem Kaffeeplausch erzählen Sie dem Architekten Ihre Vorstellungen.
- ➜ Der Architekt macht einen Entwurf, fühlt bei der Baubehörde vor und holt Erkundigungen bei der Industrie ein.

- Bei einem weiteren Kaffeeplausch legt er den Planentwurf vor, den Sie absegnen.
- Der Architekt reicht den Einreichplan bei der Baubehörde ein.
- Während er auf den Bescheid wartet, holt der Architekt Angebote von guten Baufirmen ein. Diese bieten auch prompt an, weil sie den Architekten kennen und schätzen. Die Preise sind transparent und gut vergleichbar.
- Zehn Wochen später kommt der Bescheid der Behörde. Er ergeht auch an die Nachbarn, die keine Einwände geltend machen.
- Während der vierwöchigen Einspruchsfrist suchen Sie schon einmal die Küchen- und Badezimmerausstattung und planen Ihre Einrichtung. Der Architekt nutzt die Zeit, um den jeweiligen Bestbieter zu ermitteln, und stimmt mit allen einen Bauzeitenplan ab.
- Sie werden bei Ihren zukünftigen Nachbarn mit einer Flasche Wein vorstellig. Alle freuen sich auf Sie.
- Baubeginn. Die Hauptbaufirma übernimmt auch die gesetzlich vorgeschriebene Funktion des Baustellenkoordinators. Der Architekt hält jede Woche eine Baubesprechung ab und überprüft die Leistungen oberflächlich.
- Für die genaue Prüfung der Bauleistungen hat der Architekt zwei Gutachter beauftragt, einen Haustechniker und einen Bausachverständigen. Alle Bauabschnitte werden geprüft, sind mängelfrei und werden abgenommen.
- Der Bau wird ohne teure Nachtragsofferte fristgerecht fertig. Die beiden Gutachter bestätigen die Mängelfreiheit. Sie überweisen die Schlusszahlung.

Die Kombination Architektenvollvertrag mit Baubegleitung durch zwei Sachverständige kostet Sie in etwa 40.000 bis 60.000 Euro. Nun geht es allenfalls noch darum, genauso wie bei den ausführenden Firmen, nur ja den „richtigen" Architekten auszusuchen. Nicht jeder Architekt ist auf Einfamilien- oder gar Kleingartenhäuser spezialisiert. Und kein Sachverständiger ist ein Universalgenie. Auch Gerichtsgutachter werden nach sehr eng eingegrenzten Fachgebieten zertifiziert. Es kommt leider nicht selten vor, dass ein Gutachter zwar zum Fachgebiet „Hochbau und Architektur" zertifiziert ist, aber eingeschränkt wurde, beispielsweise auf: „Fachgebiet 72.03 Kalkulation, Vergabewesen, Bauabwicklung, Bauabrechnung". Dieser wäre dann vermutlich der perfekte Partner für die ÖBA, die örtliche Bauaufsicht. Aber wohl nicht für eine bautechnische Prüfung der Bauausführungen.

Ein derartiger „Vollvertrag mit sachverständiger Baubegleitung" wird selten geschlossen. Diese Mehrkosten rechnen sich zwar normalerweise durch den gesicherten Wert der Immobilie, aber dafür fehlt meist noch das Bewusstsein beim Bauherrn. Und vor allem: Hier kann der Bauherr selbst viel Geld sparen und Architektenleistungen sowie Kontrollfunktionen übernehmen! Werden Sie daher auf Baudauer zum Kontrollfreak, kontrollieren Sie den Planer, die Bauaufsicht und die Ausführenden sowieso.

Der Entwurfsplan - Kosten etwa 3.000 Euro - sehr empfehlenswert

Zu Beginn des Projekts weiß der Planer nicht, was Sie bauen möchten, die Baubehörde ebenso wenig und Sie vermutlich auch nicht. Der Entwurfsplan beinhaltet bereits alle Angaben, die auch für den Einreichplan erforderlich sind, nur der finale Anspruch fehlt, Sie dürfen also noch experimentieren.

Sie müssen sich mit Ihrem Planer Schritt für Schritt an den Entwurfsplan herantasten. Dazu muss er alles über Ihre Lebensumstände und Wünsche wissen. Verheimlichen Sie ihm nichts. Wenn Sie sich gerne in Lack und Leder auf eine Art vergnügen, die einen gut beheizten, schalldichten Keller mit wasserdichten Fenstern erfordert, dann sagen Sie es. Beim ersten Planungsgespräch erfahren Sie auch viel über den Hausbau, die Risiken und den Umgang mit den Ausführenden. Unterschätzen Sie nicht die langjährige Planungserfahrung eines Architekten. Profitieren Sie von seiner Erfahrung. Wer es sich zutraut, legt sich schon vor dem Gang zum Planer eine eigene Planungssoftware zu. Eine den Bebauungsbestimmungen und Flächenwidmungsplänen entsprechende Hausplanung schafft der Laie zwar damit sicher nicht, aber die Planung des eigenen Hauses von der Couch aus kann erste wichtige Erkenntnisse liefern und Spaß machen.

TIPP

Verzichten Sie auf eine angeberische Optik des Hauses, investieren Sie dafür in qualitative Baustoffe und hochwertige Technik. Wer heute noch Balkönchen, Erker oder Türmchen baut, wurde entweder schlecht beraten oder hat gutgemeinte Ratschläge in den Wind geschlagen. Wenn ein „Haus mit Türmchen" in etwa 350.000 Euro kostet, hat es einen tatsächlichen Wert von 280.000 Euro. Rechnet man die Betriebskosten und die Kosten der Reparaturen auf 50 Jahre hoch, errechnet sich ein Betrag von 380.000 Euro. Insgesamt ergibt sich so ein 50-Jahre-Preis von 730.000 Euro.
Demgegenüber kostet ein „Passivhaus mit schlichter Architektur" 350.000 Euro und hat auch einen Wert in dieser Höhe. Ergänzt man diesen Wert um

die Betriebs- und Reparaturkosten, ergibt sich für 50 Jahre ein Wert in Höhe von 150.000 Euro. Insgesamt ergibt sich somit ein 50-Jahre-Preis in Höhe von 500.000 Euro. Die Anschaffung einer vermeintlich teuren Solaranlage bei Hauserrichtung reduziert diesen Betrag weiter!

Mit dem Entwurfsplan in Händen beginnt der Spießrutenlauf zu Anbietern und Dienstleistern. Besuchen Sie Messen, befragen Sie Hersteller und Handwerker, legen Sie jeweils Ihren Entwurfsplan vor. Aber erwarten Sie nicht, mit Angeboten überhäuft zu werden. Auftraggeber – egal welcher Sparte – glauben immer, dass jeder sich darum reißt, Angebote zu stellen und den Auftrag zu ergattern. Doch in der Bauwirtschaft stimmt das nicht immer. Professionelle Baufirmen sind gut im Geschäft und ein ausführliches Angebot mit einer ehrlichen Kalkulation kostet die Firma immerhin etwa zwei Tage Arbeitszeit!

Einige Anbieter lassen sich ihr Anbot im Vorfeld bezahlen. Dagegen ist nichts zu sagen, steht doch deren Chance, den Auftrag zu erhalten, etwa bei 1:10. Das heißt, eine Firma muss zehn Angebote legen, damit eines davon zu einem Auftrag führt. Wundern Sie sich also nicht, wenn eine Hauskalkulation zunächst nur auf zwei Seiten grob umrissen wird. Wenn Ihr Anbieter in die engere Wahl kommt, teilen Sie ihm das mit und verlangen Sie eine genauere Kalkulation. Es spricht auch nichts dagegen, mit einer netten Aufmerksamkeit vorbeizukommen, vom hervorragenden Ruf genau dieser Baufirma zu schwärmen und einen persönlichen Kontakt herzustellen. Schließlich soll dies der Partner werden, mit dem Sie in den nächsten Monaten Ihren Traum verwirklichen wollen.

Schließlich haben Sie technische Informationen und Angebote gesammelt, alte Ideen verworfen, neue entwickelt, den Entwurfsplan finalisiert und durch Offerte gefestigt. Sie haben sich selbst einen Überblick darüber verschafft, welchen Baustandard Sie sich leisten können und wollen. Geben Sie nun Ihrem Planer oder Architekten grünes Licht für den Einreichplan.

Der Einreichplan – Kosten in etwa 4.000 Euro – behördlich vorgeschrieben

Der Einreichplan wird bei der Baubehörde eingereicht und muss genehmigt werden. In weiterer Folge bekommen ihn alle ausführenden Fachleute in die Hände; er ist der rote Faden, das Rückgrat, die Basis für alle Arbeiten auf Ihrer Baustelle. Deswegen muss er der Fels in der Brandung Ihres Bauvorhabens sein. Fast jede Änderung muss in Form eines Planwechsels eingetragen und nachgezeichnet werden. In manchen Fällen muss man für Änderungen nochmals eine Genehmigung einholen.

Der Einreichplan hat folgende Angaben zu enthalten:

- Nordpfeil
- Flächenausmaße des Bauplatzes
- Grundstücksnummern
- Flächen
- Umrisse der bestehenden Baulichkeiten (grau)
- Umrisse der neu zu errichtenden Baulichkeiten (rot)
- Umrisse der abzutragenden Baulichkeiten falls bewilligungspflichtig (gelb)
- Abstandsflächen
- Höhenlagen des Geländes
- Kontakte der Eigentümer, Anrainer
- Nachweis Gebäudehöhe
- Schnitte im Maßstab 1:100
- Grundrisse sämtlicher Geschoße im Maßstab 1:100 (nicht Kleingarten)
- Bauteilangaben, Materialien, Dicke, Fenstergrößen, Türgrößen, Stiegen

Die Behörde gibt sich beispielsweise bei Kleingärten auch mit weniger Angaben zufrieden, wodurch der Einreichplan günstiger werden kann. Das ist für die Behörde okay, aber ungenaue Pläne produzieren auf der Baustelle viele Fragezeichen. Ein ungenauer Plan bewirkt ungenaue Bauleistungen!

BEISPIEL

Der Mieter eines Hauses kämpft im Badezimmer vergeblich gegen Schimmel und Kondenswasser. „Selbst schuld“, meint der Vermieter. Aber da irrt er sich. Die anzuwendende Bauordnung hätte entweder ein öffenbares Fenster oder eine Einraumlüftung gefordert. Der Mieter kommt also zu seinem Recht; der Vermieter muss nachrüsten.

Weiterführende Informationen:
www.bauherrenhilfe.org/fachbuch_bauordnung

Wenn Ihr Einreichplan schließlich genehmigt wurde, erreichen Sie die nächste Phase der Vorbereitung. Beachten Sie, dass im Einreichplan noch viele Details fehlen.

Bevor mit dem Bau begonnen wird, sollten Sie in einem Ausführungsplan – zu dem wir gleich kommen werden – weitere Lagedetails eintragen lassen, wie etwa Installationsschächte, Fenster, Türen oder die Koordinaten der Elektroinstallation.

Weiterführende Informationen und Anbieter:
www.bauherrenhilfe.org/fachbuch_einreichplan

Der Ausführungsplan - Kosten 4.000 Euro - sehr empfehlenswert

Die Ausführungsplanung basiert auf dem Einreichplan und liefert den ausführenden Firmen Angaben zu den Koordinaten der Bauteile. Es geht in erster Linie nicht darum, wie etwas gebaut werden muss, sondern *wo*. Insofern ist die Ausführungsplanung nicht dasselbe wie die – weiter unten beschriebene – Detailplanung. Ein Ausführungs- oder Polierplan ist behördlich NICHT vorgeschrieben.

Was kann Ihnen blühen, wenn Sie auf die Ausführungsplanung verzichten? Hier einige Beispiele:

- Die Lage der Fenster und Türen stimmt nicht.
- Die gelieferten Fenster passen nicht in die vorbereiteten Auslassungen.
- Der Installationsschacht vom Keller passt nicht mit jenem des Erdgeschoßes zusammen.
- Die Wasseranschlüsse passen nicht zu den Küchen- und Badezimmereinrichtungen.
- Der Elektriker weiß nicht, wo die Elektroinstallationen hinkommen. Dadurch kommt es zum Baustopp.
- Die Putzstärke in den Fensterauslassungen ist zu dick; die Fenster lassen sich nicht öffnen.
- Die Brandmauer steht zu nah am Nachbargrund, eine Dämmung ist nicht mehr möglich.
- Die Stiegen im Haus entsprechen nicht den behördlichen Vorgaben.
- Die letzte Treppe ist zwei Zentimeter höher als die fertige Fußbodenoberkante.

Der Ausführungsplan ist dazu da, alle Bauteile mit ihrem exakten Maß in ein definiertes Koordinatensystem einzutragen. Die Ausführenden bekommen den Plan zur Auftragserteilung vorgelegt, dieser wird so zum Vertragsgegenstand. Damit haben Sie nicht nur einen genauen Plan in Händen, Sie haben auch mehr Rechtssicherheit. Wer sich den Generalunternehmer spart und alle Gewerke direkt beauftragt, sollte unbedingt einen Ausführungsplan beauftragen.

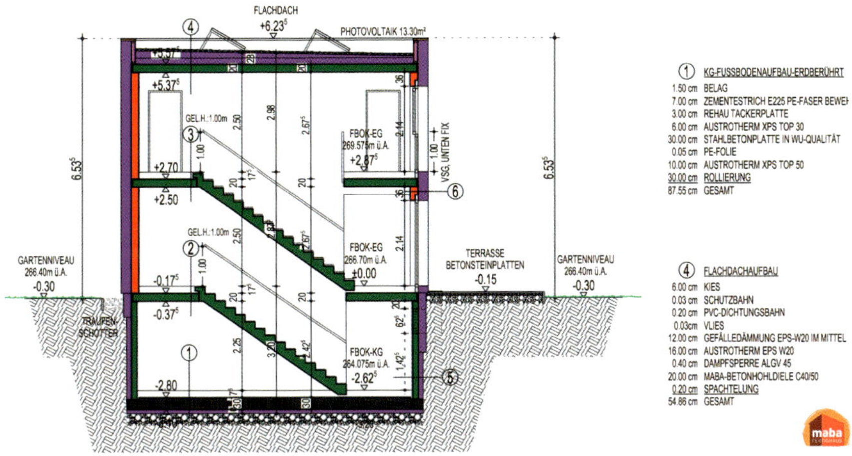

Abb. 5: Im Einreichplan müssen der Behörde Abstände und Höhenlagen angezeigt werden. Quelle: Mabahaus.at

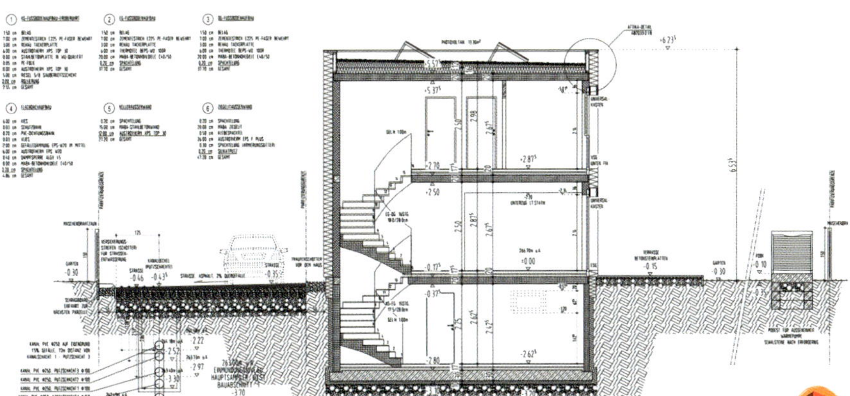

Abb. 6: Nach dem Ausführungsplan (Polierplan) wird gebaut. Immer noch kein Detailplan, aber genauer als der Einreichplan. Quelle: Mabahaus.at

Die Detailplanung – unwirtschaftlich und daher nicht empfehlenswert

Rechtlich gilt: Gibt es zu einer Bauleistung keine Planungsvorgabe, so tritt der Bauunternehmer als Planer auf, mit der entsprechenden Verantwortung. Das heißt: Ein Detailplan nimmt dem ausführenden Bauunternehmer teilweise die Verantwortung ab! Dieser kann sich bei Planungsfehlern auf den Planer ausreden, was wiederum Sie ordentlich in Schwierigkeiten bringen kann. Es drohen teure Nachträge während der Bauarbeiten – natürlich nur wenn die Detailplanung fehlerhaft ist.

Die Detailplanung ist quasi die Fortsetzung der Ausführungsplanung. Jeder Bauteil soll nun auf Punkt und Komma genau gezeichnet werden. Das macht bei Großbauten im Millionen-Euro-Bereich durchaus Sinn. Eine Detailplanung für eine Wohnhausanlage mit Fachplanern, jeweils zur Statik, Bauphysik, Haustechnik, Luftdichtheit und Gebäudehülle, kostet zusammen mit Einreich- und Ausführungsplan schon mal 150.000 Euro.

Während bei einer Bausumme von zehn Millionen Euro anteilig nur 1,5 Prozent zu zahlen sind, kostet die ordentliche Detailplanung bei einem Einfamilienhaus immer noch 20.000 bis 45.000 Euro, was bei einer Bausumme von 300.000 Euro in keinem sinnvollen Verhältnis steht.

Was nun leider oft passiert, ist Folgendes: Der Planer bietet Ihnen dennoch einen Detailplan an und drückt den Preis auf „nur" mehr 10.000 Euro. Doch Sie müssen wissen, dass ein Detailplan Anforderungen an den Planer stellt, die dieser allein gar nicht erfüllen kann. Die erforderlichen Fachleute spart der Planer jedoch ein, um die Kosten zu minimieren. Am Ende entsteht auf diese Weise ein Detailplan, der nicht nur nichts taugt, er birgt auch Gefahren in sich. Es droht Ihnen als Bauherrn die Nachtragskostenfalle! Warum? Der dann beauftragte Bauunternehmer muss die Detailplanung nicht weiter prüfen, er wird es auch nicht tun, spätestens vor Baubeginn erkennt und meldet er die Planungsfehler, ein teures Nachtragsoffert liefert er Ihnen gleich mit. Sie sind der Situation weitgehend ausgeliefert, Zeit für Preisvergleiche haben Sie keine mehr. Im Nachsatz schreibt der Baumeister noch: „Bitte um rasche Beauftragung meines Nachtragsangebots, sonst steht die Baustelle, Stillstandskosten drohen, andere Gewerke stehen schon Gewehr bei Fuß."

Die Beispiele für Planungsfehler könnten ein weiteres Buch füllen. Für Sie gilt: Planen Sie gut, aber geben Sie auch den ausführenden Firmen ein gutes Stück Planungsverantwortung, indem Sie im Vorfeld *keine* Detailplanung durch einen Planer beauftragen. Dann ist der Ausführende für seine Leistungen auch „planungsverantwortlich".

Der Energieausweis - Kosten 300 bis 1.000 Euro - behördlich vorgeschrieben

Seit Dezember 2012 gilt das neue Energieausweisvorlagegesetz (EAVG). Der Verkäufer oder Vermieter eines Gebäudes, eines Gebäudeteiles oder einer Wohnung muss dem Käufer oder Mieter eine Kopie des Energieausweises vorlegen. Wobei nicht jede Wohnung einen Energieausweis benötigt, es genügt ein Ausweis über eine vergleichbare Wohnung im Gebäude. Energieausweise für bestehende Gebäude müssen die Empfehlung enthalten, wie das Gebäude energietechnisch zu verbessern wäre. Der Verkäufer haftet dem Verkäufer gegenüber für die Richtigkeit der Angaben. Ergeben sich nach dem Kauf gänzlich andere Energiekosten, kann es zu Schadensersatzforderungen kommen. Ausbildungsvorschriften für den Energieausweis-Ersteller sind mir nicht bekannt. Ich kann Ihnen nur aus der Praxis sagen, dass Sie sich nicht zu sehr auf die Angaben im Ausweis verlassen sollten. Für die Erstellung eines Energieausweises sollte der Ersteller die Liegenschaft VOR ORT genauestens unter die Lupe nehmen, was leider nicht gesetzlich gefordert ist und daher auch selten passiert.

Im Neubau: Um Heizwärmebedarf, Primärenergiebedarf, die CO^2-Emissionen und den Gesamtenergieeffizienz-Faktor nachzuweisen, ist der Baubehörde ein Energieausweis vorzulegen. Dabei handelt es sich um ein Planungsinstrument, Angaben zum Gesamtwirkungsgrad der Heizungsanlage fehlen. Beispielsweise bleibt unberücksichtigt, ob der vom Heizwärmebedarf unabhängige Warmwasserbedarf (Brauchwasser, Waschwasser) ungünstig elektrisch oder mit erneuerbaren Energien gedeckt wird. Genauer sind die Berechnungen beim Passivhaus, da wird der Nachweis beispielsweise mit dem „PassivHausProjektierungsPaket", kurz PHPP, erbracht, einem Planungstool wie dem Energieausweis! Sogar die umgebende Topografie und Verschattung werden dabei berücksichtigt.

Tipp: Die Bauteilbeschreibungen im Einreichplan müssen mit denen vom Energieausweis übereinstimmen. Prüfen Sie das, bevor beide der Behörde vorgelegt werden. Nehmen Sie den Energieausweis jedenfalls ernst. Er hilft bei der Planung beispielsweise der Dämmstärken und sollte jedenfalls im Auftrag als auftragsgegenständlich erwähnt werden.

Weiterführende Informationen und Anbieter:
www.bauherrenhilfe.org/fachbuch_energieausweis

Sonderfachleute - Kosten 1.000 bis 5.000 Euro - bedingt empfehlenswert

Der Einsatz folgender Fachleute ist in manchen Fällen zu empfehlen:

- *Geotechniker*: Er ist Statiker und Geologe zugleich. Er prüft den Baugrund auf Tragfähigkeit und ermittelt den Grundwasserstand. Damit stellt er sicher, dass Ihr Traumhaus weder auf einem „Rutschhang“ steht noch im Sand versinkt oder der Keller von Grundwasser geflutet wird. Je nach vorhandener Datenlage wird Sie das 1.000 bis 5.000 Euro kosten. Die Investition lohnt sich bei flachen Hanglagen, unklaren Bauverhältnissen und schwierigen Kellerbauwerken allemal.
- *Statiker*: Solange im üblichen Stil gebaut wird, können Sie die Statik den ausführenden Firmen getrost überlassen. Ein Dachstuhl vom Holzbau-Meister, in traditioneller Weise errichtet, braucht keine statische Berechnung. Sollten Sie jedoch ausgefallene Wünsche haben, wie etwa weit ausladende Überhänge, schlanke Stützpfeiler oder einen Keller in der sogenannten „Weiße-Wannen“-Bauweise, benötigen Sie schon im Vorfeld einen Statiker.
- *Bauphysiker*: Hier gilt das Gleiche wie für den Statiker. Wenn Sie auf erprobte Art dem „Stand der Technik“ nach bauen lassen, brauchen Sie keine bauphysikalischen Berechnungen. Wer jedoch die Welt der Standardbauweise verlässt und konstruktives Neuland betritt, benötigt rechnerische Nachweise.

Weiterführende Informationen und Anbieter:
www.bauherrenhilfe.org/fachbuch_sonderfachleute

Abb. 7: Grundwasser! Gefluteter Kellerzugang aufgrund fehlenden Bodengutachtens. Hierbei handelt es sich um einen Planungsfehler.

Ausschreibung und Vergabe

Als Bauherr wollen Sie vergleichbare Offerte von Baufirmen und Handwerkern einholen. Das ist nicht ganz einfach und erfordert Fingerspitzengefühl. Sie müssen sich der Tatsache stellen, dass die Bauwirtschaft ihre Preispolitik höchst intransparent gestaltet. In etwa so wie die Mobiltelefonnetzbetreiber, nur sind die Beteiligten aufgrund der hohen Summen sogar noch kreativer.

Außerdem fürchtet die Bauwirtschaft zu Recht die Geiz-ist-Geil-Mentalität ihrer Kunden. Bedenken Sie, Bauleistungen sind keine Handelsgüter. Sie können den billigsten Computer einer leistungsgleichen Bauserie kaufen, er wird schon funktionieren. Zumindest so lange, wie die Garantie gilt. Aber hüten Sie sich davor, unbesehen den Billigstbieter mit Ihrem Hausbau zu beauftragen. Wenn ein Ziegelmassivhausanbieter 50.000 Euro unter dem Branchenschnitt anbietet, sollten Sie misstrauisch werden. Er muss an der für Sie falschen Stelle sparen. Und Sie zahlen später die Rechnung in Form von Wartungskosten (siehe dazu den L.E.B.E.N.S.-Faktor, wie oben beschrieben).

TIPP

Verlangen Sie ein möglichst detailliertes und mit Einzelpositionen kalkuliertes Angebot. Prüfen Sie größere Positionen und rechnen Sie nach. Wurden auch alle Flächen vollständig erfasst? Anschließend beauftragen Sie möglichst „zum Pauschal-Fix-Preis", Sie haben dann den vereinbarten Pauschalpreis zu bezahlen, egal, wie viel von einer Bauleistung nun tatsächlich hergestellt wurde. Pauschal ist Pauschal!

Wie bereits besprochen, haben Firmen manchmal wenig Zeit, um Angebote zu verfassen. Aber drei Angebote pro Sparte oder „Gewerk" brauchen Sie, um seriös vergleichen zu können.

TIPP

Legen Sie den Baubeginn in den Winter, da haben die Firmen weniger zu tun. Man kann unter Berücksichtigung von Winterschutzmaßnahmen durchaus auch in der Zeit von November bis Februar betonieren. Besonders vorteilhaft: Im Winter gibt es in der Regel keine überraschenden Regenfälle!

Die „funktionale Leistungsbeschreibung“

Nicht selten werden heute aus Kostengründen auch große Wohnhausanlagen nur mehr „funktional beschrieben“. Eine massenbezogene Ausschreibung – Kosten je Stück, m, m^2, m^3 – gibt es da nicht mehr.

Für ein Angebot leiten Sie folgende Unterlagen an Ihren Wunschunternehmer weiter:

- Entwurfsplan (oder Einreichplan)
- Energieausweis
- eine möglichst genaue Beschreibung der gewünschten Leistungen
- allenfalls Datenblätter gewünschter Produkte
- Plan und Bilder vom Grundstück und den Zufahrten

Erbitten Sie das Angebot mit dem Zusatz: „Alle Leistungen sind entsprechend dem ‚Stand der Technik‘ nach geltenden Richtlinien, Normen und baurechtlichen Vorgaben, inklusive aller Nebenleistungen, vollständig kalkuliert und analog zu den Unterlagen anzubieten.“

Wenn Sie sich schon für eine spezielle Wärmepumpenanlage entschieden haben, legen Sie auch die Herstellerbeschreibung dazu!

BEISPIEL FÜR EINE HERSTELLERBESCHREIBUNG

„Erdwärmepumpe mit Elektro-Zusatzheizung, Fabrikat xxx plus (Sole/Wasser) VWS 102/2 mit moderner Heiztechnik und integriertem 175 l Warmwasser-Edelstahlspeicher, serienmäßig mit integriertem Wärmemengenzähler zur Erlangung der Förderfähigkeit. Erdsondenerstellung je nach Kälteleistung und Bodenbeschaffenheit (Bodenklasse 2 bis –7), das heißt Lieferung und Einbau der erforderlichen Doppel-U-Sonden mit einer Tiefe von maximal 100 m, Abdrücken der Erdsonden mit 15 bar. Verpressen der Bohrungen mittels Injektionsrohr 32 x 2,9 mm mit Zement-Bentonit-Suspension, Erstellen eines Verfüllprotokolles. Füllen der Anlage mit Antifrogen N oder Tyfocolor, Solenkonzentration 28 Volumsprozent, frostsicher bis –15 °C. Soleseitiger Anschluss der Wärmepumpe bis zu 3 lfdm von der Hauseinführung. Setzen der kompletten Sicherheitsgruppe einschließlich Membranausdehnungsgefäß für die Sole, Isolierung der Soleleitung bis zum Wärmepumpenanschluss. Grabenlänge außerhalb des Hauses maximal. 1,5 m/kW. Erstellen und Einreichen der wasserrechtlichen Erlaubnis bei der unteren Wasserbehörde. Erstellen der Dokumentationsunterlagen, wie zum Beispiel Schichtenverzeichnis, Verpressungsprotokoll, Werkzeugnis der Erdsonden und Abnahmeprotokoll.“

Vertrauensoffert als Ausschreibung

Wenn Sie bereits ein vollständig erscheinendes Angebot einer Firma vorliegen haben, können Sie die Preise und die Firma unkenntlich machen und das Angebot als Ausschreibung verwenden. Fragen Sie sicherheitshalber beim Angebotsleger nach, ob Sie das dürfen, sonst verletzen Sie möglicherweise Urheberrechte.

Der Nachteil dieser Vorgangsweise ist, dass sich ein Fehler in das Angebot eingeschlichen haben könnte, den Sie nun vervielfältigen. Dafür haften dann nur Sie allein. Wenn zum Beispiel die Erdbaufirma den Abtransport der ausgehobenen Erde nicht als Extraposten aufgeführt hat, werden nachfolgende Firmen diese Arbeit nicht kalkulieren. In diesem Fall dürfen Sie während der Bauarbeiten einen teuren Nachtrag erwarten.

Standardisierte Leistungsbeschreibung

Das österreichische Bundesministerium für Wissenschaft, Forschung und Wirtschaft hat für das öffentliche Beschaffungswesen eine „LB Hochbau“ geschaffen, dabei werden aktuell Leistungsbeschreibungen für 78 Leistungsgruppen zum Download angeboten. Die „LBH“ wird auch von Architekten und Planern bzw. ausschreibenden Stellen zur Kalkulation und zum Preisvergleich verwendet. Natürlich kann nur der Profi sinnvoll mit diesen hochkomplexen Textbausteinen umgehen. Aber darin einmal zu stöbern bringt auch dem Häuslbauer interessante Einblicke.

TIPP

Der Anbieter darf die einzelnen Positionen einer Ausschreibung nicht verändern. Vereinbaren Sie das auch schriftlich! Sonst kann ein Unternehmer willkürlich billigere Leistungen kalkulieren, was einen Preisvergleich unmöglich macht. Wenn ein Anbieter Hinweise geben oder andere Leistungen anbieten möchte, so muss er dies auf einem Beiblatt, für Sie gut sichtbar, tun. Das gilt natürlich für jede Art von Ausschreibung.

Kontrolle

Die örtliche Bauaufsicht (ÖBA)

Schon vor dem ersten Spatenstich sollte eine Bauaufsicht beauftragt werden. Im Regelfall ist das der schon mit dem Gebäude befasste Planer. Besser, aber auch teurer wäre eine von der Planung unabhängige ÖBA, also ein Sachverständiger oder ein Bauingenieur. Nur dieser wird Planungsfehler erkennen und damit auch melden können. Das Dilemma der ÖBA ist, dass diese in der Regel nur von Planern, aber selten von Sachverständigen angeboten wird. Der Aufwand für eine sehr sorgfältig durchgeführte Koordination, Organisation und Prüfung der Bau- und Handwerksleistungen ist enorm, die Gutachter-Stundensätze sind dafür viel zu hoch.

Dem hat sich auch die Gesetzeslage angepasst; die örtliche Bauaufsicht muss nicht zwangsläufig ein technisches As sein. Sie prüft nur augenscheinlich, nicht tiefergehend, erfüllt aber dennoch eine wichtige Funktion: Sie schlägt die Alarmglocken, wenn Zweifel aufkommen. Ihre Aufgaben sind:

- Koordination der Firmen: Wer macht was wann wo?
- Kontrolle: Werden die richtigen Farben und Materialien verbaut?
- Qualitätskontrolle: Wurde die Druckprüfung für die Fußbodenheizung durchgeführt? Wurde die Dampfbremse an den Lüftungsschacht angeschlossen?
- Ausstellung von Zeitbestätigungen für allfällige Regiearbeiten
- Rücksprache für Detailfragen: Wer ist wofür zuständig?
- Kontrolle der Einhaltung der Planvorgaben
- Preisprüfung bei Nachträgen
- Rechnungsprüfung
- Kontrolle zur Einhaltung der Sicherheitsvorschriften
- Bindeglied in der Kommunikation zwischen Auftragnehmer und Auftraggeber

Wenn Sie Ihr Haus von einem Generalunternehmer oder Fertighausanbieter errichten lassen, können Sie die ÖBA einsparen. Dennoch sollten Sie als „Oberbauaufsicht" wirken. Begleiten Sie die ausgewählten Anbieter in jeder Bauphase, fotografieren und dokumentieren Sie so viel wie möglich und beziehen Sie den Vorarbeiter/Polier des jeweiligen Gewerkes in jedes Gespräch mit dem Unternehmer mit ein. Die wöchentliche Baubesprechung auf der Baustelle sollte ein Fixpunkt Ihres Terminplans sein.

Mit etwas technischem Verständnis und *viel Zeit* können Sie die örtliche Bauaufsicht auch selbst übernehmen, jedoch nur gemeinsam mit einem Sachverständigen, der Sie stichprobenartig unterstützt! Aber wenn Sie berufstätig sind, werden Sie den notwendigen Zeitaufwand nicht leisten können. Wenn Sie die einzelnen Sparten, „Gewerke", direkt selbst beauftragt haben, sollten Sie auf jeden Fall eine ÖBA engagieren.

Hier einige Beispiele, in denen alle Gewerke fachgerecht gearbeitet haben, aber dennoch wesentliche Baufehler durch eine fehlerhafte Koordination entstanden sind:

- Das Mauerwerk ist fertig; der Installateur liefert und montiert zeitgerecht den WC-Spülkasten. Als alles fertig ist, zieht es aus der WC-Spülung, die Mauer hätte vor der Montage des WCs verputzt werden müssen.
- Die Fußbodenheizung ist verlegt. Nun kommt der Mann, der den Estrich legt. Er fragt noch formlos, ob die Heizung „eh fertig ist" und geht ans Werk. Während er arbeitet, schwimmen die nur mit Luft gefüllten Heizleitungen auf. Der Estrich muss wieder raus, und die Bodenheizung ist kaputt. Der Heizungsinstallateur hatte noch keine Druckprobe mit Wasser gemacht, sondern nur eine unzulässige mit Luft. Er meinte, er hätte nicht gewusst, dass der Estrich schon kommt, er wollte die Leitungen „morgen" mit Wasser füllen.
- Die Putzfirma hat die Freigabe vom Häuslbauer, die Decken und Wände zu verputzen. Dabei bringen sie Hunderte Liter Wasser in das Gebäude. Zwei Wochen später, es ist Winter, zeigt sich massiver Schimmelbefall im Dachboden. Als das Haus verputzt wurde, war noch keine Dachbodentreppe angebracht. Der Wasserdampf kondensierte am kalten, ungedämmten Dachstuhl.

Technische Bauaufsicht – 1.000 bis 6.000 Euro – sehr empfehlenswert

Wenn ein Bausachverständiger regelmäßig den Baufortschritt überprüft, haben Sie eine bessere und tiefergehende Qualitätssicherung als mit der ÖBA. Deshalb kostet er auch mehr, weshalb Sie ihn nur ganz gezielt einsetzen sollten. Idealerweise übernimmt die ÖBA den Part der Kommunikation und Koordination, und der Sachverständige kümmert sich um die tiefergehenden, technischen Prüfungen.

Oft wird der Sachverständige erst gerufen, wenn der Bauschaden schon angerichtet ist. Dann ist das Chaos meist perfekt: eine fehlerhafte Planung, Baufehler und zerstrittene Vertragspartner. Ein gutes Baucontrolling sorgt auf beiden Seiten für Sicherheit, denn wenn erst gar keine Baufehler entstehen, muss die Baufirma auch keine späteren Gewährleistungsansprüche fürchten. Ein Baucontrolling sollte demnach von Anfang an eingesetzt werden. Geprüft werden die Umsetzbarkeit der Kundenwünsche, die Pläne sowie im Bauverlauf die einzelnen Baudetails. Bei guter Planung und Bauausführung kann sich ein Baucontrolling durch einen Gutachter auf wenige Stunden und 1.000 bis 6.000 Euro beschränken. Werden die Bauleute jedoch plan- und führungslos auf die Baustelle losgelassen, wird der Sachverständige auch nur das Gröbste verhindern können.

TIPP

Vereinbaren Sie schon im Vertrag, dass Sie eine externe Baubegleitung beauftragen. Vereinbaren Sie darüber hinaus, dass bei Baumängeln im Sinne der Normen und Richtlinien die deswegen entstandenen Zusatzaufwände vom Verursacher zu tragen sind.

Vereinbaren Sie mit dem Bausachverständigen eine Prüfung der heiklen Bauabschnitte:

- Erster Termin: Unterstützung des Planers vor Einreichplan
- Optional bei Kellerbau – zweiter Termin: Baustelle Kellerrohbau
- Dritter Termin: Rohbau mit Dach, Installationen, Fenster, Türen
- Vierter Termin: Endabnahme nach Fertigstellung

Wenn Sie regelmäßig auf der Baustelle erscheinen und Fotos machen, können Sie diese auch Ihrem Sachverständigen mailen. Vieles lässt sich von Ferne erkennen und so können Sie den Aufwand auf zwei Begutachtungen reduzieren, was Wegzeiten und somit Geld spart. Ihr Sachverständiger sieht die Baustelle durch Ihre Bilder nahezu tagesaktuell. So kann er rechtzeitig Alarm schlagen, falls er Pfusch erkennt.

GUT ZU WISSEN

Wo findet man einen guten Bausachverständigen? Am besten beim „Verein für Qualität am Bau" fragen oder in den Sachverständigenlisten nachsehen.

Zusammengefasst bleibt der Hinweis, dass der Grundstein für rund die Hälfte aller Baumängel in der Planungsphase gelegt wird. Da auch Planer keine „Wunderwuzzis" sind, ist eine Kombination aus ÖBA und Bauabnahme durch einen externen Gutachter die unbedingte Empfehlung zur Wertsicherung Ihres Gebäudes. Verzichten Sie auf Türmchen, Balkone und Kellerstiegenabgänge, aber sparen Sie nicht bei der Bauqualität!

Weiterführende Informationen und die Antworten zu obigen Fragen:
www.bauherrenhilfe.org/fachbuch_bauaufsicht

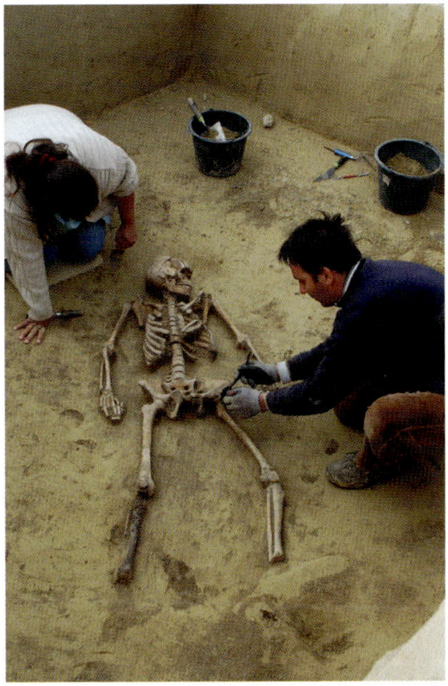

Abb. 8: Die Gefahren einer Baugrube dürfen niemals unterschätzt werden. Quelle: Ardig.at

Bauarbeitenkoordination laut BauKG - Kosten: zwei bis fünf Prozent der Bausumme - Pflicht!

Bei Baubegehungen blicke ich regelmäßig in ungesicherte Baugruben und sorge für entsetzte Häuslbauergesichter, wenn ich diesen mitteile, dass sie für die Baustellensicherheit verantwortlich sind. Es regt mich auf Privatbaustellen immer wieder besonders auf, dass die Häuslbauer offenbar nie über das „Bundesgesetz über die Koordination bei Bauarbeiten, BGBl. I Nr. 37/1999“, kurz: „Bauarbeitenkoordinationsgesetz – BauKG“, informiert wurden. Viele Bauunternehmer verschweigen dem Häuslbauer diese Bauherrenpflicht, was den Häuslbauer im Schadensfall jedoch nicht von seiner Verantwortung befreit!

Worum geht es? Das BauKG ist ein Gesetz zum Schutz von Bauarbeitern. Es ist kein Gesetz zum Schutz von unbefugt die Baustelle betretenden Personen. Das BauKG gilt für alle Baustellen, auf denen Arbeitnehmer beschäftigt werden.

„Pfusch“ ist als unbefugte Gewerbeausübung zu verstehen, weshalb „Pfuscher“ als Selbstständige und nicht als Arbeitnehmer zu werten sind. Demnach fallen Pfuscher und Selbstständige aktuell nicht unter das BauKG!

Das BauKG ist in folgenden Fällen einzuhalten:

- wenn auf Baustellen Arbeitnehmer mehrerer Arbeitgeber gleichzeitig oder aufeinanderfolgend tätig werden.
- wenn auf Baustellen entweder voraussichtlich mehr als 500 Personentage gearbeitet wird oder
- wenn mehr als 20 Arbeitnehmer gleichzeitig beschäftigt werden und die Arbeiten länger als 30 Arbeitstage dauern,
- wenn Arbeiten zu verrichten sind, die mit besonderen Gefahren für Sicherheit und Gesundheit der Arbeitnehmer verbunden sind.

Bei allen Baustellen ist eine Unterlage für spätere Arbeiten am Bauwerk zu erstellen. Für Baustellen der Ziffer 1 und 2 sind eine Vorankündigung sowie ein Sicherheits- und Gesundheitsschutzplan zu erstellen. Für Baustellen der Ziffer 1 ist weiters ein Planungs- und Baustellenkoordinator zu bestellen, sofern der Bauherr nicht selbst über die Qualifikation gemäß § 3 Abs 3 BauKG verfügt.

Der „Bauherr" muss jedenfalls nicht Eigentümer des Grundstücks sein, auf dem gearbeitet wird. Auch ein Mieter kann Bauarbeiten auf für ihn fremdem Grund beauftragen. Es spielt nicht einmal eine Rolle, ob er berechtigt ist, Bauarbeiten durchführen zu lassen. Ausschlaggebend ist nur, dass er Partei eines Werkvertrages ist, aufgrund dessen Bauarbeiten durchgeführt werden.

Die Verpflichtungen der Unternehmer, für die Sicherheit der Arbeitnehmer zu sorgen, bleiben hiervon unberührt. Ein geschädigter Arbeitnehmer kann sich allenfalls aussuchen, ober er seinen Arbeitgeber oder Sie als Häuslbauer belangen möchte.

Gemäß § 9 BauKG kann ein Bauherr alle seine Pflichten wie

- Bestellung eines Planungskoordinators für die Vorbereitungsphase und Bestellung eines Baustellenkoordinators für die Ausführungsphase, wenn auf einer Baustelle gleichzeitig oder aufeinanderfolgend Arbeitnehmer mehrerer Auftraggeber tätig sind,
- Berücksichtigung der allgemeinen Grundsätze der Gefahrenverhütung gemäß § 7 ASchG in der Planungs- und Vorbereitungsphase,
- allenfalls Erstellung und Aushang einer Vorankündigung nach § 6 Abs 4 BauKG,
- allenfalls Erstellung einen Sicherheits- und Gesundheitsschutzplan nach § 7 Abs 3 BauKG,
- Erstellung und allenfalls Aktualisierung einer Unterlage für spätere Arbeiten am Bauwerk gemäß § 8 Abs 2 BauKGauf Bestandsdauer des Bauwerks (!)

einem Projektleiter übertragen. Zwischen Projektleiter und Koordinatoren ist klar zu unterscheiden.

Bestellt ein Bauherr keinen Planungs- und Baustellenkoordinator, so trägt er selbst die Verantwortung für die vom Gesetz zugewiesenen Aufgaben.

Beauftragen Sie externe Anbieter (ein bis fünf Prozent von der Bausumme) oder Ihre Baufirma mit den Agenden des BauKG. Dabei gilt: Das BauKG verursacht nicht nur Kosten, sondern durch den verbesserten Bauablauf kommt es auch zu Kosteneinsparungen.

Weiterführende Informationen und Anbieter:
www.bauherrenhilfe.org/fachbuch_bauarbeitenkoordination

Abb. 9: Lebensgefahr! Keine Baugrubensicherung, spitze Stahlstäbe – verantwortlich ist der Bauherr!

Kauf vom Bauträger

Eine Wohnung, ein Reihen- oder Doppelhaus von einem Bauträger zu kaufen, ist mitunter die sorgloseste Art, eine Immobilie zu erwerben. Der Bauträger kauft das Grundstück, kümmert sich um alle behördlichen Vorgaben, Planungs- und Bauarbeiten und übergibt Ihnen ein schlüsselfertiges Objekt. Dafür ist das Haus weniger auf Ihre individuellen Bedürfnisse zugeschnitten, außerdem gibt es auch beim Kauf einer Immobilie jede Menge technischer und rechtlicher Fallen, auf die Sie achten müssen.

Die erste dringende Empfehlung lautet: Lassen Sie den Vertrag prüfen. Verlassen Sie sich nicht allein auf das Bauträger-Vertragsgesetz (BTVG), das zum Schutz der Konsumenten erlassen wurde. Damit wird zwar Betrügereien in der Art, dass ein nicht existentes Haus gleich mehrmals verkauft wird, hintangehalten. Das BTGV kann aber durch Zusatzklauseln in einzelnen Punkten ausgehebelt werden. Sollten diese Ergänzungen nicht explizit sittenwidrig sein und Sie den Vertrag unterschrieben haben, gilt er.

Ein Vertrag sollte immer eine beidseitige Willenserklärung sein, lassen Sie daher unverständliche und für Sie nachteilige Passagen nach Möglichkeit streichen. Ob sich Ihr Wille im Vertrag wiederfindet, soll Ihr Vertrauensanwalt überprüfen, die Investition von 250 bis 500 Euro lohnt sich.

BEISPIEL

Kurz vor Vertragsunterzeichnung beauftragt ein Interessent doch noch einen Anwalt, die Konditionen eines Bauträgerprojekts zu überprüfen. In der Leistungsbeschreibung findet sich zur Sanitäranlage ein langer, unverständlicher Text. Zur Heizung steht kurz: „Sämtliche An- und Abschlüsse für eine Heizanlage Type XY." Das bedeutet, die Anschlüsse sind im Kaufpreis inkludiert, die Heizanlage selbst nicht! Im Kleingedruckten steht, dass der Anschaffungspreis der Heizungsanlage über die Betriebskosten abgerechnet und aufgeschlagen wird. Dem Interessenten, der die Preise für Bauträgerobjekte miteinander vergleicht, werden also rund 30.000 Euro für die Heizanlage verborgen, die muss er später scheibchenweise bezahlen. Das ist noch nicht alles: Der Käufer bekommt einen Heizanlagenbetreiber „aufs Auge gedrückt". Er kann also den Energielieferanten nicht selbst mit einer Servicefirma kombinieren und beauftragen. Das hat den Nachteil, dass durch die Ausschaltung des freien Wettbewerbs die Energie-, Service- und Instandhaltungspreise unkontrollierbar steigen können. Wer so einen Vertrag unterschreibt, zahlt drauf!

Nach der rechtlichen Prüfung empfehle ich Ihnen dringend, auch die technische Leistungsbeschreibung überprüfen zu lassen. Ich erzähle Ihnen vier Beispiele, wie ein Käufer erfolgreich intervenierte und mit geringen Mehrkosten das jeweils höherwertige Produkt bekam. Das ging nur, weil er den Kaufvertrag noch nicht unterschrieben hatte, als er die fehlerhafte Leistungsbeschreibung bemerkte:

Die fett gesetzten Begriffe entstammen der Leistungsbeschreibung eines Bauträgers zu einem 220.000-Euro-Reihenhaus. Aufgrund meiner Nachfrage konnte die Bauqualität schon vor dem ersten Spatenstich verbessert werden:

☐ **„Innenputz Maschinenputz"**

Gemeint war der günstigere und feuchteempfindliche Gipsputz. Nachgebessert wurde ohne Mehrkosten auf Kalkputz. Der hohe ph-Wert von Kalk (>12) beugt mikrobiellem Wachstum vor.

☐ **„Estrich für Fußbodenheizung"**

Gemeint war der günstigere Zementestrich. Durch Nachfragen bekam der Kunde einen Calciumsulfatfließestrich. Dieser bindet schneller ab, verdichtet sich besser und erzielt damit den besseren Wärmeübergang, aufgrund des geringeren Quell- und Schwindmaßes ist er nahezu fugenlos verlegbar.

☐ „Spenglerarbeiten mit Normmaterial“

Die Materialart wurde nicht angegeben, auf Nachfrage gab der Bauträger an, dass verzinktes Stahlblech kalkuliert wurde. Das ist zulässig. Blöd nur, dass der spätere Hauseigentümer nach fünf bis zehn Jahren einen Korrosionsschutz um rund 5.000 Euro auffärbeln hätte müssen. Die bessere Titanzinkkupferlegierung – „Zinkblech“ – bekam der Kunde gegen einen Aufpreis von 900 Euro, Wartungsanstriche sind da nicht mehr nötig.

☐ „Erdwärmeheizung mit Flächenkollektor“

Stellvertretend für alle haustechnischen Geräte ist hier besondere Sorgfalt geboten. Nur größere Bauträger leisten sich haustechnische Fachplaner. Hinter diesem Kurztitel muss jedenfalls eine genaue Typenbezeichnung stehen. Letztlich wird es Sie interessieren, ob Sie das neueste Markengerät oder ein Auslaufmodell von einem No-Name-Anbieter bezahlen. Energieeffizienz, Haltbarkeit und Wartungsnotwendigkeiten werden beim Qualitätsprodukt zu Ihrem Vorteil ausfallen. Der Bauträger gab ein ausländisches Fabrikat an. Nachdem dieses keine Zulassung für die EU hatte, musste der Bauträger letztlich ein gängiges Markenprodukt anschaffen.

Ein Bauträger, der die Beschreibung knapp hält, scheut in der Regel den Vergleich, oder er lässt es sich offen, wie gebaut wird. Ich sage Ihnen ganz offen, die meisten Leistungsbeschreibungen sind das Papier nicht wert, auf das sie geschrieben wurden. Meist handelt es sich dabei nur um Marketinginstrumente, die den potenziellen Käufer bei Laune halten sollen. Für Sie gilt: Alles, was nicht explizit in der Leistungsbeschreibung steht, wird auch nicht eingebaut. Denn vergessen wir nicht, auch der Bauträger ist dem Diktat der Gewinnoptimierung unterworfen!

Betriebskosten und spätere Wartungsaufwände kümmern den Bauträger nur im Rahmen der gesetzlichen Vorgaben. Und auch dem Gesetzgeber sind rostige Rinnen, undichte Wannenfugen und Schimmelpilze ziemlich egal, genauso wie dem Bauträger. Der Bauträger investiert daher eher in schöne Wandfarben und Fliesen, das hebt den Kaufpreis mehr als etwa eine hocheffiziente Energiesparpumpe.

Wenn Sie in den Kaufvertrag einsteigen, während das Objekt noch im Bau ist, können Sie auf die Bauqualität vielleicht noch Einfluss nehmen. Wenn das

Haus bzw. die Wohnung zum Zeitpunkt der Vertragserrichtung bereits fertig ist, haben Sie zwar keine Einflussmöglichkeit mehr, aber immerhin können Sie *vor* dem Kauf einen Gutachter mit der Prüfung beauftragen. Liegt ein umfassender Pfusch vor und möchte der Bauträger die aufgezeigten Fehler nicht beheben, kaufen Sie am besten woanders.

Ist eine Mängelbehebung unwirtschaftlich, die Fehler aber tolerierbar, kann man zum Beispiel auch einvernehmlich den Kaufpreis mindern. Aber Achtung: Stecken Sie das so „ersparte" Geld nicht in die Einweihungsfeier, sondern in eine Instandhaltungsrücklage, etwa auf ein Sparbuch. Sie müssen ja beim gekauften Mangel-Haus mit erhöhten Wartungs- und Reparaturarbeiten und einer verminderten Gebäudelebensdauer rechnen. Was ich damit sagen will, ist, dass auch ein mangelbehaftetes Gebäude gekauft werden kann, in diesem Fall sind eben die Mängel in die Bewertung einzubeziehen.

Der Idealfall ist sicher eine nahezu fehlerfreie Immobilie, und davon gibt es genug. Das ideale Haus braucht nur mehr für den Haushaltsstrom und den Warmwasserverbrauch eine Energiequelle, Wartungsfugen bei Fensterbänken, an der Badewanne oder am Dach gibt es nicht, und alle Materialien und Bautechniken sind so ausgelegt, dass Sie erst wieder in rund 50 Jahren Handwerker zu Gesicht bekommen. Um das zu erreichen, müssen Sie nicht mit wesentlichen Mehrkosten rechnen, in erster Linie gilt es, Geld in eine gute Planung und Bauüberwachung zu investieren. Wenn einfach nur fachgerecht gearbeitet wird, haben Sie schon viel gewonnen.

Abb. 10: Fenster verbaut und Wärmebrücke durch ungedämmte Stiege. Nicht übernehmen!

Kontrollmöglichkeiten für den Laien

Sinnvolle Tipps zur Laien-Qualitätskontrolle gibt es nur wenige. Wie auch, erkennen doch viele Baufirmen ihre eigenen Fehler auch nach jahrelanger Praxis nicht. In betrügerischer Absicht geleisteter Baupfusch ist selten, in den meisten Fällen haben die Baubeteiligten einfach zu wenig Ahnung. Aber es gibt ein paar Anzeichen, die Sie nachdenklich stimmen sollten:

- Wenn der Bauträger von Ihrer externen Prüfung erfährt und unwirsch wird, statt sich über die zusätzliche Absicherung seiner Baustelle zu freuen, dann hat er vielleicht etwas zu verbergen.
- Wenn Ihnen der Bauträger verbieten will, die Baustelle zu besuchen.
- Wenn weder Ausführungs- noch Einreichplan auf der Baustelle zu finden sind.
- Wenn die Baustellensicherheit zu wünschen übrig lässt. Wenn beispielsweise Absturzsicherungen an Baugruben, Stiegenhäusern oder Sicherungen auf Eisenstäben fehlen.
- Ein fehlender Witterungsschutz ist ebenfalls kein Merkmal einer erstklassigen Bauführung. Holzbauteile, Rohbauten und Schalungsbretter sollten wirksam abgedeckt sein.
- Wenn selbst Fach- und Vorarbeiter kaum Deutsch sprechen.
- Wenn die Handwerker nur vage technische Angaben zum Auftrag geben können.
- Wenn niemand weiß, wer der Vorarbeiter oder der Chef ist.
- Wenn das Arbeitsinspektorat nichts von der Baustelle weiß.
- Wenn der Bauträger keine Prüfprotokolle zur Haustechnik (dazu gehören beispielsweise Installationsplan und das Heizleitungen-Druckprüfungsprotokoll) hat oder gar nicht weiß, dass diese gesetzlich gefordert sind.
- Schlussendlich auch, wenn auf der Baustelle sichtlich ein Chaos herrscht, zum Beispiel Baustellenabfälle unsortiert herumliegen.

Weiterführende Informationen finden Sie im Kapitel 13 „Recht muss man sich verdienen“ und zum Kauf vom Bauträger:
www.bauherrenhilfe.org/fachbuch_ btvg

Selber bauen

„Ich hätte gerne ein günstiges Haus nach meinen eigenen Vorstellungen, groß, wohngesund, energiesparend, am Stadtrand, im Grünen, an der U-Bahn, ohne Schadstoffimmissionen." Sind Ihre Ansprüche so hoch, werden Sie beim vorgenannten Bauträger vermutlich nicht glücklich werden. Es bleibt Ihnen nichts anderes übrig, als selbst zum Bauherrn zu werden, damit Sie aktiv am Planungs- und Bauprozess mitwirken können. Während Sie beim Immobilienkauf vom Bauträger rechtlich praktisch nicht in den Bauprozess eingebunden sind, obliegt es nun Ihnen als Bauherrn (auch „Bauwerber" genannt), wie und was Sie bauen. Natürlich abgesehen von den Anforderungen und baurechtlichen Vorgaben des Flächenwidmungsplans und der Bebauungsbestimmungen.

Eigenleistung

Wer Zeit und handwerkliches Geschick hat, kann mit Eigenleistungen gut Geld sparen. Aber Achtung, es kann auch das genaue Gegenteil passieren. Ich rate grundsätzlich von Eigenleistungen ab. Die baurechtlichen und bautechnischen Anforderungen sind heute in keiner Weise mehr mit denen aus Großvaters Zeiten vergleichbar.

Bautechnisch hat 1950 die chemische Industrie Einzug gehalten. Wir sind an einem Punkt angelangt, wo die falsche Kombination von Baustoffen und Fertigprodukten fatale Auswirkungen haben kann. Dazu kommt, dass aus Sicht bautechnischer Zulassungen Produkte verschiedener Hersteller meist nicht mehr kombiniert werden dürfen, etwa die Dämmplatte vom „Hersteller A", der Putz vom „Hersteller B". Ein zusammengestoppeltes Bauteil ist nach normativer Begrifflichkeit unter Umständen nicht „systemkonform" und führt damit automatisch zu einer mangelhaften Ausführung, jedenfalls zu einem Garantieverlust.

Auch bauphysikalisch hat sich einiges geändert. Die Gebäudehülle wird dicker und immer dichter. In beide Richtungen. War früher die Gebäudehülle in beide Richtungen hin massiv undicht, so hatte das auch den Effekt, dass anfallendes Schadwasser rasch wieder abtrocknen konnte. Heute führen oft schon kleinste Fehler zum Totalverlust der Konstruktion.

Schwarzarbeit und Nachbarschaftshilfe

Aus finanzrechtlicher Sicht ist die Grenze zwischen Nachbarschaftshilfe und Schwarzarbeit schmal und auch nicht zur Gänze geregelt. Ein Handwerker, der in seiner Freizeit nicht nur seinem Nachbarn hilft, sondern auch Freunden ein Dorf weiter, überschreitet sie womöglich bereits. Der freundliche Pensionist, der in der Nachbarschaft entgeltlich Hilfe anbietet, betreibt jedenfalls schon „Schwarzarbeit“, er muss seine Tätigkeiten der Gewerbebehörde und dem Finanzamt melden. Die „echte und unentgeltliche Nachbarschaftshilfe“ geht da noch durch, aber nicht einmal da ist geklärt, ob die normale Verpflegung nicht schon als Entgelt gewertet werden kann! Der Staat braucht Geld und ist in der Beschaffung durchaus kreativ.

Und es kommt noch dicker: Wenn Sie bei der Beschäftigung von Schwarzarbeitern erwischt werden, drohen Ihnen saftige Strafen. Es wird also nicht nur der Pfuscher selbst mit Sanktionen belegt! Im Gegenteil. Wer im großen Stil über einen längeren Zeitraum für den Hausbau wissentlich Schwarzarbeiter beschäftigt, begeht womöglich Sozialbetrug und riskiert dann auch eine *Haftstrafe*.

Eigenleistung mit Polier-Hilfe

Wenn Ihnen ein Bauunternehmer einen „Polier“ oder „Bauleiter“ kostenpflichtig zur Seite stellt und Sie mit Ihrer fachlich versierten Verwandtschaft bauen möchten, ist das in Ordnung. Aber vereinbaren Sie, dass der Bauunternehmer auch in der Haftung bleibt. Vereinbaren Sie weiters bauabschnittsweise Prüfungen durch den Unternehmer, mit einer schriftlichen Freigabe der fertiggestellten Bauabschnitte. Beachten Sie jedenfalls das Bauarbeitenkoordinationsgesetz und sorgen Sie für Sicherheit auf der Baustelle!

Achten Sie auch darauf, dass Sie als „Außenstehender“ nicht ein gut eingespieltes Team stören. Sie können natürlich als Hilfskraft tätig werden, indem Sie etwa die Baustelle räumen, Material reichen, Schutt entsorgen und dergleichen. Damit sind Ihre Eigenleistungen circa 15 bis 20 Euro pro Stunde wert, also die Selbstkosten einer derartigen Arbeitskraft. Auf jeden Fall müssen Sie den Abrechnungsmodus genau vereinbaren; halten Sie diese Vereinbarung schriftlich mit der Unterschrift beider Parteien fest.

Auch wenn Sie ein sehr begabter Heimwerker sind, basteln Sie keinesfalls bei Arbeiten mit, die Sie nicht gelernt haben. Schon gar nicht bei den essenziellen Bauteilen wie dem Keller, der Abdichtung, dem Mauerwerk, der Fassadendämmung, der Haustechnik und der Luftdichtheitsebene sowie dem Dach. Diese gehören in Profihände. Toben Sie sich in anderen Bereichen der Baustelle aus, wo Sie keinen allzu großen Schaden anrichten können:

- ➜ Hilfsarbeiten
- ➜ Böden und Fliesen (Vorsicht: nicht bei Abdichtungen der Feuchträume)
- ➜ Gipsplattenverkleidungen (Vorsicht, Dampfbremse nicht anrühren!)
- ➜ Malerarbeiten

- Innentüren
- Gartenarbeiten
- Wegebau

In letzter Zeit wird es immer beliebter, dass Bauherren das Material selbst einkaufen. Nicht zuletzt deshalb, weil die Baumärkte mit großen Kundenrabatten locken. Sie können jedoch sicher sein, dass Ihr Handwerker noch mehr Rabatt bekommt. Außerdem deckt er einen Teil seiner Kosten damit, dass er auf Lohn und Material aufschlägt. Nehmen Sie ihm die Aufschläge auf das Material, wird entweder sein ursprüngliches Angebot ungültig oder er schlägt eben woanders drauf.

Wenn das Material schon im ursprünglichen Angebot extra ausgewiesen ist, können Sie es mit Ihren Baumarktpreisen vergleichen und entsprechend verhandeln. Aber kaufen Sie nicht selbst Material ein, Sie laufen sonst Gefahr, dass Folgendes geschieht:

- Sie kaufen zu wenig, dadurch „steht" die Baustelle, was teuer ist.
- Sie kaufen das falsche Material und verursachen Sanierungsarbeiten.
- Sie verursachen einen Herstellermix, der die Garantie beeinträchtigt.

Ganz abgesehen davon müssen Sie ja auch Ihren eigenen Aufwand mitberechnen.

Generalunternehmer oder Einzelvergabe?

Sie haben nun die Wahl, einen Generalunternehmer oder viele Einzelfirmen zu beauftragen. Versuchen Sie analog dazu ein Auto nach Ihren Wünschen zu bauen. Mit Einzelauftrag an Ingenieure, Motorbauer, Karosseriespengler etc.

Der Vergleich mag oberflächlich betrachtet hinken, aber ich sehe nahezu täglich, wie Auftraggeber ihren Haustraum mit Einzelvergaben „gegen die Wand fahren". Viele Bauschäden entstehen durch eine fehlerhafte Koordination zwischen den Gewerken und durch nicht „gewerksübergreifendes" Denken einzelner Bau- und Handwerksfirmen. Dieses „Nicht-über-den-Tellerrand-Schauen" hat meiner Meinung nach seine Wurzeln schon in der Gesetzgebung und den Normen:

Warn- und Prüfpflicht

Ein Handwerker muss vor der Ausführung immer prüfen, ob die Vorleistungen anderer Gewerke nicht schädlich für seine Ausführungen sind. Leider ist der diesbezügliche Rahmen sehr groß. Ein Beispiel: Ein Installateur hatte drei

WC-Spülkästen vor eine unverputzte Hochlochziegel-Außenwand gesetzt, eine andere Firma hatte die Spülkästen vermauert. Wieder eine andere, die Innenputzfirma, hatte den Putz rundum ausgeführt. Eigentlich hatten alle fachgerecht gearbeitet, und dennoch entpuppte sich der Dachstuhl kurz nach dem Einzug als Totalschaden. Zuerst wurde der Zimmermann beschuldigt, also die vierte Firma im Bunde. Erst eine „Blower-Door-Messung", mit einem in den Türrahmen eingebauten Ventilator, hat den winterlichen Verlauf der feucht-warmen Raumluft über den Spülkasten in die Ziegelwand und schlussendlich in den kalten Dachraum gezeigt. Durch die diesbezügliche Kondenswasserbildung kam es zu einem Befall mit holzzerstörenden Pilzen. Kleine Ursache, große Wirkung: Der fehlende Putz zwischen Spülkasten und Ziegelaußenwand! Einen Planer oder verantwortlichen Generalunternehmer gab es nicht. Der Bauherr hatte alle Firmen einzeln beauftragt und wurde damit ungewollt zum Planer. Er bezahlte schlussendlich den Schaden selbst – insgesamt rund 30.000 Euro. Zwei Jahre nach Fertigstellung. Wo bleibt da die Prüf- und Warnpflicht der Handwerker?

Die – nicht automatisch geltende und nicht immer für Sie vorteilhafte – ÖNORM B2110, „Allgemeine Vertragsbestimmungen für Bauleistungen" sagt dazu auszugsweise und sinngemäß: „Der Auftragnehmer hat sich vor Leistungserbringung vom ordnungsgemäßen Zustand etwa bereits fertig gestellter Leistungen unter Anwendung pflichtgemäßer Sorgfalt zu überzeugen. Erkennbare Mängel, die seiner Meinung nach die geforderten Eigenschaften der von ihm auszuführenden Leistungen ungünstig beeinflussen könnten, ... sind dem Auftraggeber unverzüglich bekannt zu geben." Da steht aber auch Folgendes: „Mängel, zu deren Feststellung umfangreiche, technisch schwierige oder kostenintensive Untersuchungen oder die Beiziehung von Sonderfachleuten erforderlich sind, gelten als nicht erkennbar im Sinne der Norm ..." Und genau da beginnt der Streit! Muss der Installateur wissen, dass das Hochlochziegelmauerwerk erst mit dem Innenputz luftdicht wird? Hätte der Innenputzer fragen müssen, ob hinter dem bereits vermauerten Spülkasten ein Putz angebracht wurde?

Bauarbeiterkoordination bei Einzelvergabe

Darüber hinaus hängen die Bauherrenpflichten zum Bauarbeitenkoordinationsgesetz auch davon ab, ob Arbeitnehmer mehrerer Arbeitgeber (Einzelvergabe) oder nur eines Arbeitgebers (Fertighausfirma oder große Baufirma mit Eigenpersonal) tätig werden. Bei der Vergabe an nur einen Auftraggeber entfällt beispielsweise die Pflicht, einen Planungs- und Baustellenkoordinator zu bestellen! (Siehe dazu weiter oben.)

Kauf vom Fertighausanbieter

Zuerst die gute Nachricht: Der Fertighausanbieter ist der perfekte Generalunternehmer! Natürlich ist auch hier die Prüfung des Anbieters wichtig. Bauen Sie keinesfalls mit Hausanbietern aus dem osteuropäischen Ausland. Noch nicht. Hier ist noch ein massiver Aufholbedarf nötig. Ich habe es bis dato viel zu selten erlebt, dass ein Haus nach Fertigstellung nicht schon zumindest ein halber Totalschaden war.

Ein Holzfertighaus ist *kein* fehlerverzeihendes Bausystem. Standzeiten von weit über 100 Jahren sind aber dennoch kein Problem. Allerdings nur bei Aufstellung durch einen Holz-Baumeister oder ein renommiertes Fertighaus-Unternehmen.

Qualitativ sind gute Fertighäuser den Massivhäusern kaum noch unterlegen. Zumindest, was den „L.E.B.E.N.S.-Faktor" betrifft. Allerdings ergibt sich beim Wiederverkauf ein Wertverlust. Dieser erklärt sich daraus, dass Herr und Frau Österreicher offenbar mehr Vertrauen in die Massivbauweise haben.

In der Regel bekommt man vom Fertighausanbieter das „Rundum-Sorglos-Paket". Jedenfalls empfehlenswert für Leute mit wenig Zeit oder zwei linken Händen.

Zu den Begrifflichkeiten gibt es eine Norm, und zwar die ÖNORM B 2310 für Fertighäuser. Wichtig erscheinen mir daraus die Definitionen der drei Ausbaustufen:

Abb. 11: Haustyp „Living 160 Klagenfurt" Quelle: Elk.at

Stufe 1 – Ausbauhaus, Mindestleistungsumfang

Mindestleistungsumfang: Einreichpläne, Bauführer, Abnahme Unterbau, Standsicherheit, Wände und Decken spachtelfähig (also nicht verspachtelt), Dachkonstruktion inklusive Dachdeckung und Verblechung, bei ausgebautem Dachgeschoß müssen alle baupyhsikalischen Anforderungen erfüllt und Oberflächen allenfalls wieder spachtelfähig hergestellt sein. Der Einbau einer provisorischen Treppe zu Obergeschoßen inklusive Absturzsicherungen. Bäder und Duschen sind ohne Abdichtungsmaßnahmen auszuführen. Versorgungs- und Elektroleitungen müssen vorbereitet sein. Fenster und Türen sind eingebaut, alle Außenbauteile laut Beschreibung wie Balkone und Geländer müssen vorhanden sein. Anschlüsse zum Unterbau sind regensicher und winddicht herzustellen.

Stufe 2 – Belagsfertiges Haus

Hier sind die Elektro- und Sanitärinstallationen fertigzustellen. Ebenso die Heizanlage und der Estrich, wenn vereinbart auch eine Wohnraumlüftung.

Stufe 3 – Schlüsselfertiges Haus

Bei schlüsselfertiger Ausstattung müssen alle Innenfensterbänke, Innentüren und Sanitärgegenstände wie Armaturen, jedoch ohne Accessoires, eingebaut sein. Die Verspachtelung zu Wänden und Decken, Boden- und Wandfliesen inklusive allenfalls nötiger Nassraumabdichtungen, Treppen und Geländer müssen vertragskonform eingebaut sein.

Der Begriff „belagsfertig" kommt immer wieder im Zusammenhang mit Streitigkeiten zum Massivhaus vor. Da ist der Begriff nicht verbindlich festgelegt und die Leistungsbeschreibung knapp gehalten. Am Ende wundert sich der Häuslbauer, dass er Geländer, Innentüren und Sanitärgegenstände *nicht* bekommt. Daher meine Bitte: Fragen Sie immer nach, was Ihr Vertragspartner kalkuliert und angeboten hat. Denken Sie auch an Klobrillen und Steckdosen. Das gilt natürlich nicht nur für den Fertighausanbieter. Aber bei dem sind Sie besser geschützt.

Kapitel 2

Luftschlösser gibt es noch nicht - der Baugrund

Die Suche nach einem Grundstück

Wenn Sie schon glücklicher Besitzer eines Grundstückes sind, müssen Sie nur mehr erkunden, ob und wie Sie darauf bauen dürfen. Das erfahren Sie auf der Gemeinde bzw. von der Baubehörde, aber beachten Sie die Zeiten für den Parteienverkehr oder vereinbaren Sie einen Termin beim zuständigen Beamten. Ist Ihr Grund als Grünland gewidmet, dürfen Sie maximal einen Liegestuhl aufbauen. Wenn er eine Widmung als Bauland hat, dürfen Sie immer noch nicht alles draufstellen, was Sie wollen, aber dann können Sie immerhin beginnen zu planen.

Sie können diese Behördenwege auch Ihrem Architekten oder Planer überlassen, dieser wird dann nur mehr um Details feilschen, denn die Bebauungsbestimmungen und den Flächenwidmungsplan kennt er ja schon.

FLÄCHENWIDMUNGSPLAN UND BEBAUUNGSBESTIMMUNGEN

In den „Flächenwidmungs- und Bebauungsplänen" werden zulässige Nutzungen und Bebauungsbestimmungen eines Grundstückes, von Nachbarliegenschaften und eines Grätzls verbindlich für Mieter, Eigentümer und Bauwerber festgelegt. In diesen Plänen werden die Regeln, nach denen gebaut werden darf, festgelegt. Im Bebauungsplan werden das Recht zu bauen, aber auch damit verbundene Verpflichtungen geregelt:

- ➜ Abtreten von Flächen für die Herstellung neuer Verkehrsflächen
- ➜ Gehsteigherstellung sowie Beitragsleistung zu den Baukosten von Verkehrsflächen
- ➜ Herstellung von Wasseranschlüssen an die öffentliche Wasserversorgung und das Kanalnetz (Gebühren)
- ➜ Die öffentliche Müllabfuhr muss in Anspruch genommen werden.
- ➜ Stellplatzverpflichtung bei Neu- und Zubauten. Für jede Wohnung muss ein Stellplatz geschaffen werden.

Diese Pläne können vor dem Beschluss durch den Gemeinderat beeinsprucht werden, auch von Mietern. Wenn die Baumaschinen anrücken, ist es zu spät, dann haben nur mehr die Nachbarn eine Parteienstellung.
Der genaue Ablauf findet sich in den Landesbauordnungen und unter anderem in den OIB-Richtlinien.

Haben Sie noch kein Grundstück, haben Sie die folgenden Möglichkeiten, einen Traumgrund mit traumhaften Nachbarn zu finden:

Grundstücksanzeigen in Zeitungen

Nicht nur die junge Generation schätzt die Vorteile der Internetsuche, daher finden Sie dort sicher das größere Angebot. Verständlich, wer wartet heutzutage schon gern auf eine gedruckte Wochenendzeitung? Und doch kann es sich lohnen, wie ein Dinosaurier am Samstag in die Trafik zu stapfen. Gerade Grundbesitzer sind oft vom alten Schlag, und das Grundstück, das Urstrumpftante Hedwig veräußert, könnte Ihr Traumgrund sein.

Grundstücksanzeigen im Internet

Internet ist toll! Aber der niedrige Inseratenpreis verführt Makler oft dazu, besonders schöne Angebote als Lockvogel ins Netz zu stellen. Wenn Sie dann voller Vorfreude anrufen, heißt es: „Leider schon verkauft, aber wir haben noch andere Angebote. Was suchen Sie denn?“ Dafür haben Sie die Möglichkeit, mehrere Anbieter in kurzer Zeit zu kontaktieren. Damit hängen *Sie* das große Fischernetz aus. Die Chancen stehen gut, dass etwas hängen bleibt.

Suchauftrag beim Makler

Beim Makler bekommen Sie ein Maximum an Dienstleistung, aber das hat natürlich seinen Preis. Rechnen Sie mit etwa drei Prozent des Kaufpreises, die Sie an den Makler zahlen müssen. Dafür berät Sie der Makler über die Infrastruktur und die „Alltagstauglichkeit“ einer Wohnlage: Wo sind die nächste Verkehrsanbindung, das nächstliegende Einkaufszentrum, der Kindergarten, ein Spital usw.? Teilen Sie dem Makler Ihre Wünsche mit. Auch wenn er gerade nicht das Passende im Repertoire hat, wird er für Sie Ausschau halten. Aber Vorsicht: Sie erhalten von einem Makler keine Aussagen zur Bauqualität eines Grundstückes.

Grundstücksauswahl mit dem Architekten

Nicht jeder Architekt bietet eine Grundstückssuche an. Die Kosten für diese Dienstleistung sind bei ihm auch höher als beim Makler, dafür bekommen Sie aber auch mehr. Architekten haben die besten Kenntnisse zur Grundstücksauswahl, kennen den Flächenwidmungsplan, die Bebauungsbestimmungen und sie haben Grundkenntnisse zu Baugrundrisiken, berücksichtigen die Himmelsausrichtung, den Wind und die Verschattungssituation. In der Regel wird diese Dienstleistung finanzierbar, wenn Sie den Architekten auch mit Planungsleistungen beauftragen.

Grundstückssuche im Ort

Wenn Sie eine klare Vorstellung haben, wo Ihr Grundstück liegen und wie es beschaffen sein soll, können Sie die Suche selbst in die Hand nehmen.

Abb. 12: Hangrutsch! Gebaut ohne Bodengutachten, der ehemals schräge Hang ist im Regen verschwunden.

Abb. 13: Achtung bei Tallagen! Wo Häuser nur oben am Berg stehen, hat das vielleicht geologische Gründe. Ein flacher Hang ist in der Regel rutschgefährdeter als ein steiler!

Gehen Sie zur Gemeinde und fragen Sie zum Beispiel nach anstehenden Flächenumwidmungen von Grün- zu Bauland. Oder vielleicht hat die Gemeinde einen Baugrund, den sie auf 99 Jahre verpachtet. Außerdem erhalten Sie auf der Gemeinde auch gleich Informationen über die Bebauungsbestimmungen, Hochwassergefahren, Belästigungen durch naheliegende Industrie und eventuell sogar über unliebsame Nachbarn.

Sie können aber auch einfach durch die Gegend fahren und die Nachbarn von unbebauten Grundstücken fragen. Besuchen Sie die Quelle aller Weisheit: das Dorfgasthaus! Klopfen Sie an Türen, sprechen Sie Spaziergänger an, klappern Sie örtliche Baufirmen ab. Diese Vorgangsweise führt immer wieder zum Erfolg, sogar bei elendslangen Wartelisten, zum Beispiel für begehrte Seegrundstücke. Ein Vorteil nebenbei: Sie lernen die Nachbarn, die örtlichen Gebräuche und vielleicht auch schon die spätere Baufirma kennen. Auf jeden Fall trainieren Sie den Kreislauf, und das ist wichtig für den späteren Hausbau.

CHECKLISTE: WAS SIE VOR EINEM GRUNDSTÜCKSKAUF ÜBERPRÜFEN SOLLTEN

Bautechnisch entscheidend:

Grundstücksgröße von Architekten checken lassen:

- ➜ mindestens 200 bis 300 Quadratmeter für Doppelhaus oder Reihenhaus
- ➜ mindestens 500 bis 800 Quadratmeter für freistehendes Ein- oder Mehrfamilienhaus

Grundwasserstände und Hochwassergefahr erfragen:

- ➜ Wien: MA45, Geotechniker, Nachbarn mit Keller
- ➜ Bundesländer: Gemeinde, Geotechniker, Nachbarn mit Keller

Bodenverhältnisse Altdeponien erfragen:

- ➜ Gemeinde, in Wien: MA29, Geotechniker

Aufschließung für Kanal, Strom, Wasser, allenfalls Gas

- ➜ Höhe des Kanalanschlusses: wichtig für die Frage, ob allenfalls eine Hebeanlage für die Sanitärräume im Keller nötig ist.

Baumbestand: Bei der Baugenehmigungsbehörde ist nach Auflagen zu fragen.

Für die Wohnqualität erheblich:

- ➜ Liegt der Grund im Bereich einer Flughafeneinflugschneise?
- ➜ Liegt der Grund nahe einem Flughafen, einer Autobahn oder Eisenbahn? Bei Flughafennähe können behördliche Schallschutzauflagen verlangt werden.
- ➜ Verkehrsanbindung prüfen; die Anzahl der Kilometer zum Arbeitsplatz ist ausschlaggebend für die Pendlerpauschale.
- ➜ Infrastruktur prüfen, denn lange Verkehrswege sind versteckte Kosten. Wo ist die nächste Apotheke, das Spital, gibt es eine freizeitgerechte Umgebung, Sportvereine, Kinderspielmöglichkeiten?
- ➜ Bonität der Gemeinde prüfen: Gibt es Gratisleistungen für die Bürger, gibt es Kinderbetreuung? Wie ist der Zustand der Gemeindeflächen? Ist das Schwimmbad dauerhaft finanzierbar?
- ➜ Hanggrundstück bei Gehbehinderung und höherem Alter vermeiden.

Für die Gesundheit wichtig:

- ➜ Radonbelastung in Radonkarte des Lebensministeriums ÖNRAP prüfen.
- ➜ Allergiker sollten unbedingt Pollenbelastung prüfen (Pollenwarndienst.at), ebenso sollte die Feinstaubbelastung geprüft werden (Umweltbundesamt.at).
- ➜ Windarme Tallagen können die Immisionsbelastungen erhöhen, Beispiel „Hausbrand".
- ➜ Feldnahe Grundstückslagen können die Biobelastung erhöhen.
- ➜ Ansiedelungen zu Industrie und Landwirtschaft zur Hauptwetterrichtung prüfen, erhöhte Immissionen durch Windverschleppung möglich.
- ➜ Erhöhte Ozonbelastung am Stadtrand.
- ➜ Elektrosmog durch Sendeantennen.
- ➜ VOC-Belastung in direkter Tankstellennähe.

Zusätzlich, für das Energiesparhaus:

- ➜ Verschattungsfreiheit in Gebäudenähe für solare Einstrahlungsgewinne.
- ➜ Klimacheck: Ein raues Klima mit ständiger Windeinwirkung und erhöhten Niederschlagsmengen erhöht den Heizwärmebedarf. Beispiel: Der ständige Nebel im Klagenfurter Becken führt zu erhöhten Heizkosten und Algenbefall auf Wärmedämmverbundsystemfassaden.

Abb. 14: Bei nebeligen Tallagen besser auf ein „leichtes" Wärmedämmverbundsystem verzichten: Algengefahr!

Bevor Sie einen Vertrag unterschreiben, ziehen Sie unbedingt einen Anwalt hinzu, der den Vertrag auf eventuelle versteckte Nebenkosten überprüft. Wenn Ihre Finanzen es erlauben, rate ich auch, Ihren Architekten zu konsultieren, bevor Sie endgültig zuschlagen. Sollten keine geotechnischen Daten über das Grundstück vorliegen, erlaubt vielleicht der derzeitige Besitzer eine Probebohrung zur Baugrunderhebung. Das ist die einzige Möglichkeit, vor dem Kauf Klarheit über den Boden zu bekommen. Der Verkäufer kann Ihnen nicht garantieren, ob Sie einen tragfähigen Grund in vier oder zehn Metern vorfinden.

Doch bei allem, worauf man achten sollte, bedenken Sie: Perfektion ist eine Illusion. Es ist gut, umsichtig zu sein, aber letztlich geht es darum, das Risiko zu minimieren. Schließlich sollten Sie nicht so lange nach dem perfekten Grund suchen, bis Sie zu alt sind, ein Haus zu bauen.

Das Restrisiko

Es gibt die feine Unterscheidung zwischen echtem und erweitertem Baugrundrisiko. Das *„echte" Baugrundrisiko* wird immer den Grundbesitzer treffen. Es handelt sich dabei um das nicht vorhersehbare Restrisiko, gegen das es keine Absicherung gibt. Auch wenn alle Beteiligten ordnungsgemäß und fehlerfrei gearbeitet haben, können trotz bestmöglicher Planung Dinge auftreten, die den Bau behindern, wie zum Beispiel ein Felsbrocken am Baugrund oder ein historischer Fund, der einen Baustopp nach sich zieht.

Beim *„erweiterten" Baugrundrisiko* sind die Behinderungen und Erschwernisse auf ein Verschulden oder eine Pflichtverletzung eines Beteiligten zurückzuführen, der dann auch die Folgen zu tragen hat. Beispielsweise muss bei gewässernahen Bauwerken die Kellerbaufirma und bei Hochwassergebieten auch die Gemeinde den Bauwerber auf entsprechende Risiken hinweisen. Unterlassen diese das, würde ich ihnen ein Verschulden zuordnen.

Standsicherheit

Prinzipiell kann man auf jedem Boden bauen. Es ist nur eine Frage der Kosten und des Wissens um die Bodenqualität. Der Begriff „Baugrundrisiko" ist zwar nicht gesetzlich definiert, aber jeder Bauunternehmer wird das Risiko auf Sie als Bauherrn abwälzen. Auch die Rechtsprechung urteilt im Normalfall so, dass der Baugrund in die Verantwortung des Häuslbauers fällt.

Errichtet ein Baumeister ein Haus auf Ihrem Baugrund, schreibt er vertraglich meist eine bestimmte Beschaffenheit, beispielsweise Bodenklasse 3 bis 4, aus. Liegt diese Beschaffenheit aber nicht vor, werden Sie teure Nachtragskosten zu erwarten haben. Es können sich die Erdarbeiten, also der Baugrubenaushub, wesentlich verteuern, wenn die kalkulierte Bodenklasse nicht vorliegt! Im Baugrund hat sich schon so mancher Häuslbauer sein finanzielles Grab geschaufelt. 10.000 Euro Mehrkosten, noch bevor überhaupt gebaut wird, kommen gar nicht so selten vor.

BODENKLASSEN ALS KALKULATIONSGRUNDLAGE

Der Boden (Lockergestein und Festgestein) wird normativ und hinsichtlich seiner Bearbeitung und Lösbarkeit in Bodenklassen eingeteilt:

1. BK1: Oberboden (Mutterboden, Humus, Zwischenboden): lösbar mit Schaufel, Spaten
2. BK2: Wasserhaltender Boden (Schluff, Schlick, Lockergestein, mineralisch breiig bis flüssig): lösbar mit Schaufel, Schöpfgefäß
3. BK3: Leicht lösbarer Boden (Lockergestein, Grobkörnig, Sand, Schotter): lösbar mit Schaufel
4. BK 4: Mittelschwer lösbarer Boden (Lockergestein, feinkörnig, Hangschutt, lehmiger Schotter und Sand): lösbar mit Stichschaufel, Spaten
5. BK5: Schwer lösbarer Boden (Lockergestein, grob- und gemischtkörnig mit dichter Lagerung, plastisch): lösbar mit Krampen, Spitz- und Breithacke
6. BK6: Leicht lösbarer Fels (Festgestein, verfestigtes Lockergestein, Tonmergel, Böden mit Blöcken 20 bis 60 Zentimeter): lösbar mit Brechstange, Meißel, Schlägel
7. BK7: Schwer lösbarer Fels (Festgestein mit hoher Verbandsfestigkeit, Blöcke, Gneis, Granit, Kalkstein, Sandstein): lösbar mit Sprengen oder schwerem Gerät

Mutterboden ist teure Gartenerde

Der organische, lebendige Mutter- oder Oberboden, der nicht sofort wiederverwendet wird, ist so zu lagern, dass Vermischungen mit Mineralböden nach Möglichkeit vermieden werden. Eine Verunreinigung mit Fremdstoffen, Bauschutt oder Kunststoffen darf nicht erfolgen. Bei längerer Lagerung ist allenfalls auch auf die Ausdehnung der Aufschüttung zu achten. Gartenerde ist teuer und das Absterben der Bodenbakterien infolge mangelnder Durchlüftung kann Sie teuer zu stehen kommen.

Tragfähigkeit - Boden unter der Fundamentplatte

Im Bereich unter der Plattengründung darf der anstehende Boden nicht gestört werden. Er ist vor Beschädigungen durch Befahren, Aufwühlen, Ausspülen oder Auffrieren zu schützen. Das erklärt sich dadurch, dass der „gewachsene" Boden in der Regel konsolidiert ist. Das heißt, er ist vom Korngefüge her dicht gelagert und setzt sich kaum mehr. Wer jedoch das Korngefüge, den Boden, lockert, erntet Baugrundsetzungen.

Wird bindiger Boden trotzdem aufgelockert, muss unmittelbar vor dem Betonieren oder der Sauberkeitsschichte bis zur Tiefe der Auflockerung abgehoben werden. Der Bereich ist dann durch Magerbeton oder geeignetes, verdichtungsfähiges Material zu ersetzen. Bei nichtbindigem Boden ist zur Behebung der Auflockerung eine mechanische Verdichtung zulässig.

Exkurs: In der Baugrube verschüttet

Jedes Jahr erlebe ich zahlreiche eingestürzte Baugruben. Besonders dramatisch ist dies dann, wenn ein Arbeiter verschüttet wird. Und schließlich können auf Sie als Bauwerber unangenehme Haftungsfolgen zukommen. Baugruben und Gräben mit einer Tiefe von mehr als 1,25 Metern müssen ab Sohle mit abgeböschten Wänden errichtet werden, sofern kein Verbau zur Anwendung kommt. Die Neigung der Böschungen ist durch deren Standfestigkeit begrenzt und richtet sich nach der Art und den Eigenschaften der Böden. Zur Ausführung der Böschungen, der Festlegung maximaler Böschungswinkel und der nötigen Arbeitsraumbreiten wird auf § 50 BauV (Bauarbeiterschutzverordnung/Österreich) verwiesen.

Baugrunduntersuchung

Nach meiner langen Erfahrung kann ich nur empfehlen, eine Baugrunduntersuchung machen zu lassen, wenn die entsprechenden Baugrundinfos fehlen. Dazu engagiert man einen Geologen oder einen Geotechniker. Die Kosten dafür belaufen sich auf 1.000 bis 5.000 Euro; das ist ein Bruchteil dessen, was Sie ein späterer Schaden an Ihrem Haus kosten kann. Oft hat man aufgrund der umliegenden Baugründe ohnehin schon alle notwendigen Informationen, sodass keine Probebohrungen notwendig sind. Mailen Sie dem Geotechniker vorab die genaue Grundstückslage und Bilder vom Baugrund und der Umgebung. Allenfalls sieht dieser auch schon am Wuchs der Bäume, ob es hier Hangrutschungen gibt. Weitere Untersuchungen wird er erst empfehlen, wenn der erste Eindruck einen Anlass liefert.

Baugrundprobleme nach der Erstuntersuchung

Weicher Boden

Stellt der Geologe oder Geotechniker fest, dass ein Boden nicht tragfähig genug ist, kann man Gegenmaßnahmen ergreifen. Beispielsweise wird der Boden ausgetauscht oder einfach verdichtet. Man kann auch Streifenfundamente anbringen oder Säulen, die die Last auf tiefere, festere Bodenschichten übertragen.

Wenn Sie ein Haus mit Keller errichten möchten, brauchen Sie einen tragfähigen Boden in drei bis vier Metern Tiefe. Falls Sie keinen Keller wollen, aber feststellen, dass lockerer Boden in der Tiefe ohnehin gefestigt werden muss, sollten Sie einen Keller doch in Erwägung ziehen. Durch die nötigen Fundamentvertiefungen kommt dieser jetzt vergleichsweise günstig, und mit einem Wohnkeller könnten Sie Ihr Haus kleiner bauen oder gar einen Stock weglassen und damit bei gleicher Nettogesamtfläche echt Geld sparen. Abhängig davon, welche Gebäudehöhe die Behörde erlaubt, sollten Sie aber unbedingt versuchen, die Kellerfenster über die Geländeoberkante (GOK) zu heben.

Harter Boden

Nicht nur weicher Boden schafft Probleme, ein Kellerbau auf felsigem Grund kann noch teurer kommen. In der Regel wird in einem solchen Fall auf den Keller verzichtet und ein Plateau für die Bodenplatte oder die Streifenfundamente gestemmt. Nur sollten alle entsprechenden Umstände vor Auftragsvergabe gecheckt werden. Falls der Kellerbauer schon beauftragt war, verrechnet er womöglich Stornogebühren.

Grundwasser

Wenn der Geologe ohnehin schon in Ihrem Auftrag am Werke ist, inkludieren seine Kosten auch die Klärung der Grundwassersituation. Das Fachgebiet heißt Hydrogeologie.

Grundwasser wird meist definiert als „unterirdisches Wasser", was durchaus zu Fehleinschätzungen führt, denn man könnte glauben, „was unterirdisch ist, kann ja nicht von oben kommen". Aber das stimmt nicht ganz. Der Begriff „Grundwasser" umfasst

→ Regen- oder Schmelzwasser, das als Oberflächenwasser im Boden versickert, und

- Wasser, das durch die Sohle oder das Ufer von Oberflächengewässern den Untergrund infiltriert.

Achtung geboten ist auch bei Wasseranstau bei Hanglagen, insbesondere auf Böden, die wenig wasserdurchlässig sind. Da genügt ein starker Regen, um das Wasser massiv an den Kellerwänden anzustauen. Ebenso problematisch ist Schichtenwasser. Das ist Wasser, das durch einen nichtleitenden Boden am Versickern gehindert wird, oft passiert das oberflächennah und unabhängig vom Grundwasserspiegel.

Es ist sinnlos, zwischen Bergwasser, Schichtenwasser, Sickerwasser und Grundwasser eine Unterscheidung zu suchen. Alles Wasser unter der Grasnarbe (der Geländeoberkante, kurz: GOK) ist baupraktisch Grundwasser. Sie sollten lediglich wissen, ob Ihr Fundament oder der Keller in den nächsten 100 Jahren einmal im Wasser stehen könnte. Das ist wichtig für die Qualität der Feuchtigkeitsabdichtung, die Lage und Ausführung der Kellerfenster, die Statik des Baukörpers und für die Frage einer möglichen Fundamentunterspülung.

Abb. 15: Abgesoffen! Der Keller steht in bindigem Boden, die Rohrdurchdringungen in der Bodenplatte wurden nicht stauwasserdicht ausgeführt.

Der Bemessungswasserstand

Will man bestmöglich bauen, ist der sogenannte Bemessungswasserstand die ausschlaggebende Komponente. In der WU-Beton-Richtlinie (WU = Wasserundurchlässige Bauwerke) des Deutschen Ausschusses für Stahlbeton (DAfStb) wird dieser auszugsweise folgendermaßen definiert: Auszugehen ist von „dem höchsten innerhalb der planmäßigen Nutzungsdauer zu erwartenden Grundwasser-, Schichtenwasser- oder Hochwasserstand unter Berücksichtigung langjähriger Beobachtungen und zu erwartender zukünftiger Begebenheiten: dem höchsten planmäßigen Wasserstand".

GUT ZU WISSEN

Begrifflichkeiten zum Thema Grundwasser

- Grundwasser = Wasser unterhalb der Bodenoberfläche
- Grundwassersohle = die untere Grenzfläche eines Grundwasserkörpers
- Grundwasseroberfläche = die obere Grenzfläche eines Grundwasserkörpers
- Grundwasserleiter (GWL) = eine geologische Formation, die aufgrund von Hohlräumen Wasser führen kann
- Grundwasserspiegel = Wasserspiegel in einer Grundwassermessstelle
- Grundwasserflurabstand = Abstand zwischen Geländeoberkante (GOK) und Grundwasserspiegel
- Vorflut = hydrologisch ein Gerinne, in dem Wasser abfließen kann, wie zum Beispiel Sickerschacht, Oberflächenmulde und offener Kanal

Abb. 16: Besser gleich „hochwasserdichte" Fenster! Gegen drückendes Grundwasser muss zusätzlich ein druckwasserdichter Lichtschacht verwendet werden. Quelle: Aco.co.at

Gefahren durch Grundwasser

Das Grundwasser kann Chemikalien beinhalten. Kohlensäure, Ammoniumsalze, Magnesiumchlorid und Sulfate können den Beton und die Stahlbewehrung angreifen. Deshalb ist es wichtig, dort, wo Betonteile mit dem Grundwasser in

Berührung kommen, eine Probe des Grundwassers zu nehmen und im Umweltlabor chemisch untersuchen zu lassen. Gegebenenfalls kann man kalkarme oder sulfatbeständige Zemente verwenden; damit wird die Widerstandskraft gegen chemische Angriffe, dort, wo eine schützende Außenabdichtung fehlt, verbessert.

Grundwasserabsenkung

Wenn die Baugrube für Ihr zukünftiges Haus bis in den Grundwasserleiter hinabreicht, ist es möglich, das Grundwasser zu senken. Bei kleineren Baugruben funktioniert das ganz gut mit einer Pumpe, auf diese Weise lassen Sie das Abwasser so weit wie möglich in einer entfernten Oberflächenmulde oder einem Sickerschacht versickern. Das nennt man „offene Wasserhaltung". Es ist allerdings nicht (oder nur in seltenen, genehmigungspflichtigen Ausnahmefällen) gestattet, das abgepumpte Grundwasser in den Kanal zu leiten.

Bei größeren Baugruben, die bis in einen ergiebigen Grundwasserleiter hinabreichen, muss man Brunnen rund um die Baugrube errichten und so den Grundwasserspiegel senken. Das nennt man „geschlossene Wasserhaltung" und wird im Allgemeinen erforderlich, wenn der Grundwasserspiegel mehr als 20 Zentimeter über dem tiefsten Punkt, der „Baugrubensohle", steht.

ACHTUNG

Manchmal wird die Grundwasserhaltung beendet, sobald die Kellerwände fertiggestellt sind. Das ist jedoch zu früh, denn das Bauwerk ist möglicherweise noch nicht ausreichend steif und schwer, es besteht die Gefahr eines „aufschwimmenden Kellers", die Wände können eingedrückt werden.

Abschottung

Eine Alternative zur Grundwasserabsenkung ist die Abschottung und Einhausung der Baugrube durch Schlitz- oder Spundwände. Diese provisorischen Wände sollten dabei bis in eine wasserundurchlässige Schicht einbinden, da sonst die Gefahr einer Unterspülung, eines hydraulischen Grundbruchs, besteht.

Grundwasserstrom

Wenn Keller plötzlich im Grundwasser stehen, bekommt man manchmal als Erklärung zu hören, dass der Grundwasserspiegel gegenüber früher gestiegen sei.

Abb. 17: Bauen Sie bei Grundwasseranstau entweder Hochwasserschutzfenster oder gar keine Fenster ein!

Häufig ist die Ursache, dass in der Nähe große Tiefbauprojekte umgesetzt wurden, beispielsweise Autobahnen oder Tunnel. Dabei kann eine bisher wasserundurchlässige Bodenschicht durchstoßen worden sein und so einen Grundwasserstau bewirken, der bisher nicht da war. Der vermeintlich trockene Keller steht dann im Grundwasser!

Daher der wichtigste Tipp: Gehen Sie immer von anstauendem Wasser aus, ausgenommen vielleicht beim Häuschen auf einem einsamen Hügel.

Erdbebensicherheit

Weiche Böden verstärken die Erdbebeneinwirkung erheblich negativ und sind daher als Bauwerksuntergrund eher ungeeignet. Der Widerstand gegen eine Erdbebenbeanspruchung hängt neben der Bauweise auch stark von den verwendeten Baustoffen ab.

Radonbelastung und Lungenkrebs

Knapp die Hälfte der gesamten Strahlenbelastung in Österreich wird durch das Einatmen des natürlichen Edelgases *Radon* verursacht. Neueste Untersuchungen zeigen, dass Radon oft konzentriert auftritt und das Lungenkrebsrisiko der Bewohner erhöht. Radon ist geruchlos und entsteht durch radioaktiven Zerfall aus Uran, welches wiederum als Spurenelement nahezu überall vorkommt, im Gestein, im Boden und in Baumaterialien. Während Radon im Freien auf ein unbedenkliches Maß verdünnt wird, kann es in schlecht gelüfteten Wohnräumen gefährlich werden. Durch Spalten gelangt das Edelgas beispielsweise in den

Keller und damit in unsere Atmung. Radonfolgeprodukte schädigen die Atemwege, was langfristig ein erhöhtes Lungenkrebsrisiko bedeutet.

Lassen Sie die Radonbelastung auf Ihrem Grundstück mithilfe der Radonkarte des Lebensministeriums/ÖNRAP prüfen. Bei erhöhter Radonbelastung sollten Sie unbedingt auf Streifenfundamente verzichten und stattdessen geschlossene Bodenplatten mit einer Abdichtungslage planen. Das hält das Edelgas wirksam zurück.

Grundstücksvermessung

Zwei Vermessungskarten (Kastaster) sind für die Feststellung der Grundstücksgrenzen vorgesehen, leider auch zwei Behörden, deren jeweilige Aufgabe Sie nicht verwechseln dürfen.

Das Grundsteuerkataster

Die Eintragung eines Grundstücks in das Grundsteuerkataster dient nur dazu, die Höhe der Grundsteuer für das Finanzamt zu bestimmen. Ein verbindlicher Nachweis der Grundgrenzen ist damit nicht gegeben.

Das Grenzkataster

Das österreichische Katastersystem gliedert sich in die digitale Katastermappe (Geometrie) und das Grundbuch (Attribute). Die Verknüpfung erfolgt über die Grundstücksnummer, die in der Grundstücksdatenbank dargestellt wird (meingrundstueck.at). Im Grenzkataster sind die Grenzpunkte eingetragen, die von Landvermessern bemessen und koordiniert werden. Sie können jederzeit in die Natur übertragen werden, fragen Sie den Zivilgeometer.

Leider gehören Grundstücksverletzungen zum Baustellenalltag. Immer wieder werden Bauherren mit einem behördlichen Abbruchbescheid zur Verzweiflung gebracht. Sie berufen sich dann oft auf den Grundsteuerkataster, womit sie sich aber im Irrtum befinden, denn verbindlich ist nur die Eintragung in den Grenzkataster.

Um das oben geschilderte Szenario zu vermeiden, müssen Sie rechtzeitig die Grenzen Ihres Grundes sichern. Rechtzeitig bedeutet: bevor der Bagger die erste Fuhre Erde aushebt! Fragen Sie nach, ob allenfalls vorhandene Markierungspfosten durch einen Zivilgeometer gesetzt wurden. Fragen Sie, ob vielleicht im Zuge der Bauarbeiten der provisorische Grenzpfosten mehrmals umgesetzt wurde, denn auch das kommt vor. Die Baufirma wird das diesbezügliche Grenzrisiko auf Sie überwälzen und sich nach vorhandenen Markierungen richten. Für Sie als Häuslbauer besteht zwar keine Verpflichtung, den Grund zu vermessen, aber um Rechtssicherheit zu erlangen, sollten Sie einen Zivilgeometer beauftragen und das Grundstück vermessen und die Grenzen in das Grenzkataster eintragen lassen.

Wenn Sie das versäumen und Ihr Haus in den Nachbargrund ragt, bleibt nur noch die Möglichkeit, brav dem Nachbarn ein gutes Angebot für seinen Grund zu machen oder Ihr eben begonnenes Haus „zurückzubauen“ und von vorne anzufangen. Beides ist deutlich teurer als ein Zivilgeometer.

Grundbuch

Leider sind im Grundbuch noch nicht alle Flächenwidmungen und deren Beschränkungen eingetragen. Auch wichtige Informationen über die Ver- und Entsorgung einer Liegenschaft, Dimensionierungen, Höhen- und Tiefenlagen von Starkstrom- und Wasserleitungen fehlen. Informationen über die physikalische Beschaffenheit zur Nutzung des Grundstücks sind zwar teilweise im Grundbuch ersichtlich, jedoch völlig unverbindlich. Auch Gefahrenzonen werden nur bruchstückhaft vermerkt. Bei großen Flughäfen werden zwar Schutzzonen vermerkt, bei kleineren ist dies aber nicht mehr der Fall.

Dienstbarkeiten

Fragen Sie auch nach, ob zu dem Grundstück eine Dienstbarkeit (Servitute) im Grundbuch eingetragen ist, beispielsweise ein Wegerecht des Nachbarn oder eine unterirdisch verlaufende Wasserleitung. Als Eigentümer sind sie in diesem Fall verpflichtet, etwas zu dulden oder zu unterlassen. Servitute können ersessen werden, aber auch infolge einer Nichtausübung verjähren.

Das Gesetz betont zwar den Eintragungsgrundsatz für Dienstbarkeiten, der Rechtsprechung nach bestehen aber auch offenkundige Dienstbarkeiten ohne bücherliche Eintragung! In manchen Bundesländern wurde die Eintragung von Dienstbarkeiten sogar verboten, um die Übersichtlichkeit des Grundbuchs zu erhöhen. Der Hausbau kann unter Umständen nur mehr eingeschränkt möglich sein, wenn der Bauer mit dem Traktor seit ewigen Zeiten über Ihr Grundstück zu seinem Feld fährt. Der Grundverkäufer muss Sie hierzu aber genauestens informieren. Am besten fragen Sie natürlich schriftlich und verlangen auch eine schriftliche Antwort!

Blindgänger und Kontaminierung

Blindgänger

Wer baut, denkt selten an eine nach wie vor reale Gefährdung: Blindgänger alter Fliegerbomben aus dem Zweiten Weltkrieg. Immerhin werden in Österreich nach wie vor 15.000 Fliegerbomben im Boden vermutet. In stark betroffenen Regionen existieren sogenannte Verdachtsflächenkataster.

Liegt Ihr Grund in so einer Zone, sollten Sie den Verkäufer damit konfrontieren oder bei den zuständigen Behörden nachfragen. Im Grundstückskaufvertrag sollten Sie die allfällige Frage der Kostenübernahme zur Kampfmittelfreiheit vertraglich regeln. Beim Kauf vom Bauträger sind Sie theoretisch auf der sicheren Seite, da haftet der Bauträger. Darüber hinaus haftet immer der Grundeigentümer für das Boden- und Baugrundrisiko! Leider sind weder Bombenkarten noch Luftbildaufnahmen ausreichend zuverlässig. Ein OGH-Urteil aus dem Jahr 2006 hat einer Salzburger Grundeigentümerin zwar die Kosten für die Sprengung einer 250-Kilogramm-Fliegerbombe zugesprochen, die Such- und Freilegungskosten von 73.000 Euro musste sie aber selbst übernehmen.

Wer haftet bei einer Kontamination?

Wenn Sie zu wählen hätten, was wäre besser? Eine Fliegerbombe oder ein ausgelaufenes Giftfass? Billiger zu entsorgen wäre wahrscheinlich die Bombe. Wenn der Baggerfahrer beim Baggern auf undichte Fässer stößt, kann es so richtig teuer werden. Die Entsorgung von kontaminierten Böden kann leicht die Kosten des Hausbaus überschreiten. Aus zivilrechtlicher Sicht werden sich in einem

Abb. 18: Der absolute Albtraum sind Altlasten am eigenen Grundstück, solche sind nie ganz auszuschließen.

solchen Fall Schadenersatz- und Gewährleistungsansprüche gegen den Verkäufer oder auch den Verursacher der Bodenverunreinigung ergeben.

Wie beim Gebrauchthauskauf ergeben sich in diesem Zusammenhang Aufklärungspflichten des Verkäufers nur, wenn er Hinweise darauf hatte, dass der Boden verunreinigt wurde. Sie müssen allerdings beweisen, dass er von der Gefährdung gewusst hatte. Neben dem Verkäufer kann auch der Verursacher der Kontamination haften. Andererseits haftet der Käufer einer Liegenschaft auch solidarisch mit dem Verursacher, das heißt, dass beide gemeinsam haften.

Bundesumwelthaftungsgesetz

Das neue Bundesumwelthaftungsgesetz (B-UHG) regelt auf der Grundlage des Verursacherprinzips Maßnahmen zur Vermeidung und Sanierung von Umweltschäden, wobei eine diesbezügliche Anwendbarkeit nur für Schäden bzw. diese verursachende Ereignisse besteht, die nach dem 20. Juni 2009 „stattgefunden haben".

In allen Fällen von kontaminierten Böden kontaktieren Sie unverzüglich Ihre Rechtsvertretung. Für die Primärbewertung eines Grundstückes können folgende Stellen hilfreich sein:

- Altlasten- und Verdachtsflächenkataster
- Grundbuch
- Luftbildauswertung
- Alliierten- und Bombardierungspläne aus dem Zweiten Weltkrieg (zu beschaffen bei Strategic Air Commando der US-Botschaft oder bei der britischen Botschaft)

Abb. 19: Spannender als der Hausbau kann so eine archäologische Grabung sein. Quelle: Ardig.at

Archäologische Funde

Wenn Sie die Mumie aus dem Grab des Pharaos im Traum verfolgt, ist das noch nichts gegen den Albtraum, der Sie erwartet, wenn Sie am Eigengrund fündig werden. Oder auch nicht: In Österreich gilt die Regelung, dass nach § 10 Abs. 1 DMSG Bodendenkmale als Schatzfund anzusehen sind. Womit §§ 398 ff ABGB zur Anwendung kommen: Das Eigentum an dem Fund ist zwischen Finder und dem Grundeigentümer zu teilen. Ob Sie nach dem Fund reich oder nur stolzer Bewahrer kulturgeschichtlicher Gegenstände und Baulichkeiten sind, ist mit dem Bundesdenkmalamt (BDA) zu klären.

Minimieren Sie dieses Risiko vor allem dann, wenn Sie im Nahebereich historischer Fundstätten bauen. Bereits in der Planungsphase Ihres Projekts können Sie bei der zuständigen Behörde (Bundesdenkmalamt, Abteilung für Archäologie) Erkundigungen einholen. Nur das Bundesdenkmalamt wird auf Anfrage Fundstellen bekannt geben. Leider gibt es auch hier keine landesweit einheitliche Lösung. Einige Gemeinden berufen sich auf den Datenschutz und geben Fundorte gar nicht bekannt. Für Ignoranten: Wenn Sie Ihr Bauwerk über einer Fundstelle errichten, müssen Sie mit einer kostspieligen „Rettungsgrabung" rechnen. Sie dürfen keinesfalls selbst Grabungen durchführen, außer Sie möchten zum „Raubgräber" werden. Eine Fundmeldung muss jedenfalls bis zum nächsten Werktag an das Bundesdenkmalamt erfolgen.

Geschützte Tierarten

Es kommt schon einmal vor, dass auf dem Dach ein Wildvogel brütet, Hornissen den Dachbalken besiedeln, Siebenschläfer in der Dämmlage wohnen, Fledermäuse an der Dachrinne hängen oder eine Feldspitzmaus in der Fassade lebt. Wie geht man damit um?

Ein Auszug aus der Kärntner Tierartenschutzverordnung macht es deutlich: „Vollkommen geschützte heimische Tiere dürfen in allen ihren Entwicklungsformen weder verfolgt, beunruhigt, gefangen, befördert, gehalten oder getötet werden ..." Vollkommen geschützte Tierarten sind im Gegensatz zu den „teilweise Geschützten" vom Handel gänzlich ausgenommen. Aber wir wollen ja hier nicht mit den Tierchen handeln, wir wollen sie loswerden.

Das treibt Schädlingsbekämpfungsmeister Jörg Lange („Ab die Taube") regelmäßig den Schweiß auf die Stirn: „Es gibt keine landesweit einheitlichen Regelungen. Aber es gibt Ausnahmeregelungen. Bei den teilweise geschützten

Arten darf beispielsweise der Siebenschläfer mit Lebendfallen umgesiedelt werden. Ebenso Waldameisen. Lustig wird es da, wo man den geplagten Häuslbauern erklären muss, dass die nach wie vor frei verkäuflichen Spritzmittel, Schadnagerköder oder Aerosole aufgrund der aktuell geltenden Biozid-Verordnung ohne eine entsprechende Ausbildung gar nicht mehr eingesetzt werden dürfen."

Das Stichwort ist „vergrämen" oder umsiedeln, nicht unbedingt vernichten. So dürfen auch Tauben in der Stadt ohne speziell vorliegende Befugnis und erlaubte Verfahren nicht vergiftet oder getötet, sondern nur vergrämt, also vertrieben werden. Was beim Turmfalken selbstverständlich erscheint, lässt mich bei allenfalls die Fassade zerstörenden Feldspitzmäusen zweifeln. Sie müssen im Zweifel „ernste bauliche Schäden am Gebäude" oder eine Gesundheitsbedrohung durch akuten Schadnagerbefall nachweisen, damit Sie wirksame Maßnahmen setzen dürfen. Fragen Sie beim jeweiligen Amt oder Ihrem Schädlingsbekämpfungsmeister nach.

Weiterführende Informationen und Anbieter:
www.bauherrenhilfe.org/fachbuch_baugrund

Kapitel 3

Dick betoniert und trotzdem schief - das Fundament

Gründung des Hauses

Das Fundament ist der Übergang vom Boden zum Bauwerk. Die Herausforderung an ein Fundament liegt darin, dass die oberen Bodenschichten weich sind. Boden bewegt und verformt sich ständig, sei es durch Austrocknen, durch Unterspülung oder durch Frosteinwirkung.

Um diese Bewegungen zu überbrücken, muss das Fundament in tiefere, festere Schichten des Bodens geführt werden, bis die sogenannte „Bodenpressung" für die Gebäudelast ausreicht, damit es nicht zu einem „Grundbruch" kommen kann. Man errichtet eine Torte ja auch nicht auf einem Buttercremeboden, sondern auf Tortenböden aus festem Teig.

Die gute Nachricht lautet, dass der Bereich Fundament und statische Konstruktion von Baupfusch weitgehend verschont bleibt. Die Wichtigkeit eines stabilen Fundaments hat Tradition, und niemand muss davon überzeugt werden, hier richtig zu planen. Die Angst, dass ein Haus über dem Kopf zusammenstürzen könnte, sitzt tief. Dazu kommt, dass behördliche Vorgaben zur Baustatik und zur Nachweisführung gelten. Und noch etwas: Der Bereich des Bauingenieurswesens, der für Hausgründungen zuständig ist, ist wesentlich weniger von Pfuschern und Spekulanten durchsetzt als der ausführende Teil der Bauwirtschaft.

Dennoch muss ich auch hier vor möglichen Ausführungsfehlern warnen. Gerade bei den gängigen Fundamentarten „Bodenplatte" und „Streifenfundament" wird ein Statiker oft eingespart, weil „das mach' ma so wie immer". Die Baufirma betoniert und legt Eisen ein wie gewohnt. Ob das jemals gut und für jede Anforderung geeignet war, bleibt hier einmal so dahingestellt.

Darüber hinaus hat die Statik bei wasserundurchlässigen Betonbauwerken ja auch die Aufgabe, die Stahlbewehrung zu dimensionieren und Betonrisse so klein zu halten, dass kein Wasser durchdringt. Das hat sich bis zu einigen Kellerbaufirmen noch nicht herumgesprochen. Es ist zwar beruhigend, dass sich selbst die übelsten Gestalten der Bauwirtschaft an der Statik selten bereichern. Es ist aber durchaus festzuhalten, dass kaum ein „Dichtbetonkeller" wirklich richtig gebaut wurde. Das nenne ich dann Pokern auf Kosten des Häuslbauers.

Kleine Materialkunde

Stahl und Beton – dann hält es schon

Stahl und Beton bilden ein perfektes Paar. Stahl hat hohe Zugfestigkeit, Beton hohe Druckfestigkeit. Deshalb wird Beton meist mit Stahlstäben oder Stahlfasern verstärkt, das nennt man Bewehrung. Unbewehrter Beton würde bei der geringsten Zugbeanspruchung reißen und versagen, ist der Beton jedoch mit Stahlbewehrung versehen, übernimmt der Stahl die Zugkräfte. Die Bewehrung wird meist in Matten eingelegt und mit Abstandshaltern vom Untergrund oder der Schalung distanziert.

Stahl und Beton vertragen sich auch deswegen so gut, weil beide den gleichen Ausdehnungskoeffizienten haben. Das heißt, die temperaturbedingten Längenänderungen beider Materialien sind gleich. Risse durch Unverträglichkeiten können nicht entstehen, ausgenommen, es dringt Wasser ein und der Stahl beginnt zu rosten. Allerdings entstehen haarfeine Risse im Beton, die es erst ermöglichen, dass die Kraftübertragung auf die Bewehrung stattfindet. Das ist also ein erwünschter Effekt.

Die Aufgabe des Planers liegt darin, die Rissbreiten so klein zu halten, dass Umwelteinwirkungen den Stahl nicht schädigen können und kein Wasser durchtritt. Zulässig sind *je nach Anforderung* Rissbreiten zwischen 0,1 und 0,4 Millimeter. Ab 0,1 Millimeter werden die Risse für uns sichtbar und es kann bereits Wasser durchdringen, daher sollte bei einer wasserdichten Bauweise ohne zusätzliche Abdichtung eine Rissbreite von 0,1 Millimeter die magische Grenze darstellen.

Stahlfaserbeton in Kombination mit Stahlbewehrung

Stahlfaserbeton hat bei fachgerechter Verarbeitung positive Eigenschaften. Statt dicker Stahlstäbe werden schon im Werk kleine Stahlfasern in den Beton gemischt. Diese führen zu einer weiteren Verteilung der Belastung, „Zwängungen“ genannt, im Beton. Die Risse werden noch feiner. Allerdings erfordert der Stahlfaserbeton eine statische Bemessung. Bei höheren Lasten und einer Dichtbetonausführung braucht es in der Regel eine konventionelle Zusatzbewehrung. Beispielsweise wird dort, wo ein schwerer Kamin auf der Bodenplatte gelagert wird, zusätzlich mit Stahl bewehrt, auch Fensterecken setzen eine Zulagebewehrung voraus. So ist die Kombination Stahlfaser, klassische Stahlbewehrung und Beton perfekt gehandhabt.

Kunstfaserbewehrung

Im Gegensatz zur Stahlfaser gibt es mit Kunstfasern als Betonbewehrung noch zu wenig Erfahrung. Im Hinblick auf den dürftigen Wissensstand und die unterschiedlichen Eigenschaften von Beton muss man von deren Verwendung abraten.

Der Tragfähigkeitsnachweis

In der Regel muss für Ein- und Mehrfamilienhäuser kein gesonderter Tragfähigkeitsnachweis vorgelegt werden. Vorausgesetzt, es wird fach- und normgerecht gebaut. Wenn das nicht der Fall ist, gilt das Haus als Sonderkon-

Abb. 20: Besser vorher prüfen als nachher durch die Wand sehen. Quelle: Hausan.at

struktion und es muss ein Statik- bzw. Tragfähigkeitsnachweis vorgelegt werden.

Die Anforderungen an Bewehrung, Sauberkeitsschichte, Frostschutz oder gar Betonnachbehandlung kennen Bauunternehmer vielfach nicht. Der Grund liegt darin, dass immer seltener vom Baumeister gebaut wird. Die OIB-Richtlinie 1 (Mechanische Festigkeit und Standsicherheit) beschreibt die Erfordernisse der Tragfähigkeit noch sehr allgemein:

„Ziffer 2.1: Tragwerke sind so zu planen und herzustellen, dass sie eine ausreichende Tragfähigkeit, Gebrauchstauglichkeit und Dauerhaftigkeit aufweisen, um die Einwirkungen, denen das Bauwerk ausgesetzt ist, aufzunehmen und in den Boden abzutragen. Ziffer 2.1.2: Für die Neuerrichtung von Tragwerken oder Tragwerksteilen ist dies jedenfalls erfüllt, wenn der Stand der Technik eingehalten wird. Die Zuverlässigkeit der Tragwerke hat den Anforderungen gemäß ÖNORM EN 1990 in Verbindung mit ÖNORM B 1990-1 zu genügen.

In der ÖNORM EN 1190 wird ein Bauwerk dann als zuverlässig beschrieben, wenn Entwurf und Bemessung nach der Normenreihe EN 1990 bis 1999 erfolgt ist. Der Statiker Christian Karner bringt es auf den Punkt:

„Hervorzuheben sind vorübergehende Situationen, wie ein sich ändernder Baugrund und im Besonderen außergewöhnliche Situationen wie Erdbebeneinwirkungen. Gebaut wird nicht nur für Schönwettersituationen. Geotechnische Einwirkungen sind gemäß EN 1997-1 zu bestimmen.“

Die Bodenplatte

Die Bodenplatte ist eine Fläche, die die Last des Hauses in den tragfähigen Boden führt. Die Bodenplatte als Flächengründung sollte immer wasserundurchlässig ausgeführt werden, auf jeden Fall aber dann, wenn sie unterhalb des Geländeniveaus liegt. Das setzt natürlich eine gute Betonqualität mit dichtem Porengefüge voraus, ebenso wie eine Betonausführung, die dauerhaft rissfest ist. Zur Rissminderung ist eine Stahlbewehrung einzulegen, und da genügt auch eine doppelte Bewehrungslage nicht automatisch. Die untere Mattenlage muss mit der oberen im Randbereich durch Randnadeln verbunden werden, genauso wie die Bodenplatte mit den Wänden dauerhaft und kraftschlüssig verbunden werden muss. Das oft übliche Eindrücken einer Stabbewehrung in den Frischbeton ist nicht als fachgerecht zu bezeichnen. Die Anschlussbewehrung muss – wie das Dichtfugenprofil – bereits in der unteren Bewehrungslage verankert werden.

Wenn die Bodenplatte es alleine, also ohne Streifenfundament und Frostschürze schafft, Ihr Haus zu tragen, haben Sie den angestrebten Idealzustand.

Sie ist die preisgünstigste Fundamentart und zugleich jene, bei der der Wärmeverlust in das Erdreich am geringsten ist – vorausgesetzt, die Bodenplatte wird auf eine Dämmlage gesetzt.

Ein wichtiges Prinzip, das für die Bodenplatte gilt, ist: Je einfacher der geometrische Grundriss ist, desto haltbarer ist sie. Dieses Prinzip kennen Sie aus Ihrer Schulbastelstunde: Wer in ein Viereck Kanten und Ecken hineinschneidet, darf sich nicht wundern, wenn genau dort Risse entstehen. Jede Ecke stellt eine Sollbruchstelle dar.

Abb. 21: Eine fertige Bodenplatte für drei Reihenhäuser, leider ohne Fugenprofile zwischen den Häusern. So verteilt sich Schadwasser in allen Kellern.

Wenn Sie sich für eine Bodenplatte entscheiden, benötigen Sie folgende Nachweise:

- Nachweis über die Lagesicherheit der Bodenplatte, der belegt, dass es zu keinem Abrutschen bei Hanglagen kommen kann.
- Nachweis darüber, dass die Lastabtragung in den Boden ausreichend und keine Tiefengründung nötig ist.
- Bodengutachten, das nachweist, dass sich keine „Frostlinse" unter der Bodenplatte bilden kann.
- Nachweis über die Ermittlung des Bemessungswasserstands, der eine Fundamentunterspülung ausschließt.

Abb. 22: Fehler: Immerhin ein Vordachfundament, aber Beton entmischt, nicht frostsicher, schlecht betoniert und nicht auf tragfähigem Boden!

Zubehör zur Bodenplatte: die Sauberkeitsschichte

Die Sauberkeitsschichte ist die Auflage, auf der die Bodenplatte zwängungsfrei, also vom Baugrund entkoppelt, ruht. Dabei ist Folgendes wichtig: So wie jedes andere Material „arbeitet" Beton ständig unter Temperatur und Feuchtigkeit. Er kriecht und schwindet und verändert seine Längen. Besonders nach dem Betonieren, wenn der Beton zu trocknen beginnt, aber auch später verändert er sich durch Jahreszeitenwechsel und Klimaänderungen. Kurz: Da bewegt sich

Abb. 23: Sauberkeitsschichte aus Magerbeton: Zu Beginn wird als Auflage für die Dämmung oder die ungedämmte Bodenplatte eine glatte Betonlage ausgeführt.

Abb. 24: Die perfekte Sauberkeitsschichte besteht aus XPS-Dämmplatten.
Quelle: Austrotherm.at

ständig etwas. Daher darf die Bodenplatte als Flächengründung nicht an einem oder mehreren Punkten am Untergrund „ankleben". Sonst steigt das Risiko einer Rissbildung.

Noch etwas ist zu beachten: Die in den Beton eingelegte Stahlbewehrung benötigt, um später nicht zu rosten, eine Betonüberdeckung von circa zwei bis vier Zentimetern. Das heißt, die Stahlmatten müssen vom Beton zwei bis vier Zentimeter abgedeckt werden, sonst nimmt der Beton Schaden. Dafür müssen Distanzprofile unter die Stahlmatten gelegt werden. Ohne Sauberkeitsschichte drückt es die Distanzprofile beim Betonieren durch die Folie in den Schotter. Die Mindestüberdeckung kann dann nicht mehr eingehalten werden.

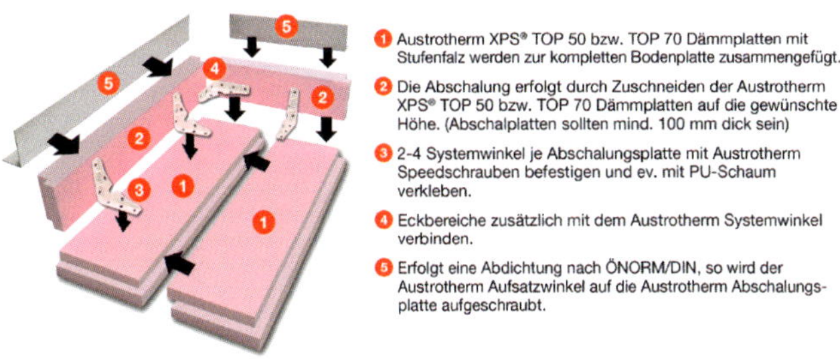

Abb. 25: Ein Dämmsystem dient zeitgleich als Betonschalung. Quelle: Austrotherm

Betonieren auf Schotter

Achtung: Sehr häufig werden als angebliche Sauberkeitsschichte eine Lage Schotter und darüber eine Lage Folie aufgebracht, oft „Frostkoffer“ genannt. Das ist leider das Gegenteil einer Sauberkeitsschichte, denn dieser Untergrund ist rau und nachgiebig. Die Folie auf der Schotterlage soll verhindern, dass der Beton beim Betonieren in den Schotter rinnt. Leider ist das eine Wunschvorstellung, denn beim Betoniervorgang steigen die Arbeiter durch die Folie und der Beton kann sich entmischen. Hohlstellen in der Bodenplatte können die negative Folge sein. Wer auf Schotter oder grob maßhaltigen Flächen betoniert, muss mit der Bewehrungs-Mindestüberdeckung PLUS 7,5 Zentimeter Beton betonieren. Demnach müsste die untere der beiden Bewehrungslagen in zehn Zentimeter Beton gelagert sein. Da wird eine Sauberkeitsschichte schon wieder wirtschaftlich!

Es gibt drei mögliche Arten der Sauberkeitsschichte:

- die abgezogene Magerbetonschichte: ein Klassiker, der immer noch viel Verwendung findet;
- die abgezogene und verdichtete Sandschichte: Bei einem guten sandigen Boden kann man durch Stampfen und Glätten eine gleitfähige feste Schichte schaffen, ohne extra Baustoffe kaufen zu müssen;
- hochdruckfeste Dämmplatten aus extrudiertem Polystyrol: Die Dämmplattenvariante ist als „Stand der Technik“ bei beheizten Gebäuden zu empfehlen.

Es genügt unseren Ansprüchen an den Wärmeschutz nicht mehr, lediglich eine raumseitige Wärmedämmung zwischen Betonboden und Fußbodenbelag zu verlegen. Diese „Innendämmung“ unter dem Estrich endet an den Außenwänden und geht daher nicht bis zur Kellerwanddämmung durch. Nur eine Dämmlage *unter* der Bodenplatte kann mit der Kellerwanddämmung lückenlos zusammengebracht werden.

TIPP

Achten Sie darauf, dass wirklich extrudiertes Polystyrol (XPS mit Stufenfalz) verwendet wird. Oft wird hydrophobiertes EPS angeboten. Der Begriff „Hydrophobierung“ meint zwar „wasserabstoßend gemacht“, aber da fehlen noch Langzeiterfahrungen. Bei Wasseranstau können sich die Platten „vollsaufen“ und die Dämmwirkung geht buchstäblich baden.

Das Streifenfundament

Bei dieser Form des nicht unterkellerten Bauwerks liegen linienförmig ausgeführte, tragende Fundamente unter den Außenwänden und Innenwänden des Gebäudes. Das Streifenfundament muss immer bis in frostsichere Tiefen reichen, das sind in unseren Breiten 80 bis 120 Zentimeter. Baut man allein ein Streifenfundament, werden die Felder zwischen den Wänden zwar ausbetoniert, aber dicht gegen Insekten und Radongas ist in der Regel nur eine durchgehende Bodenplatte. Diese Vorgehensweise empfiehlt sich daher vielleicht bei Garagen oder Gartenhütten. Die für Häuser übliche und empfehlenswerte Ausführung kombiniert eine Bodenplatte mit dem allenfalls statisch nötigen Streifenfundament. Damit haben Sie die Vorteile einer Bodenplattenkonstruktion:

- einen sauberen und dichten Abschluss zum Baugrund,
- keine Radonbelastung in den unteren Räumen und
- maximale statische Sicherheit durch einen geschlossenen Baukörper.

Das alleinige Streifenfundament kann ich nicht empfehlen!

Streifenfundament mit oder ohne Bewehrung?

Eine Längsbewehrung, also das horizontale Einlegen von Stahlstäben, ist immer vorzunehmen, im Anlassfall auch eine lotrechte Bewehrung. Ein unbewehrtes Streifenfundament geht nur noch als Frostschürze durch. Wer sparen möchte, kann eine Bodenplatte mit Streifenfundament eventuell mit reduzierter Plattenstärke wählen oder eine Bewehrungslage weglassen. Aber tun Sie das auf keinen Fall ohne vorherige statische Berechnung. Wie so oft gilt auch in diesem Fall: Wer sparen will, muss vorher investieren.

Für untergeordnete Bauwerke wie Garagen und Gartenhütten benötigt man in der Regel gar keine Bewehrung.

Streifenfundament aus Beton oder Schalsteinen?

Die Billigvariante sieht so aus, dass man Gräben in den Boden schaufelt und Beton eingießt. Bei Verarbeitung ohne Bewehrung spricht man von „Stampfbeton“. Dabei werden die Wände sehr rau ausfallen, zu rau, um eine Dämmung oder Feuchtigkeitsabdichtung anzubringen. Das sollten Sie daher nur bei Bauwerken machen lassen, die keine wesentliche Dämmung brauchen. Idealerweise stellen Sie vor dem Betonieren eine Schalung in die Grabenwände, die nachher glatten Oberflächen können mit einer Abdichtung und Dämmung versehen werden.

Die zweite Möglichkeit ist, mit Betonschalsteinen zu mauern. Aber vergessen Sie bitte nicht, vor dem ersten Schalstein eine waagerecht ausgeführte Sauberkeitsschichte mit Magerbeton auszuführen.

Die Betonschalsteine werden auf Paletten geliefert. Achten Sie darauf, dass frostsicherer Beton bestellt wird. Ich schlage vor: C25/30/B2/GK22/F45.

Infos zu Betonkurzzeichen finden Sie auf:
www.bauherrenhilfe.org/fachbuch_beton

Frostschürze – Streifenfundament ohne tragende Funktion

Die Frostschürze ist eine nahe Verwandte des Streifenfundaments. Sie sieht genauso aus, hat aber keine tragende Funktion und benötigt keine Stahlbewehrung, es sei denn, es sind auch statische Funktionen gefragt. Dann wird aus der Frostschürze ein gedämmtes Streifenfundament. Die Frostschürze soll verhindern, dass bei Gründung auf frostempfindlichen Böden (Schluff, Ton sowie Sande und Kiese mit entsprechendem Feinkornanteil) das Wasser, das unter das Haus läuft, sich dort sammelt und im Winter gefriert. Denn dadurch könnte sich eine Eislinse bilden, die die Bodenplatte anhebt und Schaden am Gebäude anrichtet.

Ein Geotechniker muss entscheiden, ob eine Frostschürze notwendig ist. Das wird beispielsweise bei leichter Hanglage und lehmigem Baugrund der Fall sein. Das Oberflächenwasser versickert dann nicht zügig im Boden, sondern kann sich unter dem Haus ansammeln. Im Unterschied zum Streifenfundament muss eine Frostschürze nur im umlaufenden Randbereich des Gebäudes gebaut und gedämmt werden. Aus dem beheizten Gebäude dringt Wärme in den Baugrund unter die Bodenplatte. In Verbindung mit der Frostschürze wird so im Winter ein „Durchfrieren“ des Bodens und damit die Eislinsenbildung verhindert. Ein Frostschutz kann auch als horizontaler „Frostkragen“ ausgeführt werden. Dabei ist darauf zu achten, dass auf der beispielsweise horizontal verlegten Dämmlage noch 30 Zentimeter Boden Platz finden.

Das Punktfundament

Das Punktfundament erfüllt die gleichen Aufgaben wie das Streifenfundament, nur eben mit einer kleineren Auflagefläche, auf die die Gebäudelast eines untergeordneten Bauteils abgetragen wird.

Carports, Vordachsäulen und weit ausladende Dachvorsprünge kommen zum Beispiel mit derartigen Einzelfundamenten aus. Auch Terrassen werden oft auf Punktfundamente gebaut, auf diesen werden dann die Betonplatten gelagert, welche sonst in dem weichen Erdboden versinken würden. Auch hier gilt: Das Punktfundament muss auf tragfähigem und frostsicherem Boden errichtet werden.

Achtung: Der Boden ist selten über eine größere Fläche gleichmäßig tragfähig. Eine Bodenplatte gleicht unregelmäßige Bodenpressungen gut aus. Bei Punktfundamenten muss man jedoch gut aufpassen, Sie wollen schließlich nicht, dass sich eine von drei tragenden Säulen senkt. Selbst wenige Zentimeter Höhenunterschied können schon große Schäden verursachen, etwa wenn eine Dachrinne ihre Funktion nicht mehr erfüllt.

TIPP

Wenn mehrere Säulen einen wichtigen Bauteil stützen, lassen Sie höhenverstellbare Stahlschuhe in das Fundament dübeln. Dann können Sie später, falls Senkungen auftreten, das Problem ohne Aufwand mit einem Schraubenschlüssel beheben.

Was immer auf einem Betonpunktfundament gelagert wird, sollte genau in der Mitte der Auflagefläche befestigt und ausreichend gegen Windsog gesichert werden. Dafür gibt es spezielle Metalldübel als Schwerlastanker.

Ob ein Punktfundament aus Beton oder Schalsteinen gebaut wird, ist nach denselben Kriterien zu entscheiden wie bei einem Streifenfundament. Beides kann richtig sein.

Abb. 26: Achtung: Hier gibt es zwar Schraubfundamente, aber eigentlich kein wirksames Fundament – Einsturzgefahr!

Abb. 27: Fehler am Punktfundament. Der Stahlschuh muss mittig am Fundament aufliegen.

Abb. 28: Ein halbes Haus auf zwei vom Hausherren betonierten nicht berechneten Punktfundamenten. Das ist Pokern mit hohem Einsatz.

Abb. 29: Derartig schlanke Säulen müssen für den „Lastfall Erdbeben" dimensioniert sein.

Nachbehandlung von Beton

Auch wenn man Beton von hoher Qualität und Druckfestigkeit auf perfekte Weise verarbeitet, muss dieser nachbehandelt werden. Sonst ist das Resultat mitunter weniger dauerhaft als erhofft.

Abb. 30: Garage: Aushub für ein Streifenfundament mit Schalbetonsteinen.

Abb. 31: Garage: Auf dieses Streifenfundament wird eine Betonplatte betoniert.

Der springende Punkt ist: Beton darf nicht zu schnell trocknen. Bei 20° C Lufttemperatur und 50 Prozent relativer Luftfeuchtigkeit mit 20 km/h Windgeschwindigkeit verdunsten aus einem Quadratmeter Betonfläche rund 0,6 Kilogramm Wasser pro Stunde. Oder einfacher gesagt: Der Beton verringert sein Volumen erheblich, während der Wasseranteil verdunstet. Klar, dass er sich dabei verformt. Deswegen ist es auch so wichtig, dass die Verformung nicht behindert wird, wie wir schon beim Thema Sauberkeitsschichte gesehen haben. Denn sonst entstehen Risse.

Man muss also den Beton davor schützen, zu schnell zu trocknen. Dafür gibt es einige geeignete Schutzmaßnahmen. Nur wenn regnerisches Wetter mit einer Luftfeuchtigkeit ab 85 Prozent herrscht, können Sie in der Regel ohne Nachbehandlung daneben stehen und dem Beton beim Trocknen zuschauen, außer bei Dichtbeton, da gilt eine erhöhte Sorgfaltspflicht. Und selbstverständlich darf feuchter Beton auch nicht frieren.

Folgende Maßnahmen sollten Sie ergreifen, um zu verhindern, dass der Beton zu schnell trocknet bzw. gefriert:

- Beton 36 Stunden vor Erschütterungen und mechanischer Beanspruchung schützen;
- Beton vor frühzeitiger Austrocknung schützen: besprühen, Folienauflage;
- Beton vor frühzeitiger Austrocknung schützen: feuchte Vliesauflage;
- Beton vor Frostschäden schützen: Holzwerkstoffschalungen bevorzugen;
- Beton vor Frostschäden schützen: Bauwerk einhausen, wärmedämmen;
- bei Frost keine feuchte Nachbehandlung vornehmen;
- Stahlschalungen nicht direkter Sonnenbestrahlung aussetzen;
- saugende Holzschalungen feucht halten;
- Nachbehandlungsmittel nach Verschwinden des Wasserfilms aufbringen;
- Beton vor direkter Beregnung schützen.

Je nach Außentemperatur und je nach Festigkeitsklasse und Temperatur der Betonart dauert die Nachbehandlung ein bis fünf Tage. Bevor die Betonschalung entfernt werden darf, muss man noch etwas länger zuwarten, insgesamt drei bis acht Tage. Bei Betondecken allerdings, die durch Verschalungen und Untersteller gestützt werden, sollte man bis zu 28 Tagen warten.

Einschlag- oder Einschraubfundamente aus Stahl

Als Alternative zu betonierten Punktfundamenten werden mittlerweile auch hochwertige Stahlsäulen angeboten, die man einschlägt oder einschraubt. Je nach Bodenart kann man damit ein- bis zweistöckige Holzhäuser fundamentieren.

Bisher gibt es in unseren Breiten wenig Erfahrung dazu. Ich würde diese Variante nur für den Bau von Geräteschuppen oder ähnlichen untergeordneten Bauwerken oder Bauteilen empfehlen.

Fundamentunterfangungen

Unter Umständen muss Ihr Haus direkt an das Nachbarhaus angebaut werden. In diesem Fall kann es vorkommen, dass Ihre Baugrube unter dem Fundament des Nachbarhauses liegt. Jetzt wird es kritisch.

Ganz bestimmt wollen Sie nicht, dass bei Ihrem Nachbarn Grundbrüche oder Schäden auftreten. Verhindern können Sie das, indem Sie das Nachbarfundament abschnittsweise untermauern, betonieren oder mit entsprechenden Säulen vor einer Setzung sichern.

Aber Vorsicht: Sie bauen auf Nachbars Grund! Sie brauchen dafür seine Genehmigung. Die Fundamentunterfangung sollte im Einreichplan vermerkt und statisch berechnet und abgenommen werden. Die Baufirma muss dokumentieren, dass

- ➜ der Nachweis über die Einhaltung der zulässigen Bodenpressungen und der Grundbruchsicherheit für das Fundament des bestehenden Gebäudes erbracht und
- ➜ eine Zusammenstellung der auf das bestehende Gebäude einwirkenden Last und ihre ungünstigen Kombinationen sowie
- ➜ der Standsicherheitsnachweis für den Endzustand gemacht wurde.

Qualitätskontrolle Fundamente

„Drauflosbauen" geht gerade bei der Hausgründung nicht. Für den Fall, dass man später die Ursachen für einen allfälligen Schaden ergründen muss, sind alle Arbeiten peinlichst genau zu dokumentieren: Was wurde wie gemacht? Wie war das Wetter? Wie war der Ablauf? Und so weiter. Die bautechnischen Unterlagen müssen vollständige Angaben über das bestehende Gebäude und das Fundament beinhalten.

Dazu gehören:

- ➜ Konstruktionszeichnungen mit Grund- und Querschnittsdarstellungen des geplanten und bestehenden Bauteiles, im Besonderen der Fundamente;
- ➜ die Darstellung der Aushubgrenzen der Baugrube;
- ➜ die Darstellung der Bodenschichten, des Bodenzustands, des Grundwasserspiegels und
- ➜ die Baubeschreibung: Was wurde wann geleistet?

Die Arbeiten jedes Arbeitstages müssen in nachvollziehbarer Form dokumentiert werden, am besten mit beigelegten Fotos. Falls nötig, kaufen Sie selbst ein

Bautagesberichtsbuch und drehen den Spieß um: Befragen Sie den Vorarbeiter, was gemacht wurde, und lassen Sie ihn den Bericht unterschreiben!

Auf jeden Fall sollten Sie die Dokumentationspflicht bereits vor der Beauftragung vereinbaren.

Weiterführende Informationen und Anbieter:
www.bauherrenhilfe.org/fachbuch_fundamente

Kapitel 4

Nur dicht ist dicht - Keller und Drainagen

Grundlagen des Kellerbaus

Wenn wir über Keller sprechen, müssen wir uns darüber im Klaren sein, dass fast alle Probleme mit Wasser zu tun haben. Dagegen sind statische Probleme eher selten. Der Kampf gegen das Wasser beginnt beim Grund- und Sickerwasser und endet beim frühsommerlichen Kondenswasser an den Innenoberflächen der Kelleraußenwände. Diese sogenannte „Sommerkondensation" tritt auf, wenn die warm-feuchte Außenluft auf die noch winterkalten Kellerwände trifft und kondensiert. Dadurch wird der Keller klamm und es riecht modrig. In der Regel lüftet man in einem solchen Fall und macht damit den Keller noch feuchter.

Wie können Sie die Sommerkondensation verhindern? Entweder sorgen Sie für einen eigenen Heizkreis im Keller und heizen die kühlen Kellerwände ein paar Wochen länger oder Sie achten genau darauf, nur zu lüften, wenn die Außenluft trockener ist, das ist in der Regel in der Nacht der Fall. Das Beste wäre, die Kellerfenster über das Erdbodenniveau zu bauen, denn nur dann kann die Sonne die Kellerwände erwärmen. Dämmen Sie Kellerwände und Bodenplatte außerdem mit mindestens 20 Zentimeter dicken XPS-Dämmplatten.

Aber es gibt noch eine weitere Möglichkeit: Verzichten Sie einfach auf einen Keller. Wenn Ihr Grundstück groß genug ist, bauen Sie lieber in die Breite statt in die Tiefe. Hobbyräume, Geräteschuppen, Haustechnikräume, Wäschekammer usw., all das, was Sie vielleicht im Keller unterbringen würden, kann ebenso gut über der Erde stehen. Und wenn Sie älter werden, freuen Sie sich über jede Stufe, die Sie nicht stapfen müssen.

Abb. 32: Links oben: Wichtigster Bestandteil neben dem Beton sind die Einbauteile. Dieses Profil wurde nicht verklebt und verkehrt eingebaut.
Abb. 33: Rechts oben: Dichtprofil zwischen Bodenplatte und Wand ohne Lagesicherung und Überlappungsabdichtung.
Abb. 34: Links unten: Beim Betonieren ist das nicht lagegesicherte Dichtprofil umgeknickt und dadurch undicht!
Abb. 35: Rechts unten: Dichtprofile müssen an der Bewehrung montiert und dürfen nicht erst in den Frischbeton eingedrückt werden. Undicht!

Abb. 36: Übersicht der möglichen Zubehörteile, nicht nur für die weiße Wanne. Quelle: MaxFrank.at

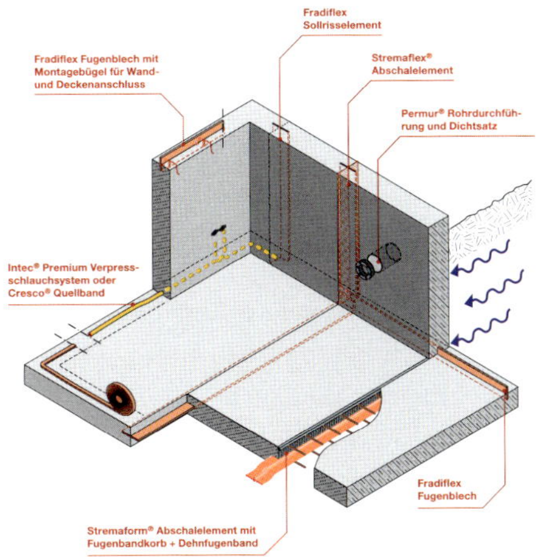

Baugrund ist oft knapp bemessen. Wenn Ihr Grundstück aus diesem Grund eher kleiner ausfällt, bietet die Kellerfläche günstigen Wohnraum. Der Fachplaner muss dann folgende Schritte setzen:

- *Nutzungsklasse klären:* Wird der Keller als unbeheizter Lager- oder beheizter Wohnkeller genutzt? Die Anforderungen an den Feuchte- und Kondensationsschutz sind beim Lagerkeller geringer.
- *Beanspruchungsklasse Grundwasser klären:* Höchsten Grundwasserstand – Bemessungswasserstand – durch Bodengutachten klären. Bei hohem Grundwasserstand muss doppelt abgedichtet werden, die Kellerfenster dürfen nicht im Wasser stehen.
- *Geeigneten Beton wählen:* Zu klären ist die chemische Wasserbelastung. Besteht die Gefahr, dass der Beton und die Stahlbewehrung angegriffen werden?
- *Abdichtungskonzept abhängig vom Kellerbaustoff festlegen:* weiße Wanne (= Bauwerk ohne Abdichtung dicht) oder schwarze Wanne (braucht Abdichtung).
- *Bauteildicken festlegen:* statische Berechnung, Nachweis über Erddruck, Spannungsnachweis zur Vermeidung von Trennrissen.
- *Planungsgrundlagen für das Betonieren festlegen:* Bodenplattenlagerung zwängungsfrei auf Magerbetonschichte oder Dämmplatten aufbringen, Betonierabschnitte und Fugen festlegen.
- *Planungsgrundlagen Durchdringungen, Schächte:* Lage und Art der Rohrdurchdringungen sowie Bodenschächte planen und festlegen.

Weiße Wanne, Dichtbetonkeller, wasserundurchlässiges Bauwerk

„Weiße Wanne" ist die Bezeichnung für einen Keller, der auch ohne Abdichtungslagen dicht ist. Der Statiker Christian Karner hat dazu bei einem durchschnittlichen Einfamilienhaus Mehrkosten von rund 15.000 Euro berechnet – im Gegenzug erhält man ein „Lebenslang-Sorglos-Paket".

Achtung: In fast jedem Angebot finden sich Begriffe wie „Dichtbetonkeller", „Keller in Dichtbetonausführung", „dichte Wanne" oder zumindest „verwendet wird Dichtbeton". Doch das Wort „dicht" wird beim Kellerbau so leichtfertig und irreführend verwendet wie das Wörtchen „Bio" in der Lebensmittelvermarktung. Die Wahrheit ist, dass fast kein Keller mit dieser Bezeichnung tatsächlich eine „weiße Wanne" ist.

Abb. 37: Los-Festflansch-Rohrabdichtung für die schwarze Wanne. Quelle: Doyma.com

Abb. 38: Achtung: Bodenplatte! Schächte und Durchführungen von Installationsleitungen *immer* druckwasserdicht herstellen.

Ein zuverlässig und dauerhaft dichter Keller ohne Außenabdichtung kann nur bei Einhaltung der „Weiße-Wanne-Richtlinie“ (der Österreichischen Vereinigung für Beton- und Bautechnik) respektive der „WU-Beton-Richtlinie“ (des Deutschen Ausschusses für Stahlbeton – DAfStb) erwartet werden. Doch auch der beste Dichtbetonkeller hilft nichts, wenn die Durchdringungen für Installationsleitungen und Schächte nicht fachgerecht abgedichtet werden. Billigprodukte sind im Stauwasserbereich jedenfalls zu vermeiden!

Ein fachgerechtes Kellerbauwerk zu errichten bedeutet mehr, als nur Beton in eine Schalung einzufüllen. Hier ein Auszug aus den Richtlinien, prüfen Sie selbst, ob man Ihnen eine echte weiße Wanne oder nur einen „Keller mit Dichtbeton“ baut:

Planungsgrundlagen

- Mindestdicke der Wand 24 Zentimeter, der Bodenplatte 25 Zentimeter.
- Liegt ein Bewehrungsplan mit Rissweitenbeschränkung vor?
- Dichtbeton ist wasserundurchlässig, bei einem beheizten Keller braucht es dennoch eine Dampfbremse.
- Grundriss der Bodenplatte möglichst einfach halten, vermeiden Sie Vor- und Rücksprünge.
- Bodenplatte auf Sauberkeitsschichte lagern, bei beheiztem Keller auf XPS-Dämmplatten.
- Zwischen Bodenplatte und Sauberkeitsschichte Trenn- und Gleichtschichte anordnen: 0,75 Millimeter Folie/Vlies/Folie.

Ausführungsgrundlagen

- Beton mit möglichst geringen Temperatur- und Schwindspannungen verwenden, z.B. C25/30 A+B oder C25/30 B2 /CEM I mit einer Wassereindringtiefe ≥ 50 Millimeter.
- Nicht betonieren, wenn Temperaturstürze – über Nacht – zu erwarten sind.
- Fugenbänder und Profile zwischen den Elementen nach Herstellerrichtlinie einbauen – fragen Sie danach.
- Nachträgliches Eindrücken von Fugenbändern und Profilen in den Beton ist nicht zulässig.
- Frischbetontemperaturen von 15 °C bis maximal 27 °C einhalten oder Sondermaßnahmen ergreifen, hohe Temperaturen bewirken hohe Spannungen.
- Nachweis der Betonqualität: Betonlieferschein verlangen.
- Untergrund: nicht in stehendes oder fließendes Wasser betonieren.
- Untergrund: nicht in Schnee, Eis oder Verschmutzungen betonieren.

- Schalungen mit Holzoberfläche sind wegen der Wasserrückhaltung besser für den Beton.
- Nur helle Schalung bei Sonneneinwirkung verwenden.
- Betonfallhöhen beim Einfüllen unter einen Meter halten.
- Die einzelnen Schüttlagen auf 30 bis 50 Zentimeter begrenzen und mit Flaschenrüttler (Vibrator) verdichten.
- Bei enger Schalung und unvermeidbar größeren Betonfallhöhen ist ein Fallpolster 30 Zentimeter hoch mit Größtkorn acht Millimeter einzufüllen.
- Bei Stahlschalungen unter 5 °C Lufttemperatur sind wärmedämmende Maßnahmen zu setzen.
- Distanz- und Ankersysteme für die Schalung nur mit Zulassung verwenden, fragen Sie danach.
- Kunststoff-Distanzsysteme nur mit Quellbeschichtung und Zulassung erlauben.

Nachbehandlung

- Rissevermeidung – beim Ausschalen Beton- und Umgebungstemperatur gering halten.
- Ausschalfrist bei Beton BS1 frühestens 36 Stunden nach dem Betonieren.
- Ausschalfrist bei Temperaturen unter 0 °C mindestens 72 Stunden.
- Nachbehandlung der Bodenplatte sofort nach dem Betonieren, um frühen Wasserverlust zu verhindern.
- Frischbeton- und Lufttemperatur dreimal täglich prüfen und dokumentieren.
- Konsistenz, Rohdichte, Luftgehalt und Wassergehalt des Frischbetons einmal pro Betoniertag prüfen.
- Beton nach dem Betonieren drei Tage vor rascher Auskühlung schützen.
- Beton nach dem Betonieren sieben Tage vor starker Austrocknung schützen.
- Geschalte Betonflächen nach Ausschalen bis zum siebten Tag abdecken, vor Zugluft schützen.
- Bauwerk zumindest innenseitig zwei bis drei Monate zur Beobachtung frei lassen.

Wenn Sie eine weiße Wanne bauen lassen, ist der Keller zwar gegen flüssiges Wasser abgedichtet, also „wasserundurchlässig“, jedoch nicht dicht gegen Wasserdampf. Durch den physikalischen Vorgang der Effusion dringt Wasserdampf durch die Wände. Bei einem unbeheizten Lagerkeller mit offenen Betoninnenoberflächen macht das nichts aus, das Wasser kann entweichen und verdunstet.

Bei einem beheizten Wohnkeller muss jedoch an den Kelleraußenwänden eine Dampfbremse angebracht werden, bei der Bodenplatte geschieht dies innen, unter dem Fußbodenaufbau.

Abb. 39: Eine Lage Bewehrungsmatte in der Wandschalung ist für eine weiße Wanne zu wenig.

Abb. 40: So viel Eisen braucht eine vom Statiker berechnete weiße Wanne hier in der Bodenplatte.
Quelle: Karner.co.at

Empfohlen: weiße Wanne mit Ortbetonkeller und Stahlbewehrung

Dabei handelt es sich um die Königsklasse unter den Kellerbauwerken. Der Beton hat wasserundurchlässig zu sein, es darf also keine Risse geben, die Wasser durchlassen. Die Rissbreiten sollten 0,1 Millimeter nicht überschreiten. Sollte das einmal trotz fachgerechter Verarbeitung nicht klappen, kann von innen immer noch dicht „verpresst", also ein Dichtmittel injiziert werden.

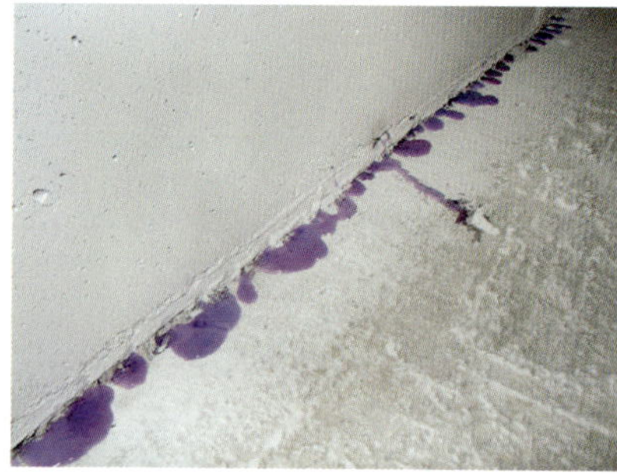

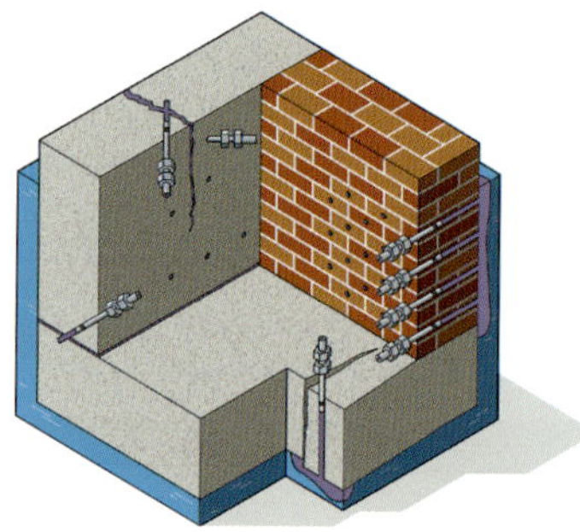

Abb. 41: Links oben: Der Vorteil beim Ortbetonkeller: Wenn er undicht wird, kann sehr einfach „verpresst", also der Riss von innen abgedichtet werden. Quelle: Rascor.at
Abb. 42: Rechts oben: Bei schwierigen Bedingungen kann ein RASCOtec-Injektionskanal zur präventiven Abdichtung von Bauanschlussfugen eingelegt werden. Quelle: Rascor.at
Abb. 43: Übersichtsgrafik: Links und unten gibt es eine Riss- und Fugenverpressung, rechts eine „Schleierinjektion". Quelle: Rascor.at

Wie schon in Kapitel 3 unter „Kleine Materialkunde" beschrieben, wird bei dieser Bauweise ein vor Ort angefertigter Beton – daher der Name „Ortbeton" – mit üblicherweise zwei Lagen Stahlbewehrung verbaut. Der Aufwand für die richtige Schalung und Stahlbewehrung ist relativ groß und es gibt viele Fehlerquellen und mögliche falsche Handhabungen. Schlicht gesagt: Ein Ortbetonkeller ist Profisache. Die heutigen Richtlinien zur weißen Wanne bilden den Stand der Technik und sind unbedingt einzuhalten.

Empfohlen: Weiße Wanne mit Ortbeton als Stahlfaserbeton

Statt der durchgehenden zweilagigen Stahlbewehrung kann man auch Stahlfaserbeton verwenden. Die schon im Werk eingearbeiteten feinen Stahlfasern verteilen die Belastung im Material und verhindern die Rissbildung. Aber auch ein Stahlfaserbetonkeller braucht zusätzlich eine konventionelle Stahlbewehrung im Bereich der Fenster und Ecken sowie dort, wo besondere Belastungen zu erwarten sind. Zum Beispiel dort, wo ein Kamin oder tragende Säulen verankert werden sollen. Ein Stahlfaserbetonkeller ist als Sonderkonstruktion zu sehen und muss daher gesondert vereinbart und berechnet werden. Außerdem kostet er in der Herstellung weniger Geld, achten Sie darauf, dass der Kostenvorteil an Sie weitergegeben wird.

Empfohlen: Weiße Wanne nach dem System Rascor

Eine geeignete Qualitätssicherung ist wesentlich, um die vereinbarte Ausführungsqualität zu garantieren. Leider ist von einer Qualitätssicherung oft gar keine Rede. Und ob gut gebaut wurde, zeigen die Jahre danach, selten wird ein Keller kurz nach der Errichtung undicht. Eine überzeugende Lösung gibt es, seitdem Rascor, ein Konzern, der Abdichtungsmittel herstellt, mit einer ausgesuchten Gruppe von Baumeisterbetrieben zusammenarbeitet. Und das funktioniert so: Rascor berechnet das Bauwerk, macht Vorgaben zur Betonqualität, der Bewehrung und der nötigen Zubehörteile, und der Baumeisterbetrieb kümmert sich um die fachgerechte Verarbeitung. Im Unterschied zur „normalen" weißen Wanne wird hier im Bereich der Bodenwandfuge ein Injektionskanal eingelegt, so kann auch nachträglich noch ein Dichtmittel in den heiklen Bereich eingebracht werden. Zusätzlich prüfen Fachleute von Rascor stichprobenartig die Bauausführungen. Und wenn später etwas schiefgeht, wird nachgedichtet. Rascor gibt eine zehnjährige Dichtheitsgarantie. Die Leute von Rascor haben ihre Erfahrung unter anderem mit der Abdichtung von Wasserkraftwerken gesammelt.

Da Ihr Vertragspartner dennoch der Baumeisterbetrieb bleibt, rate ich jedenfalls dazu, sich die Gewährleistung und Garantie vom Baumeister an Rascor abtreten zu lassen. Das ist ein Formalakt und gibt Ihnen die Sicherheit, dass Rascor in den Schaden eintritt, falls der Baumeisterbetrieb (Vertragspartner) später nicht mehr existiert.

TIPP

Dieser Tipp, sich die Gewährleistungsansprüche und Garantien abtreten zu lassen, gilt auch für Generalunternehmerverträge. Sichern Sie sich immer die

Rechte aus den Subunternehmerverträgen zu. Für den Fall, dass der Generalunternehmer nicht mehr existiert, können Sie auf die Subfirmen zugreifen. Fragen Sie Ihre Rechtsberatung!

Abb. 44: Der Injektionskanal wird zwischen Bodenplatte und Außenwand eingelegt. Quelle: Rascor.at

Abb. 45: Besonders die Rohrdurchführungen durch die Bodenplatte sind dauerhaft abzudichten. Quelle: Rascor.at

Abb. 46: Arbeitsfugen und Betonierabschnitte sind mit Spezialprofilen abzudichten. Beton auf Beton alleine dichtet nicht. Quelle: Rascor.at

Nicht zu empfehlen: weiße Wanne mit Elementbetonwänden

Was ist eine Elementbetonwand? Das Werk liefert eine äußere und eine innere „Betonschale", die miteinander durch eine Bewehrung verbunden sind. Der hohle Fertigbetonteil landet auf Ihrer Baustelle und wird nur mehr mit Ortbeton aufgefüllt. Das klingt einfach und gut, ist aber ein sehr fehleranfälliger Vorgang:

- Die Innenwände der Betonschalen müssen rau und richtig befeuchtet sein, sonst verbindet sich der Frischbeton nicht mit den vorgefertigten Wänden.
- Der frische Beton ist nicht mehr kontrollierbar und kann nur schwer verdichtet werden.
- Die einzelnen Elemente müssen dicht verfugt werden, und jede dieser „Nähte" ist eine Sollbruchstelle.
- Und schließlich ist auch das Dichtband zwischen Wänden und Bodenplatte heikler anzubringen.

Grundsätzlich ist die Bauweise mit Elementwänden für Dichtkeller nach der VÖB-Richtlinie (VÖB = Verband österreichischer Beton- und Fertigteilwerke) zugelassen, aber ganz ehrlich: Ich kann sie für eine weiße Wanne nicht empfehlen. Wenn schon, dann nur für eine schwarze Wanne, die wir uns jetzt genauer ansehen wollen.

Weiterführende Informationen und Anbieter:
www.bauherrenhilfe.org/fachbuch_weissewanne

Schwarze Wanne

Eine schwarze Wanne ist nichts anderes als ein betonierter oder gemauerter Keller. Da der betonierte Keller nicht wasserundurchlässig sein muss und daher mit weniger Stahlbewehrung und günstigeren Komponenten ausgeführt werden kann, sind die Herstellungskosten entsprechend niedriger. Im Gegenzug ist für den Feuchtigkeitsschutz eine Außenabdichtung notwendig! Diese wird aus Bitumen gemacht und ist schwarz, daher die Namensgebung. Da viele Kellerbauer einen beauftragten Dichtbetonkeller – die weiße Wanne – ohnehin nicht erreichen, bleibt die schwarze Wanne aktuell und kann, wenn sie anständig ausgeführt wird, immer noch empfohlen werden.

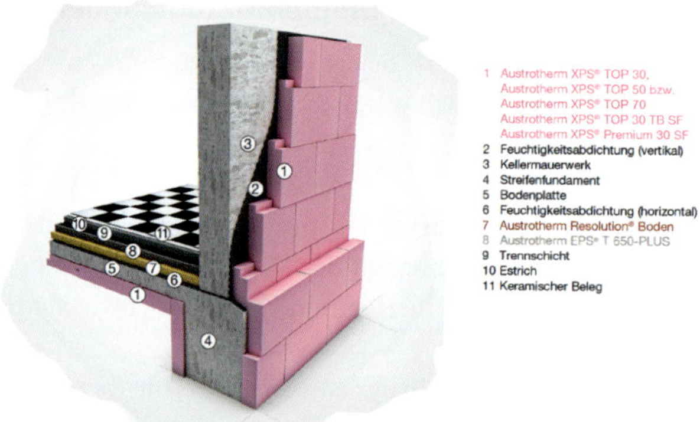

Abb. 47: Die „schwarze Wanne" mit umlaufender Abdichtung und „wärmebrückenarmer" Dämmung. Quelle: Austrotherm.at

Empfohlen: schwarze Wanne mit Ortbetonkeller

Es gilt wie bei der weißen Wanne die Pflicht zur äußersten Sorgfalt. Der Beton soll lageweise eingefüllt und verdichtet werden. Der einzige Unterschied zur weißen Wanne besteht darin, dass eine etwas größere Toleranz bei der Rissbildung herrscht. Wasserführende Risse bis 0,2 Millimeter sind kein Problem, es wird ja an der Außenseite eine Abdichtung angebracht. Es kann also im Vergleich zur weißen Wanne an der Stahlbewehrung gespart werden. In Verbindung mit einer zweilagigen Abdichtung mit Bitumenbahnen ist diese Kellerbauweise nahezu uneingeschränkt empfehlenswert.

Abb. 48: Elementbetonwände bei drückendem Wasser nicht ohne Außenabdichtung ausführen. Hier gibt es zu viele unkontrollierbare Hohlräume.

Empfohlen: schwarze Wanne mit Elementbetonwänden

Während ich bei einer weißen Wanne von Elementbeton abraten muss, kann man eine schwarze Wanne damit tadellos bauen. Ein besonderes Augenmerk ist auf die Fuge zwischen Bodenplatte und Wandelement sowie die lotrechten Plattenfugen zu richten. Diese sind glatt zu spachteln und vorzugsweise einmal extra mit einem Streifen abzudichten, dann erst folgt die eigentliche Abdichtung.

Nicht zu empfehlen: schwarze Wanne mit gemauertem Keller

Der gemauerte Keller gehört der Vergangenheit an. Mit einer Ausnahme: wenn sicher niemals Wasser am Bauwerk anstaut. In diesem Fall können Sie auf die Mehrkosten eines Stahlbetonkellers verzichten. Aus technischer Sicht gibt es vielleicht noch ein Argument für einen gemauerten Keller, und zwar jenes, dass eine gemauerte Wand einen besseren Wärmeschutz liefert, ein Vorteil, der allerdings schon beim kleinsten Fehler zunichtegemacht wird.

Sie können einen Ziegelkeller unter Mithilfe fachlich geschickter Freunde und Nachbarn vielleicht selbst bauen. Aber Achtung: Der Erddruck auf die Mauern darf nicht unterschätzt werden. Für die Abdichtung brauchen Sie einen glatten Untergrund, deswegen muss ganz exakt gemauert werden.

Schließlich ist auch die Abdichtung eine trickreiche Sache. Ich erlebe immer wieder, dass Häuslbauer die Sache unterschätzen, im Baumarkt Bahnen kaufen und selber flämmen. Das endet fast immer mit einem massiven Kellerwasserschaden. Eine mit offener Flamme geflämmte Abdichtung ist etwas für Profis.

Und noch etwas sollten Sie bedenken: Wenn Ihr gemauerter Keller später durch Setzungen oder durch Erschütterungen Schäden abbekommt, lassen sich diese nur mehr schwer beheben. Dann muss man die undichte Stelle überhaupt erst einmal finden und freigraben. Beim Ortbetonkeller hingegen können Risse auch von innen gut abgedichtet werden.

Dichtheitskonzept Hybridversion

Baupraktisch wird in den meisten Fällen weder eine weiße noch eine schwarze Wanne ausgeführt, was vielleicht die zahlreichen „abgesoffenen“ Keller erklärt. In der Regel wird eine „weiße Bodenplatte“ mit „schwarzen Wänden“ kombiniert. Entspricht diese „Hybrid“-Kellerbauweise dem „Stand der Technik“? Aus meiner Sicht: Ja! Aber es muss eben auf die jeweiligen Richtlinien geachtet werden.

Im Wandbereich und vor allem im Anschluss zur Bodenplatte hin muss nach ÖNORM B 3692 (Planung und Ausführung von Bauwerksabdichtungen) abgedichtet werden. Leider findet man selten eine normgerechte Abdichtung vor.

Vielleicht hat deswegen die neue Norm eine Erleichterung gebracht. Die ohnehin schon selten montierte Klemmleiste im untersten Bereich der Bodenplattenabdichtung darf unter bestimmten Voraussetzungen entfallen:

„Bei Tiefzügen (das ist der Übergang der Wandabdichtung zur Bodenplatte) ist vorzusehen, dass die Abdichtung mindestens 30 Zentimeter nach unten geführt und die Abdichtungsanbindung gegen Wasserhinterwanderung geschützt wird. Anstelle von Befestigungsprofilen (...) dürfen geeignete Grundierungen (z.B. Epoxidharz) für eine dauerhafte Anbindung der Abdichtung geplant werden."

Gut, dass dieselbe Norm dazu sehr klar formuliert:

„ANMERKUNG: Geklebte Anschlüsse an WU-Beton-Bauteile können keine Anforderung an Dichtheit gegen flüssiges Wasser erfüllen. Der Klebeverbund stellt aufgrund von Betonfeuchte und Betonzusätzen keine Dichtheit sicher."

Abdichtungsarbeiten

Lastfall Erdfeuchte und Dampfsperre

Man muss jeden Keller abdichten. Im Idealfall steht Ihr Haus auf dem höchsten Punkt eines Hügels, rundum ist lockere Erde, in die das Regenwasser sofort versickern kann, und es gibt keine „Bergseite", von der sich Regenwasser anstauen kann. In diesem Fall sprechen wir von „Lastfall Erdfeuchte". Das heißt, Sie müssen nur gegen die normale Feuchtigkeit der Erde, die das ganze Jahr über besteht, abdichten. Hier genügt eine Lage Bitumenflämmbahn oder eine bitumenfreie Dickbeschichtung, beispielsweise „Superflex D 24" (Weber Saint-Gobain). Eine derartig dampfbremsende Lage brauchen Sie allerdings auch bei der weißen Wanne, denn obwohl diese gegen fließendes Wasser dicht ist, benötigt sie eine Dampfbremse.

Lastfall drückendes, anstauendes Wasser

Vergessen Sie das romantische Haus, das einsam auf einem Hügel steht. Das Bauwerk steht normalerweise im Grundwasser oder der Boden rundherum ist so lehmig und wenig versickerungsfähig, dass schon ein einfacher Regen für einen Wasseranstau im Keller sorgt. Es wird daher eine Abdichtungslage mehr benötigt als beim „Lastfall Erdfeuchte". Wir bestellen also zwei vollflächig auf dem Untergrund und miteinander verflämmte Bitumenbahnen. Wohlgemerkt, eine Lage ist genauso dicht wie zwei. Nur berücksichtigt man hier den „Faktor Mensch". Dadurch, dass zwei Schichten übereinander aufgetragen

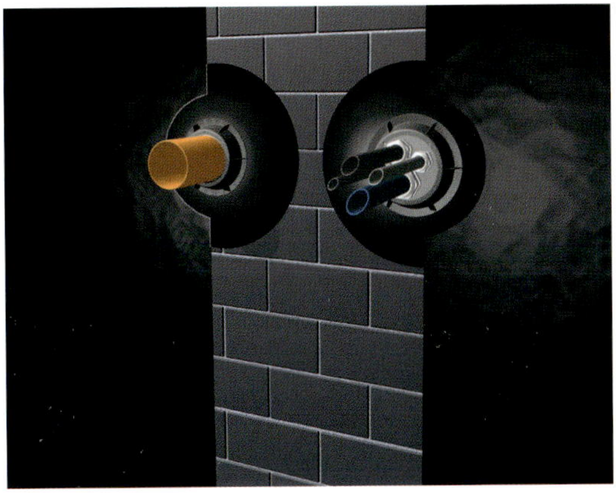

Abb. 49: Bei „abgedichteten" Wänden nützt eine druckwasserdichte Rohrdurchführung alleine wenig. Es muss ein Flansch zur Anbindung an die Abdichtung vorhanden sein. Quelle: Hutterer-Lechner.com

werden, geht das Fehlerrisiko gegen null, am Ende entsteht eine lückenlose Abdichtung.

Ob vollflächig geflämmt wurde, können Sie mithilfe eines harten Gegenstands herausfinden. Klopfen Sie die Abdichtung ab, Sie werden allfällige Hohlstellen hören. Diese sollten zehn Prozent der Gesamtfläche jedoch nicht überschreiten, und der Voranstrich als Haftgrund sollte nicht zu dick aufgetragen werden, sonst bildet sich eine Haut, die wiederum als Trennlage wirkt. Nach dem Auftragen soll der Untergrund durchschimmern.

Abdichtungsmaterialien

Als Abdichtungsmaterialien kommen für mich nur zwei Systeme infrage: die geflämmte Abdichtung mit kunststoffmodifizierten Bitumenbahnen und die spachtelbare Abdichtung aus dem Kübel mit einer Dickbeschichtung. Hier gibt es mittlerweile sehr gute bitumenfreie Dickbeschichtungen, beispielsweise „Superflex D 24" (Weber Saint-Gobain). In beiden Fällen muss der Untergrund glatt und sauber sein, eine Haftgrundierung ist mit Bürste oder mittels Sprühverfahren aufzubringen.

Abb. 50: Abdichtung mit Superflex D 24: Flächen-, Sockel-, Horizontalabdichtung und Haftbrücke in einem.
Quelle: sg-weber.at

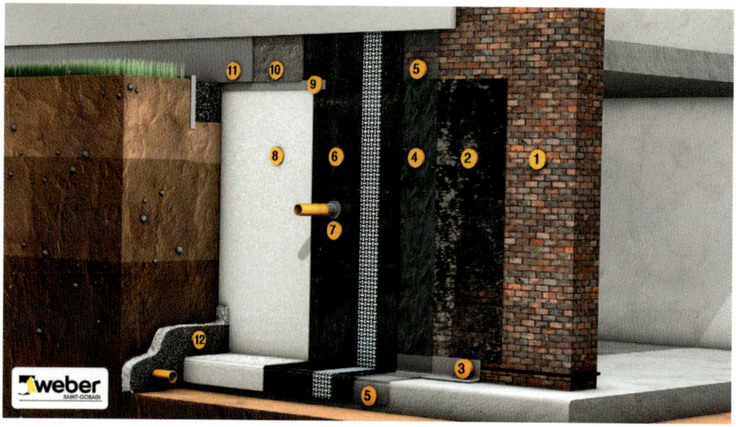

Abb. 51: 1) Mauerwerk 2) Untergrund 3) Hohlkehle 4) Kratzspachtelung 5) Grundierung 6) Flächenabdichtung D24 7) Rohrdurchführung 8) Dränmatte 9) Abschlussprofil 10) Spritzbewurf 11) Sockelputz 12) Dränschicht. Quelle: sg-weber.at

Weiterführende Informationen und Anbieter:
www.bauherrenhilfe.org/fachbuch_schwarzewanne

Vorsicht: Fallen!

Falle 1 - Kellerstiegenabgang

Mir war noch nie klar, ob es nun „Abgang" oder „Aufgang" heißt. Sind diese außerhalb des Gebäudes angebauten Kellerstiegen wirklich nur dazu da, um Getränkekisten, ohne die Schuhe ausziehen zu müssen, in den Keller zu bringen? Benötigt man diese Kellerstiegen, um nach einem nächtlichen Umtrunk heimlich ins Haus zu schleichen? Wacht Ihr unbarmherziger Partner nur vor der Eingangstüre?

Es gibt viele Mythen rund um diese Außenstiegen zum Kellergeschoß. Keiner weiß so genau, wozu sie wirklich gut sind. Ich schätze, das ist so wie mit dem Balkon: Jeder will einen haben, aber viele nützen ihn dann gar nicht. Wenn Sie der Meinung sind, dass Traditionen hinterfragt werden dürfen, beherzigen Sie bitte diesen Tipp: Sparen Sie Geld und Ärger – lassen Sie den Kellerstiegenabgang weg! Gartengeräte können auch in einer Gartenhütte gelagert werden.

Folgende Probleme drohen:

- Egal, ob weiße oder schwarze Wanne, über die Kellerstiege wird der Keller geflutet.
- Die Kellertüre ist gut versteckt, Einbrecher können so ungestört werken.
- Sie benötigen einen Heizkörper, um den durch die Kellertüre verursachten Wärmeverlust zu kompensieren.

Wer dennoch auf diese Stiege besteht, möge bitte sicherstellen, dass sein Keller nur ja niemals im Grundwassersaum steht, beauftragen Sie dafür einen Geotechniker oder Geologen. Wenn nicht auszuschließen ist, dass Ihr Keller jemals mit Wasser „zu kämpfen“ hat, gehen Sie wie folgt vor: Gliedern Sie den Kellerstiegenabgang in das Kellerbauwerk ein – es gibt also eine gemeinsame Bodenplatte und gemeinsame Außenwände. Damit das nächste Starkregenereignis nicht den Keller flutet, müssen Sie außerdem den Kellerstiegengrundriss überdachen. Verhindern Sie weiters, dass Regenwasser oder Schnee eindringen können, am besten mit einer geschlossenen Bauweise und einer oben liegenden Eingangstüre. Den kleinen Vorplatz vor der Kellertüre mittels Gully zu entwässern, ist keine zuverlässige Lösung, weil:

Abb. 52: Links: Kellerstiegenabgänge bitte immer nur mit Vordach als Schutz vor Regenwasser ausführen.

Abb. 53: Rechts: Der Vorplatz für die spätere Kellerstiege muss unbedingt gegen Wasseranstau von unten geschützt werden.

- ➜ ein Sickerschacht bei Grundwasser und Starkregenereignis voll und wirkungslos ist. Es kann hier sogar zu einem Rückstau in den Keller kommen.
- ➜ eine Entwässerung mit Kanalanschluss wasserrechtlich in der Regel nicht zulässig ist. Und wenn doch: Bei Kanalrückstau wird, wie oben beschrieben, der Keller geflutet.
- ➜ Gullys und sonstige Entwässerungssysteme verstopfen, zufrieren und bei Hagel sowieso kein Wasser mehr aufnehmen können. Der Vorplatz wirkt dann so lange als Rückstaubecken, bis das Wasser über die Türschwelle eintritt.

Abb. 54: Erstmalig gibt es auch Hochwasserschutzfenster mit Dreifachverglasung. Damit sollten ungemütliche Zeiten im Keller vorbei sein. Quelle: Aco.co.at

Wie man es auch dreht und wendet, ein Kellerstiegenabgang bleibt ein Problemfall, ausgenommen bei besagtem Häuschen auf dem Hügel mit gut versickerungsfähigem Boden. Haben Sie so etwas? Oder anders gefragt: Kann man nicht einfach über das innere Stiegenhaus in den Keller gehen?

Falle 2 - Kellerfenster

Wenn es die Gebäudehöhe erlaubt, sollten die Kellerfenster unbedingt über dem Erdbodenniveau liegen. Das hat viele Vorteile:

- ➜ Die Sonne erwärmt die Kellerwände; Sommerkondensation wird dadurch verhindert.
- ➜ Die Sonne erwärmt über die Kellerfenster die Kellerräume, und natürliches Licht ist auch nicht schlecht.
- ➜ Es besteht nur selten Gefahr einer Kellerflutung über die Kellerfenster.
- ➜ Es existieren keine die Außengestaltung störenden und ständig zu reinigenden Lichtschächte.
- ➜ Gegenstände können über das Kellerfenster eingebracht werden.
- ➜ Es gibt eine Fluchtwegmöglichkeit über die Kellerfenster.

Erlaubt die Gebäudehöhe keine Fenster über dem Erdniveau, verschwinden die Kellerfenster unter dem Erdniveau. In diesem Fall halten Lichtschächte die Erde von den Kellerfenstern fern, diese erfordern aber erhöhte Aufmerksamkeit: Lichtschächte sind wartungsintensiv und die Kunststoffabdeckungen brechen

Abb. 55: Feuchtbiotop Kellerfensterlichtschacht. Wenn möglich rücken Sie mit den Fenstern über die Geländeoberkante.

Abb. 56: Bei Grundwasserangriff entweder keine Fenster oder druckwasserdichte Lichtschächte ausführen. Kosten: rund 750 Euro ohne Einbau.

leicht und müssen oft repariert werden. In den Lichtschächten sammeln sich außerdem tote Insekten und Unrat, was unhygienisch wird, wenn man nicht regelmäßig sauber macht.

Vor allem aber kann es passieren, dass die Lichtschächte das am Keller anstauende Wasser „sammeln", wodurch es zu einer Kellerflutung über die Fenster kommen kann. Sie müssen daher in der Planungsphase den Bemessungswasserstand ermitteln lassen, also den höchsten während der Nutzungsdauer zu erwartenden Grundwasserstand. Liegt dieser auch nur in der Nähe der Kellerfenster, sollten Sie entweder keine Fenster einbauen oder Hochwasserschutzfenster wählen! Da aber ein hochwasserdichtes Leibungsfenster nicht Bestandteil einer dauerhaften Bauwerksabdichtung sein kann, sollte in diesem Fall ein druckwasserdichter Lichtschacht in die Bauwerksabdichtung eingebunden werden. Das Verschließen der Ablauföffnung oder die Verwendung eines Rückstauverschlusses komplettieren das Lichtschachtsystem. Dann muss aber verhindert werden, dass Regenwasser oder Schnee von oben in den Schacht gelangt. Das Problem taucht sehr oft auf: Rund ein Drittel „meiner" jährlich rund 120 Kellerwasserschäden sind immerhin im Zusammenhang mit Kellerfenstern entstanden.

Falle 3 - Baugrubenverfüllung

Die erste Arbeit am Bau ist normalerweise das Ausheben der Baugrube. Aus Platzgründen wird die herausgebaggerte Erde, der „Aushub", meistens weggebracht und entsorgt. Nach dem Kellerbau brauchen Sie aber wieder Material, um die Arbeitsschächte rund um den Keller aufzufüllen. Wenn dieses extra hergeschafft werden muss, kostet das zweimal Ihr Geld. Solche Aktionen kennzeichnen schlechte Planung.

Manchmal ist es am besten, man lagert das Material am Rande des Grundstücks, um es dann wiederzuverwenden. Ob das möglich ist, hängt allerdings von der Beschaffenheit der Erde ab, die Sie hoffentlich schon im Vorfeld von einem Geotechniker bestimmen haben lassen.

Wenn die eigene Erde weggeschafft wurde oder ungeeignet ist, droht – übrigens viel zu spät – die Frage des Bauunternehmers: Womit füllen wir den Arbeitsgraben? Die Beantwortung dieser scheinbar einfachen Frage bringt Sie in Bedrängnis. Üblicherweise steht in der Vereinbarung, dass dies Sache des Bauunternehmers ist, aber lassen Sie das ja nicht zu, denn da kann viel falsch gemacht werden.

„Bindiger, feinkörniger Boden aus Ton, Lehm mit einer Korngröße kleiner 0,06 Millimeter" wäre die Definition eines Bodens, der wenig bis gar nicht versickerungsfähig ist und den man zum Auffüllen der Gräben benutzen könnte. Ist der Boden zu locker, zu grobkörnig, also „nicht bindig" (nicht lehmig), zieht er bei einem umgebenden bindigen Boden schnell das Wasser an. Wenn Sie den Graben solcherart mit gut versickerungsfähigem, grobkörnigen Sand oder Kies zuschütten, ziehen Sie Schicht- und Regenwasser zum Haus hin. Dann entsteht rund um Ihr Haus eine Art Schlossgraben. Noch stärker wird der Effekt, wenn Ihr Haus an einem Hang liegt. Bei leichter Bauweise kann das Haus geradezu „aufschwimmen", es entstehen womöglich Fundamentunterspülungen. Hier kann eine Drainage helfen, aber Achtung: Diese kann auch gegenteilig wirken. Nämlich dann, wenn durch die Drainage erst recht Wasser zum Fundament gebracht wird. Das geschieht beispielsweise, wenn die Entwässerung der Drainage nicht sichergestellt werden kann. Schlimmstenfalls führt das sogar dazu, dass der stete Wasserfluss das Haus zum Kippen bringt.

Ein weiteres Problem kann auftreten, wenn die Arbeitsgräben mit ungeeignetem, nicht verdichtbarem Material zugeschüttet wurden. Das Schüttmaterial setzt sich dann nämlich entweder später nach oder es hebt und senkt sich je nach Feuchtigkeit, Setzungsschäden inklusive. Besonders schluffig-lehmige Erde setzt sich auf jeden Fall um einige Zentimeter, dabei gilt: Setzungen bis zu drei Prozent der Schütthöhe sind tolerabel, alles darüber hinaus kann Schäden an der Fassade und der Außengestaltung bewirken.

Ich habe einige Fälle erlebt, in denen die Bauunternehmer auf scheinbar feste Tonerde vertrauten, die sich dann aber über die Maßen setzte und gleich die Fassade mitriss. Dafür gibt es mehrere Ursachen: Der Boden direkt am Haus trocknet durch das Heizen stark aus und schrumpft dadurch, und auch die Bepflanzung kann eine Rolle spielen. Verzichten Sie daher bei einem lehmigen Boden rund um das Haus auf Pflanzen, die zu viel Wasser ziehen. Die beste Lösung ist, die Arbeitsgräben rund um das Haus mit Kiessand und Recyclingmaterial aufzufüllen, das wird lageweise eingebracht und gut verdichtet. So kann sich später nichts mehr nachsetzen.

NOCH EIN TIPP

Die oberste Bodenschicht ist meist gut mit Kleinstlebewesen durchsetzt, locker und humushaltig. Heben Sie diese „Muttererde" auf jeden Fall gut auf. Sonst kaufen Sie sie später im Baumarkt für teures Geld nach.

Falle 4 – Dränung, Drainage, Sickeranlage

Ein Wasseranstau rund um Ihr Haus sollte jedenfalls verhindert werden, denn der Auftrieb könnte Schäden am Baukörper, aber auch ein Aufschwimmen der Kellerdämmung verursachen. Und wenn die Abdichtung nicht auf den Lastfall „drückendes Wasser" ausgelegt wurde, säuft der Keller ab. Schlussendlich werden nur selten Hochwasserschutzkellerfenster eingebaut, die üblichen Kellerfenster würden dem Wasserdruck einfach nachgeben.

Da eine Drainage die Aufgabe hat, einen Wasseranstau zu verhindern, werden dafür geschlitzte Rohre im Bereich der Bodenplatte in die Erde gelegt, diese sammeln das Wasser und leiten es beispielsweise in einen Sickerschacht ab.

Ob eine Dränung oder Sickeranlage nun Sinn macht, ist im Einzelfall durch einen Planer zu ermitteln, der auch durch die ausführende Baufirma gestellt werden kann. Leider ist festzuhalten, dass 90 Prozent aller als „Drainage" verkauften Sickeranlagen das Materialgeld nicht wert sind. Zu oft werden Dränleitungen mit billigen Flexschläuchen und ohne Gefälle statt mit im Gefälle verlegten Stangenrohren eingebaut. Fast immer fehlen Spülschächte zur späteren Wartung. Derartige Drainagen sind dann auch wenige Jahre später wirkungslos und damit jedenfalls keine gute Investition.

Mancherorts wird eine Sickeranlage noch als Wunderding und Alternative zur Kellerabdichtung verstanden, nach dem Motto: Auch wenn man nicht genau weiß, was so etwas bewirkt, schaden kann es ja nicht. Also rein in die

Arbeitsgräben damit, Schotter drauf, Vlies rein, fertig. Wer dann auch noch das Regenwasser in die Drainage einleitet, darf sich nicht wundern, wenn es zu einer Fundamentunterspülung kommt. Aufgrund der Gefahr der Fundamentunterspülung sollte auch ein Sickerschacht immer mindestens drei Meter vom Haus entfernt eingegraben werden. Für alle Sickeranlagen gilt, dass eine ausreichende Sicker- und Ableitungsfähigkeit des Untergrundes vorliegen muss, diese ist schon im Planungsstadium nachzuweisen. Wenn beispielsweise der Sickerschacht im Grundwasser steht, liegt ein Planungsfehler vor. Da versickert nichts!

Für Regenwasser bleibt dann noch die ohnehin ökologisch bessere Versickerung in eine Oberflächenmulde. Dazu wird das Dachwasser in eine entsprechend dimensionierte Mulde geführt. Man kann eine Sickermulde auch als Feuchtbiotop anlegen. Allenfalls verschmutztes Dachwasser wird durch den Boden gut gefiltert. Sickeranlagen müssen den Normen entsprechend dimensioniert werden. Im Wesentlichen wird unterschieden zwischen zwei Arten von Sickeranlagen:

Regenwassersickeranlage für Dach- und Oberflächenwässer: Bei der Regenwassersickeranlage sind geschlossene Abwasserrohre fachgerecht in den frostsicheren Boden zu verlegen. Der Anschluss an die Regenfallrohre erfolgt in der Regel über einen Regensinkkasten, dieser beinhaltet einen Laubfangkorb und kann gewartet werden. Die geschlossenen Abwasserrohre transportieren das Regenwasser in einen Vorfluter, meist ein Sickerschacht oder eben eine Oberflächenmulde. In wasserrechtlichen Ausnahmefällen kann auch direkt in den Kanal geflutet werden. Dazu muss aber eine behördliche Genehmigung eingeholt werden. Denken Sie daran, es muss die Möglichkeit bestehen, die Rohranlage zu prüfen und mit Hochdruck zu reinigen. Das gilt auch für Sickerschächte oder Sickerboxen: Eine Wartung und Reinigung bei Verschlammung soll allenfalls möglich sein.

Sickeranlage im Kellerbereich zur Verhinderung von Stauwasser: Die Aufgaben einer Sickeranlage im Fundamentbereich, oft auch Drainung, Dränung, Drainage genannt, sind wie folgt zusammenzufassen:

➜ *Wasseranstau vermeiden, um ein Aufschwimmen des Gebäudes zu verhindern:* Kann rund um das Haus schlossgrabenartig Wasser anstauen und ist das Gebäudegewicht kleiner als die Kraft des Auftriebs, macht eine Sickeranlage Sinn. Vorausgesetzt, die Funktionssicherheit kann dauerhaft sichergestellt werden.

➜ *Unterspülung der Fundamente vermeiden:* Bei einem nicht gut versickerungsfähigen Boden und anfallenden Oberflächenwässern oder wenn durch die Baugrube Schichtenwasser (eine Quelle) angeschnitten wurde, kann es zeitweilig oder dauerhaft zu einem Wasseranstau und infolgedessen zu einer

Fundamentunterspülung kommen. Die Sickeranlage soll besonders bei hanglagigen Gebäuden die anfallenden Wassermengen sicher abführen.

- *Wasseranstau an der Wärmedämmung vermeiden:* Auf einen Quadratmeter Dämmplatte mit 20 Zentimeter Dicke könnte man wie auf einem Floß das Mittelmeer überqueren. Eine gedämmte 100-Quadratmeter-Wand kann bei einem Wasseranstau einen derartigen Auftrieb bekommen, dass bei nur punktweiser Verklebung auf der Kellerwand Schäden zu erwarten wären. Die Dämmung reißt von der Wand ab! Daher besteht die Forderung, Dämmplatten im drückenden Wasser vollflächig auf die Wand zu kleben. Dies geschieht aber auch, um zu verhindern, dass kaltes Grundwasser die Kellerwand abkühlt. Der Schutz der Wärmedämmung selbst spielt eine untergeordnete Rolle; es sollte bei anstauendem Wasser ohnehin nur eine XPS-Plattendämmung aus extrudiertem Polystyrol (Markenname Styrodur von BASF) Verwendung finden. Diesem Dämmstoff kann zeitweilig anstauendes Wasser nichts anhaben.
- *Wasseranstau an der Abdichtung vermeiden.*

Die Planungsgrundlagen zu einer Sickeranlage sprengen den vorgegebenen Rahmen. Zur Kontrolle, ob auf Ihrem Bauvorhaben alles rund läuft, werden hier auszugsweise die Planungsgrundsätze zu Sickeranlagen in Grund und Boden aufgelistet. Die Planungspflicht trifft den beauftragten Planer, wenn es keinen gibt, die ausführende Firma:

- Eine Sickeranlage ist zu planen und zeichnerisch festzulegen.
- Die zu erwartenden Wassermengen sind zu ermitteln.
- Wasserrechtlich klären: Versickerung im Kanalnetz oder im eigenen Grund möglich?
- Die verwendeten Produkte sollen systemkonform und zertifiziert sein.
- Es sind Dränrohre in Stangenware zu verwenden und mit mindestens 0,5-Prozent-Gefälle zu verlegen.
- Kontrollspülschacht mit 300 Millimeter Durchmesser bei wesentlichen Richtungswechseln. Alternativ: Kontrollschacht mit 100 Millimeter Durchmesser zu reinen Kontrollzwecken.
- Ein Kontrollschacht mit 300 Millimeter Durchmesser sollte mindestens alle 50 Meter vorliegen.
- Das verwendete Filtervlies nur mit Nachweis zur Filterstabilität zulassen.
- Die Dränleitung muss alle erdberührten Wände als Ringleitung umfassen.
- Dränleitungen sind allseits mit einer 15-Zentimeter-Kiespackung 0/32 Sieblinie auszuführen.

- Die Rohrsohle der Dränleitungen mindestens 20 Zentimeter unter Oberkante Bodenplatte legen, sie darf aber nicht unter dem Fundament liegen.
- Rohrdurchmesser bei 50-Meter-Leitung ohne Stauwasser 100 Millimeter.
- Rohrdurchmesser bei 50-Meter-Leitung mit Stauwasser 200 Millimeter.

Falle 5 - Wärmedämmung mit Noppenbahnen als Schutzlage

Klar ist, ein Keller ohne Wärmedämmung macht wenig Sinn. Schon allein zum Schutz vor der Sommerkondensation sollten die Kellerwände von der feuchtkühlen Erde entkoppelt werden. Außerdem steigert es, selbst wenn Sie Ihren Keller nur als Lager verwenden, den Wiederverkaufswert des Hauses, wenn der Keller auch bewohnbar ist.

Noppenbahnen bestehen aus Kunststoff und werden in Rollen auf die Baustelle gebracht; sie bilden eine weitere Schicht zwischen den Außendämmplatten und der Erde. Wie bereits besprochen, empfehle ich, XPS-Dämmplatten (und nur diese!) als Dämmung auf den Außenwänden des Kellers anzubringen.

Die Hersteller der Dämmplatten geben an, dass keine Noppenbahnen gebraucht werden, da die XPS-Platten nicht mehr als 0,2 Prozent Wasser aufnehmen. Um ehrlich zu sein: Das mag bei Normprüfungen zutreffen, die Praxis zeigt aber etwas anderes. Deshalb empfehle ich auf jeden Fall, eine Schutzlage zwischen der Dämmung und dem feuchten Erdreich anzubringen.

Nun kommen die handelsüblichen Noppenbahnen ins Spiel. Erstaunlicherweise werden beinahe immer die falschen Bahnen aufgebracht und dann bewirken sie vor allem eines: Sie beschädigen die Dämmung! Warum? Auf einer Seite stehen die Noppen hervor, auf der anderen zeigt sich der flache Negativabdruck mit Hohlstellen. Selbst wenn die flache Seite zur Dämmplatte gelegt wird, kann das Erdreich die Noppenbahn in die Dämmung drücken. So verkrallt sich die Noppenbahn mit Dämmstoff und Erde. Es ist klar, was passiert, wenn sich das Erdreich setzt: Die Dämmmatten werden quasi aufgerissen.

Die Lösung? Es gibt auch linienförmig-glatte Drän- und Schutzmatten, die man verwenden kann, oder es wird einfach eine Vlieskaschierung auf beiden Seiten der Noppenbahn gelegt. Das ist normale Handelsware, warum sich diese auf Baustellen so selten einfindet, ist ein weiteres Mysterium der Bauwirtschaft.

Falle 6 - Perimeterdämmung extrudiert oder expandiert

Als ich vor 20 Jahren noch selbst Keller abgedichtet habe, war das Leben einfach. Es gab weiße Dämmplatten für Wände und Decken und grüne Dämmplatten für Keller und Dach. Oder, etwas fachmännischer ausgedrückt: Bei den weißen Platten handelte es sich um expandiertes Polystyrol oder EPS, mittlerweile

Abb. 57: Keller- oder Perimeterdämmplatten nicht „hinterlüftet“ an der Wand verkleben. Durch die punktweise Verklebung entstehen Luftströme, die Dämmwirkung geht verloren. Außerdem finden Mäuse über diese Hohlstellen den Weg ins Gebäude.

umgangssprachlich nach dem Erfinder „Styropor“ genannt. Sie dämmen gut, werden aber schnell nass, und dann dämmen sie gar nicht mehr.

Die grünen (jeder Hersteller färbt sie anders ein) Platten sind extrudiertes Polystyrol oder XPS. Sie sind „geschlossenzellig“ und wesentlich wasserabstoßender, dafür aber auch teurer. Die Bauleute wussten also: bunt = gutes XPS!

Ein Schweizer Hersteller ging sogar so weit, hydrophobierte EPS-Platten einzufärben. Die Platten wurden einfach als „Perimeterdämmung“ verkauft, was den Irrglauben verstärkte, es handle sich um XPS und sie wären damit uneingeschränkt für „unter der Erde“ geeignet. Tatsächlich erkennt man den Unterschied zwischen EPS und XPS an den Kügelchen. Während XPS geschlossenzellig und daher kaum wasseraufnahmefähig ist, besteht EPS aus kleinen Polystyrolkügelchen. Da nützt auch die Hydrophobierung der Platten durch einen Chemikalienzusatz wenig. Das Produkt nennt sich EPS-h-Platten oder „hydrophobiertes Polystyrol“. Um eine technische Beschreibung zu finden, braucht man Geduld, erst auf Anfrage bekommt man ein Datenblatt mit der Info, dass diese Platten nicht im Grundwasser stehen dürfen. Blöd nur, dass dies kaum ein Verarbeiter liest. Noch blöder, wenn Sie XPS-Platten zur Verlegung beauftragen und nur EPS-h bekommen. Dann haben Sie das Recht, eine Neuverlegung zu verlangen, auch wenn der Arbeitsgraben schon zugeschüttet wurde. Bei Wasseranstau bleibt dies die einzig empfehlenswerte Vorgehensweise, bei nur „erdfeuchtem“ Keller verlangen Sie eine Preisminderung.

Weiterführende Informationen und Anbieter:
www.bauherrenhilfe.org/fachbuch_kellermythen

Kellersysteme - Topempfehlung!

Abschließend zu diesem Kapitel finden Sie meine Bauempfehlungen kurz zusammengefasst. Die genaue Stärke der Dämmung, die Notwendigkeit einer Versickerungsanlage und viele andere Baudetails muss Ihr Planer festlegen!

Wählen Sie folgende Bauvarianten:

- Ortbetonkeller in Weiße-Wanne-Ausführung
- Kellerwände – Außenabdichtung: EKV-5 Bitumenflämmbahn als Dampfsperre
- Bodenplatte – Innenabdichtung: EKV-AL5 Bitumenflämmbahn mit Alu-Einlage als Dampfsperre vor Innenwandaufstellung
- Kellerfenster über Bodenniveau positionieren
- Kellerwanddämmung 24 Zentimeter XPS vollflächig auf Kellerwände geklebt
- Bodenplattendämmung 24 Zentimeter XPS unter Bodenplatte anbringen

Schlussendlich kann ich auch das Konzept der „weißen Wanne – System Rascor" empfehlen. Der Gedanke, dass ein renommiertes Abdichtungsunternehmen mit ausgesuchten Baufirmen Keller baut, ist bestechend einfach und bestechend gut. Das erinnert mich an das Konzept „Massivwerthaus" von Wienerberger, wo der österreichische Ziegelhersteller mit ausgesuchten Baumeistern Häuser errichtet. Und dafür im Notfall auch geradesteht.

Kapitel 5

Untrennbar und doch zerstritten - Wände und Fassaden

Atmen Wände?

Wie kein anderer Bauteil beeinflussen Wände unser Wohlbefinden. Sie bilden im Haus die größten Oberflächen, dadurch sind sie nicht nur für die Optik, sondern auch für die Atmosphäre des Hauses entscheidend. Im besten Fall spenden sie ein gutes Raumklima, im schlimmsten Fall geben sie mikrobiellem Befall (Schimmel, Milben) ein Zuhause.

Bevor wir uns mit den verschiedenen Bauweisen für Wände und mit der Chemie von Wandfarben auseinandersetzen, müssen wir darüber sprechen, welche Ansprüche wir an unsere Wände stellen. Diese haben sich nämlich im Laufe der letzten Jahrzehnte deutlich verändert.

Wir steigern den Wassergehalt unserer Raumluft durch Schwitzen, Waschen, Kochen und Atmen sowie dadurch, dass wir zeitweise Baufeuchte, Innenputz, Nassestriche und dergleichen hineinbringen. Dieser Wassergehalt muss aus unseren Räumen wieder verschwinden, sonst schadet er der Bausubstanz und den Bewohnern. Wie viel volkswirtschaftlicher Schaden durch Schimmel und Pilzbefall, durch Erkrankungen der Atemwege, Allergien und Streitereien jährlich entstehen, lässt sich gar nicht bemessen. Durch Lüften reduziert man den Wassergehalt der Raumluft. Aber man kann und soll ja nicht ständig die Fenster aufreißen.

Eine wichtige Frage in diesem Zusammenhang lautet: Können auch Wände atmungsaktiv sein? Noch 1858 hat Max von Pettenkofer daran geglaubt, dass

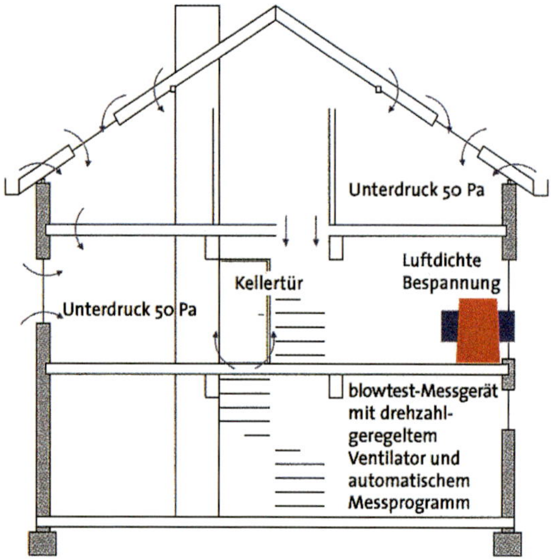

Abb. 58: Luftdichtheitsprüfungen auch und im Besonderen bei Nicht-Passivhäusern zur Schadensvermeidung. Häuser müssen luft- und winddicht sein. Quelle: Isocell.at

ein Luftaustausch mit der Außenluft auch über verputzte Wände stattfindet. E. Raisch korrigierte diese Ansicht 1928 mit der Aussage, dass über eine verputzte Außenwand weniger Luft durchgehe als durch ein Schlüsselloch. 1952 legte die erste Ausgabe der Deutschen Industrienorm DIN 4108 wenig sachbezogen eine falsche Spur: „Atmende Wände kommen kaum infrage". Dann kam die Energiekrise von 1973, deren Nachwehen noch immer vielen Menschen, die in Neubauten leben, zu schaffen machen. Man begann damals, Gebäudehüllen immer luftdichter zu bauen, um Wärmeverluste zu vermeiden und den Heizaufwand zu reduzieren. Mit Beginn des Plastikzeitalters wurden die Fenster und Wände immer dichter. Die Fähigkeit der Wände, Wasser aufzunehmen und nach außen durch Diffusion abzugeben, wurde und wird durch Farbanstriche auf Kunstharzbasis im Innenbereich und auf Wärmedämmverbundsystemfassaden mit Polystyrol-Dämmplatten im Außenbereich erfolgreich verhindert.

Damit wurden die Räume praktisch luftdicht, zugleich aber leider auch wasserdampfdicht. Sie ließen die Feuchtigkeit nicht mehr hinaus. Die DIN-Norm von 1952 hat die Bauwirtschaft vermutlich auf den falschen Weg gebracht. Was „eh nicht atmet", muss nur das Haus und die Dämmstoffe tragen. Innen Plastikfolien mit Plastikfarben, außen Plastikdämmstoffe mit Plastikverputz, wen kümmert das schon? Schimmel breitet sich seither aus.

Nur wer fleißig lüftet und heizt, bleibt davon verschont, dafür erwarten ihn leicht gesundheitliche Probleme als Folge der meist sogar dem Hersteller unbekannten chemischen Zusammensetzungen der Baumaterialien.

Heute weiß man: Wände atmen eben doch! Sie nehmen Feuchtigkeit auf, geben sie wieder ab, regulieren das Raumklima und filtern sogar Schadstoffe aus der Raumluft! Aber nur wenn sie aus natürlichen Materialien gebaut wurden. Das können mineralische Materialien sein (Stein, Ziegel, Kalk) oder pflanzliche (Holz), auf jeden Fall aber nicht Materialien auf Kunststoffbasis.

Trotz schlechter Dämmung liegt der Altbau mit seinem speicherfähigen und beidseitig mit Kalkzementputz und Mineralfarbe versehenen Vollziegelmauerwerk beim wohngesunden Raumklima weit vorne. Der mineralische Wandaufbau nimmt geduldig Wasser aus schlecht gelüfteter und damit feuchter Raumluft auf. Anders gestaltet sich das beim mit Kunststoffen versiegelten Neubau. Das ist nun beileibe kein Aufruf, nicht zu dämmen. Wer heute nicht passiv, also hochwärmegedämmt baut, betrügt sich um ein Stück Lebensqualität. Allerdings darf man heutzutage erwarten, dass die Vorzüge moderner Dämmung und die Vorzüge einer atmungsaktiven Altbauweise miteinander verbunden werden. Die Forderung lautet also, dass mit mineralischen Materialien oder Holz gebaut werden soll; das gilt auch für die Beschichtung innen und außen. Das Ziel dieser Bauweise ist: luftdurchlässig: nein – wasserdampfdurchlässig: ja, bitte!

Doch die Realität ist meist eine andere: Der Antichrist der Wandsysteme ist gängiger Baustandard. Ich begutachte jedes Jahr rund 100 Fälle zu Luftschadstoffen und Schimmelpilzbefall und kann Ihnen sagen: Wenn zwei Dinge nicht zusammenpassen, dann sind das eine Stahlbetonwand mit EPS-Wärmedämmung und Silikon- oder Kunstharzputz. Der Stahlbeton ist aufgrund seiner Dichte und seines Porengefüges ohnehin kaum wasseraufnahmefähig. Üblicherweise wird darüber innen nur ein dünner Gipsputz (der schimmelanfällig ist) als Untergrund für den kunstharzbasierten Dispersionsanstrich aufgebracht.

Stahlbeton alleine kann durchaus empfohlen werden, ebenso – aus Kostengründen – Wärmedämmverbundsysteme (früher Vollwärmeschutzfassaden) aus Polystyrol-Schaumstoffen. Von Kunststofffarben in Innenräumen profitiert allerdings nur der Hersteller, aber synthetisch hergestellte Produkte sind billig und daher beliebt. Hier fehlt es an Aufklärung: Wenn bei zwei Kübeln Farbe, von denen einer 35 Euro und der andere 50 Euro kostet, beim billigeren darauf hingewiesen würde, dass leicht flüchtige organische Verbindungen (VOC) die Gesundheit belasten, würden die meisten Menschen gerne 15 Euro mehr bezahlen. Doch vermutlich bleibt es ein Traum: wohngesunde Häuser, die Rückkehr von Glasflaschen und ein Verbot, Lebensmittel in Plastik zu verpacken.

Wer nur 500 Euro für die Renovierung seiner Wohnung übrig hat, wird sich an Öko-Reden wenig erfreuen. Er möge jedoch wissen, welche Risiken bestehen und gegensteuern:

- Renovieren Sie in der warmen Jahreszeit und lassen Sie die Fenster offen.
- Renovieren Sie kurz vor der Urlaubszeit, fahren Sie anschließend gleich in Urlaub.
- Schützen Sie Ihre Kinder, schicken Sie sie zur Oma.

U-Wert und TAD

Der *U-Wert* ist der Wärmedurchgangskoeffizient oder auch Wärmedämmwert. Das ist das Maß für den Wärmestromdurchgang durch eine Materialschicht, wenn auf beiden Seiten verschiedene Temperaturen herrschen. Die Bauordnung fordert aktuell für Wände gegen Außenluft einen U-Wert von 0,35W/m²K.

Dieser Wert gibt an, dass 0,35 Watt Wärme durch einen Quadratmeter Außenwand fließt, wenn es draußen um 1° C kälter ist. Bei einer Raumtemperatur von 20° C und einer Außentemperatur von -10° C liegt rechnerisch ein Temperaturdelta von 30° C vor (eigentlich Kelvin, aber 1 Kelvin = 1° C). Demnach gehen durch einen Quadratmetern (30 x 0,35) 10,50 Watt Wärmeleistung verloren. Bei 240 Quadratmeter Fassadenfläche und -10° C braucht es immerhin schon 2.520 Watt oder 2,52 KW/h, um die Raumtemperatur zu halten (Innen- und Außenputz unberücksichtigt). Da werden nur die Außenwände und keine Wärmeübergangswiderstände berücksichtigt. Kein Dach, keine Fenster, keine Türen und keine Kellerdecke. 2.520 Watt entsprechen 42 Glühbirnen mit 60 Watt Leistung oder 229 LED-Lampen (eine LED-Lampe verbraucht im Vergleich zu einer 60-Watt-Glühbirne nur mehr elf Watt Leistung).

Beispiele:

- Eine verputzte Wand mit 50 Zentimeter Hochlochziegel schafft einen U-Wert von 0,19 W/m²K. Das wären nur mehr knapp 23 Glühbirnen à 60 Watt, die man bräuchte, um die Raumtemperatur zu halten.
- Ein mit Mineralwolle gedämmter Hochlochziegel mit einer Stärke von 49 Zentimetern trumpft mit einem mehr als passivhaustauglichen U-Wert von 0,12 W/m²K auf. Damit wären wir also bei 14,4 Glühbirnen.
- Die gute alte Vollziegelwand verputzt und in einer Stärke von 50 Zentimetern weist einen U-Wert von 1,11 W/m²K auf, das sind immerhin 133 Glühbirnen. Das wohngesunde Altbau-Vollziegelmauerwerk ist also eine ganz schöne Energieschleuder.

GUT ZU WISSEN

Der U-Wert dient in erster Linie einem theoretischen Vergleich. Die realen Verbrauchswerte liegen laut einer aktuellen Studie um bis zu 33 Prozent höher! So kann auch ein schwerer Dämmstoff mit vermeintlich schlechterem U-Wert baupraktisch den besseren Wärmeschutz bringen.

Die *TAD* (= Temperatur-Amplituden-Dämpfung) beschreibt, wie stark die Temperatur an der Innenoberfläche im Vergleich zur Außenoberfläche schwankt. Dabei gilt: Bei leichten Baustoffen schlägt das Außenklima rascher durch als bei schweren. Die Außenoberfläche folgt dem Tagestemperaturverlauf nahezu ungefiltert, während die innere Oberflächentemperatur vom Material abhängig möglichst wenig schwanken sollte.

Bei 15 °C frühmorgens und 35 °C gegen Mittag ergibt sich an einem Tag eine Differenz von 20 °C. Wenn zeitgleich an der raumseitigen Innenoberfläche die Schwankung zwischen 24 °C und 26 °C liegt, ergibt sich eine Differenz von 2 °C. 20 Grad außen zu 2 °C innen ergibt den Faktor 10. Das ist ein sehr guter Wert.

Eine Blechhütte würde dagegen den schlechtesten Wert liefern. Beide Werte – die des Außen- und des Innenklimas – wären gleich, der Faktor betrüge 1, die Hütte wäre praktisch unbewohnbar. Aus diesem Grund war sie auch die Namensgeberin für den Begriff „Barackenklima".

An dieser Stelle sei auch darauf hingewiesen, dass alle diese Zahlen zur Makulatur werden, wenn Fenster und Türen ohne Außenbeschattung bleiben, der Gewalt der Sonneneinstrahlung können die obigen Rechenspielereien nichts entgegenhalten.

Die Sonnenstrahlung wandert kalt und „kurzwellig" durch das All, erst beim stofflichen Kontakt wandelt sich diese in eine „langwellige" Wärmestrahlung um. Das heißt, die Sonnenstrahlung trifft auf die Glasscheibe und entfaltet ihre volle Kraft erst nach dem Kontakt mit den raumseitigen Oberflächen. Der innenliegende Sonnenschutz wird also kaum Wirkung haben, vor allem wenn er schön dunkel ist, denn dann wärmt sich dieser nämlich auf und strahlt seine Wärme erst recht in den Raum, und durch die Wärmeschutzverglasung kann die Wärme nicht mehr hinaus, das beschreibt in etwa den aus der Klimaforschung bekannten Treibhauseffekt.

Wasserdampf - Kondensat

Die Berufsgruppen Spengler, Dachdecker wie auch Zimmermann agieren hochprofessionell, wenn es um den Witterungsschutz eines Gebäudes geht. Aber für die an der Dampfbremse beteiligten Baufirmen, Elektriker und Installateure ist der Begriff „Wasserdampf" immer noch ein baupraktisch abstrakter Begriff. Vermutlich muss jeder Baubeteiligte erst einen ordentlichen Schaden verursachen, um vorsichtiger mit der „Luftdichtheitsebene" umzugehen.

Um es so simpel wie möglich zu sagen: Wasserdampf ist der gasförmige Zustand von Wasser. Das bedeutet, aus Wasserdampf kann Wasser werden. Überall und jederzeit. Und dann ist es nass.

Man muss wissen, dass warme Luft wesentlich mehr Wasser aufnehmen kann als kalte. Beispielsweise kann Luft bei 0 °C 4,8 Gramm pro Kubikmeter Wasser aufnehmen. 10 °C warme Luft schafft bereits 9,4 Gramm, und bei 20 °C sind es 17,3 Gramm und bei 30 °C schon 30,4 Gramm! Also ist die Wasseraufnahmefähigkeit bei 30 °C im Vergleich zu 0 °C sechsmal höher!

Das bedeutet, wann immer warme, feuchte Luft abkühlt oder auf eine kalte Schicht trifft, kann die plötzlich kühlere Luft das Wasser nicht mehr halten und es entstehen Tröpfchen. In der Natur kennen wir das als Tau. Nehmen wir eine Bierflasche aus dem Kühlschrank und wird diese plötzlich feucht, nennen wir es Kondenswasser. Wenn wir im Winter ein Lokal betreten und die plötzlich trübe Brille abnehmen müssen, sagen wir, sie habe sich beschlagen. Dasselbe geschieht auch in Ihrem Haus.

Ein Beispiel: Es ist Sommer, es hat 30 °C bei einer relativen Luftfeuchtigkeit von 45 Prozent. Sie öffnen die Kellerfenster, und die warme, feuchte Luft strömt herein. Der Kellerboden hat auch im Sommer kaum mehr als 16 °C. Nun kühlt die ursprünglich 30 °C warme Außenluft am Boden auf 16 °C ab, die Kellerwände und Böden „schwitzen" und es kommt zur Sommerkondensation und mikrobiellem Befall. Es beginnt modrig zu riechen und schimmelt.

Im Winter ist es umgekehrt, nun ist es draußen kalt und die Außenluft nimmt kaum Wasser auf. Durch Waschen, Kochen, Schwitzen, Pflanzengießen und Wäschetrocknen wird die Raumluft mit Wasser angereichert. Die relative Luftfeuchtigkeit steigt nicht selten auf 60 bis 80 Prozent.

Dadurch strömt feucht-warme Raumluft in die Wände. Früher waren diese nach außen hin so windundicht, dass Kondensat schnell wieder abtrocknen konnte, aber seit aus Energiespargründen unsere Bauteile immer dichter werden, wirken sich einzelne Leckagen wesentlich schlimmer aus. Es kann durch das Kondenswasser zur Durchfeuchtung der Wände kommen. Das merken Sie lange nicht, oft erst dann, wenn sich entweder Schimmel oder ein holzzerstörender Pilz ausbreitet. Dann reicht Abwischen nicht mehr, meist muss umfangreich saniert werden.

Abb. 59: Wenn schon Ziegel mit Wärmedämmverbundsystem, dann bitte mit einer speicherfähigen Dämmung, hier mit Hanfdämmplatte. Quelle: Capatect.at

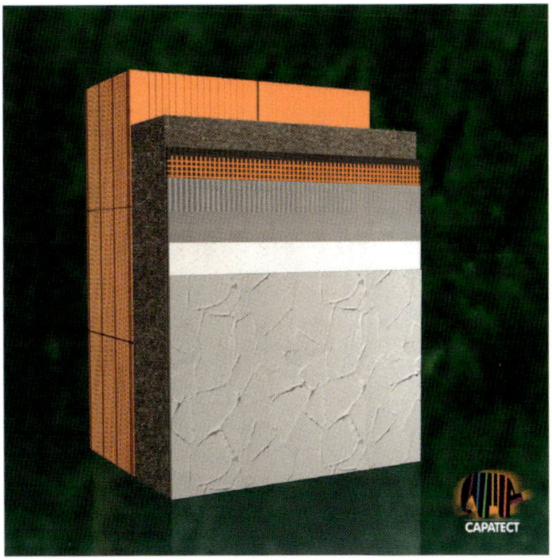

Die Ziegelwand

Der alte Vollziegel, der – siehe weiter oben – keinen guten U-Wert erzielt, hat heute ausgedient. Schließlich dämmt die Luft und nicht der feste Baustoff. Daher hat man in logischer Konsequenz den Vollziegel durch Hohlräume leichter gemacht.

Wir verwenden Hochlochziegel, die außerdem sehr „plan", also eben abgeschliffen werden, sodass sie sich ohne dicke Mörtelfugen nahtlos aneinanderfügen lassen, genannt werden diese Ziegel einfach „Planziegel". Heutige hochwärmedämmende Planziegel erfüllen die baurechtlichen Ansprüche zum Wärmeschutz locker ohne Fassadendämmung. Es soll aber nicht nur entsprechend der Bauordnung gebaut werden, wenn es sogar besser geht: Lange, mit Luft gefüllte Löcher in den Ziegeln sorgen für „bewegte Luft", und durch die Konvektion wird der Dämmwert trotz des mit Luft gefüllten Hohlraums herabgesetzt. Der mit Steinwolle verfüllte Hochlochziegel erreicht Passivhausstandard.

Im Vergleich zu *leichten* Holzkonstruktionen hat der Ziegel bei gleichem Dämmwert deutlich mehr Masse, damit ist es im Sommer angenehm kühl und im Winter warm. Das Mauerwerk speichert auch die Wärme der Wintersonne und es kommt in Verbindung mit mineralischen Putzen de facto auch zu keiner Durchnässung auf der Fassade. Die Algenbildung auf der Fassade wird durch Materialien mit hoher Wärmespeicherfähigkeit auch deutlich vermindert. Das sind positive Effekte, die in der U-Wert-Rechnerei nicht ankommen, aber dem Bewohner Heizkosten sparen.

Abb. 60: Hochlochziegel mit Mineralwolledämmung – ein schadstoff- und problemfreies Mauerwerk ohne Außendämmung. Quelle: Wienerberger.at

Dünnbett oder Klebesystem

Was liegt zwischen den Ziegeln? In alter Vollziegelbauweise verwendete man Mörtel. Je unebener der Ziegel beschaffen ist, desto dicker muss man Mörtel auftragen, um die Unebenheiten auszugleichen. Doch die Mörtelfugen bilden Schwachstellen und Wärmebrücken, das heißt, durch die Mörtelfugen geht Wärme nach außen verloren. Man trachtete also danach, das Mörtelbett, in dem der Ziegel gelagert wird, immer dünner zu machen. Je planebener die Ziegeloberfläche ist, desto weniger Mörtel braucht man, daher auch der Name „Dünnbett". Für einen Kubikmeter Mauerwerk aus Planziegeln werden nur mehr rund zehn Liter Dünnbettmörtel gebraucht.

Abb. 61: Systemvergleich: geklebtes Mauerwerk vom Systemgeber Wienerberger. Quelle: Wienerberger.at
Abb. 62: Vorteil Porotherm Dryfix Klebesystem: trocken, schnell. Quelle: Wienerberger.at

Abb. 63 links: Ein rasches Arbeiten im Dünnbettverfahren ist mit der Walze möglich. Quelle: Wienerberger.at
Abb. 64 rechts: Mauern beim Verfüllziegel mit der Zahnspachtel im Dünnbettverfahren. Quelle: Wienerberger.at

Noch einen Schritt weiter geht der Ziegelhersteller Wienerberger mit dem „Dryfix extra Kleber", wo der Mörtel durch einen Polyurethan-Kleber ersetzt wird. Argumentiert wird mit 50 Prozent Zeitersparnis bei der Verarbeitung und einer möglichen Verarbeitungstemperatur von bis zu -5 °C. Man kann also auch im Winter bauen. Nachteilig empfinde ich, dass dieses System laut österreichischer technischer Zulassung (ÖTZ) nur von zertifizierten Wienerberger-Partnern verarbeitet werden darf. Die Zertifizierung kann jedes Bauunternehmen nach einer kostenlosen Schulung erhalten.

Jedenfalls begeistern die technischen Daten zum geklebten Mauerwerk, wie Fugen- und Druckfestigkeit, Wärmeleitung usw. Lediglich die sogenannte Haftscherfestigkeit (ein Maß, dessen Name sich aus den Worten „Haften" und „Scheren" zusammensetzt) weist einen etwas geringeren Wert auf, das sollte aber für Einfamilienhäuser auch im Erdbebenfall kein Problem sein. Vertrauen schaffen auch zwei Ziegelfertigteilhersteller (aus Wels und Retz), die mit diesem Kleber (eine Erfindung aus den USA) ganze Wände zusammenkleben. Fenster und Elektroinstallationen werden maschinell aus dem fertig verklebten Wandsystem ausgeschnitten, und selbst der Kran, der die fertige Wand auf die Baustelle schupft, kann die Planziegel nicht voneinander lösen.

Die Vorteile eines Planziegelmauerwerks ohne Wärmedämmverbundsystem:

- bester Feuchtehaushalt, diffusionsoffene Konstruktion
- Klimapuffer, positiver Einfluss auf das Raumklima
- sommerlicher Überhitzungsschutz
- schädlingsresistent
- fehlerverzeihendes System

- keine Rauchentwicklung im Brandfall
- gute Wiederverwertung, kein Sondermüll
- höchster Wiederverkaufswert
- geringste L.E.B.E.N.S.-Kosten

Die Nachteile eines porosierten Hochlochziegelmauerwerks:
- Ziegel bricht bei unbedachter Nachbearbeitung leichter aus
- Bohrlöcher sind unbedingt ohne Schlagwerk auszuführen
- verstärkte Schalllängsleitung durch offenes Lochsystem
- höchste Sorgfalt in Bezug auf Luftdichtheit nötig
- hohe Sorgfalt in Bezug auf Winddichtheit nötig
- höchste Sorgfalt in Bezug auf Wärmebrücken bei An- und Abschlüssen nötig
- geringe Haftscherfestigkeit bei Dünnbettmörtel oder Klebesystem

Abb. 65: Mauerwerksfehler: Lotrechte Stoßfugen durchschneiden den stabilen Mauerwerksverband.

Abb. 66: Hier hat man auf die Fassadendämmung vergessen. Die massive Wärmebrücke kann nur nach Demontage entfernt werden.

Abb. 67: Verklebung und Konstruktion nicht luftdicht: Kondensationsschäden sind zu erwarten.

Dämmung im Ziegel

Der oben genannte Nachteil der geringeren Haftscherfestigkeit kann mit einer Glasvlieseinlage in der Lagerfuge behoben werden. Damit wird ein „bewehrtes Mauerwerk" aus der Ziegelwand. Auch alle sonstigen Nachteile können mit einer genialen Idee behoben werden: Mann füllt die Hohlräume wie oben erwähnt zum Beispiel mit Steinwolledämmstoff. Unverfüllte Hochlöcher beim Planziegel sorgen immer wieder für schlimme Bauschäden. Gleich, ob geklebt oder mit Dünnbettmörtel verfugt, in beiden Fällen bleiben offene Löcher im Mauerwerk, und das vom Boden bis zur Decke. Die Luftdichtheit wird zwar mit dem Innenputz hergestellt, nur wird dieser für Steckdosen und Einbauteile immer wieder unterbrochen.

Hauptursachen für Kondensationsschäden sind:

- Der Elektriker vergisst auf luftdichte E-Installationen an der Außenmauer.
- Der Installateur dichtet seine Leitungsinstallationen nicht luftdicht ab.
- Der Installateur setzt WC-Spülkasten vor die unverputzte Außenwand.
- Der Installateur setzt das Lüftungsrohr vor ein unverputztes Außenwandeck.
- Der Trockenbauer montiert eine vorgesetzte Installationsebene auf die unverputzte Außenwand.
- Der Kaminbauer versetzt den Innenkamin vor die unverputzte Außenwand.

Abb. 68 links: Stemmzeug Tabu, geschnitten wird mit der Säge. Quelle: Wienerberger.at
Abb. 69: Beim gedämmten Ziegel hat die Luft keine Chance mehr. Quelle: Wienerberger.at

Die Liste ließe sich fortsetzen. Jedenfalls hat jeder Einzelne der oben beschriebenen Baufehler schon für Bauschäden in fünfstelliger Eurohöhe gesorgt. Mit Dämmstoff gefüllte Hochlochziegel sind wesentlich weniger fehleranfällig. Die Richtlinien sind selbstverständlich dennoch einzuhalten, aber die Wand wird mit einer Dämmstoffverfüllung zu einem fehlerverzeihenden System.

Aus ökologischer Sicht wären Dämmstoffverfüllungen mit Steinwolle denen aus Polystyrol vorzuziehen. In allen Fällen ist aber davon auszugehen, dass die Schalllängsleitung, die Luft- und Winddichtheit und die Kondensationsanfälligkeit wesentlich verbessert werden.

Zugegeben, Geld wächst nicht auf Bäumen, es sei denn, Sie sind Obstbauer. Wenn Sie nicht umhin kommen, eine Sparvariante zu bauen, achten Sie zumindest auf eine Bauweise nahe dem Passivhaus. Für das persönliche Wohlbefinden zählt vorwiegend, was Sie an der Innenraumseite verbauen lassen. Wenn Sie nicht gerade Polystyrol-Wandelemente (und massenweise Klebeparkett) verwenden lassen, können Sie durchaus sparen und dennoch wohngesund leben. Achten Sie beim Wärmedämmverbundsystem auf eine fachgerechte Verarbeitung nach allen Regeln der Technik. Verwenden Sie zumindest an der Innenraumseite mineralische Baustoffe und vermeiden Sie problematische Wandfarben. Sparen Sie auf eine Wohnraumlüftung, dann bleibt Ihnen auch bei billiger Bauweise eine erhöhte Schadstoffbelastung der Raumluft erspart.

Abb. 70 rechts: Frostschäden am Dünnputzsystem durch fehlenden Feuchteschutz zum Sockelputz.
Abb. 71 unten: Leitungen dürfen nicht in das Wärmedämmverbundsystem verlegt werden. Hier muss ein Schacht angebaut und gedämmt werden.

Abb. 72 oben: Mauerwerksfehler: Beschädigte Ziegel müssen entsorgt werden, PU-Schaum hat am Mauerwerk nichts verloren.

Abb. 73 rechts: Luftdichte Unterputzdose! Wie beim Keller gegen Stauwasser muss jedes Loch in der ungedämmten Hochlochziegelwand gegen Wasserdampf dicht ausgeführt werden.
Quelle: Kaiser (siblik.com)

Die Ziegelitwand

Wie bereits erwähnt, ist gegen Stahlbeton als Baustoff nichts einzuwenden. Bei Wohnhäusern sollte dieser aber raumseitig dick mit einem Kalkzement oder Kalkgipsputz mit mineralischem Anstrich versehen werden. Beton ist sehr träge und daher als Feuchtepuffer nur bedingt geeignet.

Die Ziegelitwand ist baupraktisch eine Mischung aus Ziegel und Beton, quasi eine „Leichtbetonwand"; vom Hersteller MABA werden diese Wände als Fertigteile hergestellt. Ein Innenputz wird nicht mehr benötigt, es kann direkt gespachtelt und gemalt werden. Die gute Fähigkeit der Ziegelitwand, als Feuchtepuffer zu wirken, darf durch Dispersionsfarben, die die Wasseraufnahme verhindern, allerdings nicht verhindert werden.

Abb. 74: Massiv und schnell, die Ziegelitwände werden mit dem Kran versetzt. Quelle: Mabahaus.at

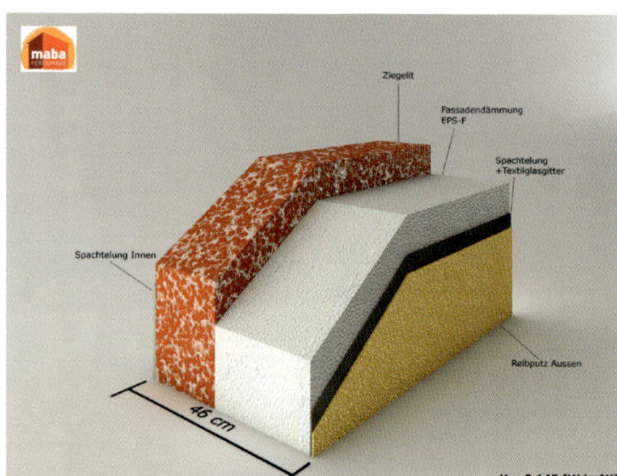

Abb. 75: Hochwärmedämmende Ziegelitwand mit einer EPS-Dämmung. Quelle: Mabahaus.at

Eine Ziegelitwand ist schon mit einer Stärke von 15 Zentimetern lieferbar. Das Wandsystem muss aus thermischen Gründen mit einem Außenwärmedämmverbundsystem oder einer hinterlüftet-gedämmten Fassadenkonstruktion kombiniert werden. Hier sollte man wieder darauf achten, den Diffusionswiderstand möglichst klein und die Speicherfähigkeit der Außendämmung möglichst groß zu halten. Damit verbessert man den Schallschutz und verringert das Risiko eines mikrobiellen Befalls an der Außenseite.

Ziegelit und Hanf

Daher empfehle ich, Naturdämmstoffe wie Holzfaser- oder Hanfplatten zu verwenden. Da die Hersteller ökologischer Baustoffe meistens nicht das Budget für teuren Lobbyismus aufbringen, sind diese leider oftmals nicht in den einschlägigen WDVS-Normen erfasst.

Damit die sinnvolle Forderung nach „Systemkonformität" erfüllt wird, rate ich zu renommierten Anbietern, also zu einem Anbieter, der von der Dämmplatte bis zum Putz *ein* System anbietet. Beispielsweise hat der Hersteller Capatect eine „Hanffaserdämmplatte" auf den Markt gebracht, wofür er 2013 den Klimaschutzpreis der Republik Österreich erhielt.

Abb. 76: 1) Österreichische Hanfdämmplatte, 2) Kleber, 3) Armierung, 4) Deckputz CarboPor Quelle: Capatect.at

Hellbezugswert

Naturdämmstoffe sind „thermostabil" – im Gegensatz zu „expandiertem Polystyrol" (EPS, Styropor), wo dunkle Farbtöne nur bis zu einem „Hellbezugswert" von 25 zulässig sind. Daher können Sie bei einer Dämmung mit Hanfplatten auch dunkle Farben und Putze verwenden!

Eine weiße Putzoberfläche erreicht einen Hellbezugswert von 90 und immer noch eine sommerliche Oberflächentemperatur von 40 °C. Pastellfarbene Oberflächen mit einem HBW von 60 bis 70 kommen auf rund 50 °C und dunkle Farbtöne mit einem HBW von 20 heizen sich schon bis zu 70 °C auf. Da kann es bei EPS-Fassaden mit Silikatputz schon zu temperaturbedingten Rissen im Wärmedämmverbundsystem kommen.

Wasseraufnahmekoeffizient

Bei der Aufnahme von gasförmigem Wasser durch

- Kondensation,
- Kapillarkondensation oder
- Hygroskopizität

kann Ziegelmaterial punkten. Die Wasseraufnahme von Baustoffen wird durch den w-Wert beschrieben, wobei „w" „Wasseraufnahme eines Baustoffes in kg/m^2 nach einer Stunde Saugzeit" bedeutet. Ein w-Wert unter 0,1 ist als wasserundurchlässig einzustufen, 0,1 bis 0,5 bedeutet wasserabweisend, 0,5 bis 2,0 wasserhemmend und größer 2,0 wäre schon als wasserdurchlässig einzustufen.

Ein stabiler Wasserhaushalt kann nur erreicht werden, wenn die Wasseraufnahme und -abgabe nicht durch sperrende Schichten behindert wird. Zum Vergleich einige Wasseraufnahmekoeffizienten von Baustoffen (w-Wert kg/m^2 h0,5):

- Silikatfarben > 1,0
- Dispersionssilikatfarben 0,1 bis 0,5
- Siliconharzfarben 0,1
- Kunstharzputze 0,2 bis 0,8
- Silikatputze 0,2 bis 0,8
- Kalkzementputz 2,0
- Hochlochziegel 8,3
- Schwerbeton 1,8
- Bimsbeton 2,9
- Gasbeton 0,077

Analog zur Wasserdampfdurchlässigkeit (sdH2O) einer Wand sind die Werte zur CO_2-Durchlässigkeit von Farben zu sehen:

- Kalkfarben < 0,5 m
- Silikatfarben < 0,5 m
- Siliconharzfarben < 0,5 m
- Dispersionsfarben, matt 1 bis 5 m
- Dispersionsfarben, hochgebunden > 50 m

Der sd-Wert in Metern (m) beschreibt die Luftschichtdickenäquivalenz als Vergleichswert zu Luft. Welchen Widerstand setzt ein Baustoff dem Wasserdampf im Vergleich zu Luft entgegen?

Weiterführende Informationen und Anbieter:
www.bauherrenhilfe.org/fachbuch_mineralisch

Wände aus Holz

Bei Wänden aus Holz unterscheiden wir grundsätzlich zwischen zwei Bauweisen: jenen mit Massivholzplatten und jenen in der Holzleichtbauweise. Der Aufbau der Holzleichtbauweise ist komplexer als jener einer Ziegelwand oder einer massiven Holzplatte. Daher ist die Gefahr einer Luftundichtheit und somit von Kondensationswasserschäden höher. Jeder Laufmeter Klebenaht, jede Rohrdurchdringung, jede Steckdose enthält das Risiko von bauschädlichen Leckagen. Gerade deswegen ist es interessant festzustellen, dass im Holzleichtbau weniger Schadensfälle auftreten als beim Ziegelmassivhaus. Wie kann das sein?

Meiner Erfahrung nach liegt es daran, dass Zimmerleute die hohen Anforderungen an die Luftdichtheit seit 20 Jahren gewohnt sind, während Baufirmen erst seit wenigen Jahren damit konfrontiert sind. „Das ist ja kein Passivhaus, da brauchen wir das nicht", ist die ständige falsche Antwort von Baufirmen nach aufgetretenem Schaden. Das gilt auch für Elektriker und Installateure. Wenn diese Handwerker eine dünne Folie vor der Nase haben, die als Dampfbremse fungieren muss, wissen sie auch ohne besonderen Hinweis, dass sie sorgfältig damit umgehen müssen. Dagegen hämmern und schneiden sie allesamt bei einer Ziegelwand unbedacht drauf los.

Holz – Grundlagen

Vollholz ist ein lebendiger Baustoff mit „Wohlfühlgarantie", die Massivholzwand liefert sich, was die Qualität betrifft, mit der Massivziegelwand ein Kopf-an-Kopf-Rennen.

Wie immer spielt Feuchtigkeit eine große Rolle, denn Holz verändert die Form, während es trocknet. Das Quellen und Schwinden innerhalb des normalen Feuchtigkeitsbereiches wird auch als „Arbeiten des Holzes" bezeichnet. Der Nachteil beim Werkstoff Holz ist zeitgleich der große Vorteil. Unbehandeltes Holz ist ein hygroskopischer Werkstoff, es kann Feuchtigkeit aus der Raumluft aufnehmen und bei trockenem Raumklima wieder abgeben.

Wer hat nicht schon sein zerklüftetes Holz-Schneidebrett in der Küche gegen eines aus Kunststoff getauscht, in der Meinung, das sei hygienischer? Aber genau das Gegenteil ist der Fall, bestimmte Holzarten wie zum Beispiel Eiche oder Kiefer wirken durch ihre Gerb- und Harzsäuren antibakteriell. Und allen Holzarten ist gemeinsam, dass sie Feuchtigkeit aufsaugen und damit ein Absterben von Keimen durch Feuchtigkeitsentzug bewirken. Beim Kunststoff-Schneidbrett dagegen entstehen tiefe Schnittfurchen, in denen sich die Keime festhalten, hier wirkt jedoch nichts antiseptisch.

Holz im Wandsystem puffert Feuchtespitzen und wirkt positiv klimaregulierend. Besonders bei schlecht gedämmten Bade-, Werkzeug- und Gerätehütten hält Holz gegen mikrobiellen Befall am längsten aus. Vorausgesetzt, es wird nicht schon vorbelastet und vor allem nicht nass eingebaut. Viele der Schadensfälle mit holzzerstörenden Pilzen haben ihren Ursprung in schon vorbelasteten, feucht eingebauten Holzteilen. Kein Wunder: Man muss sich nur einmal auf Baustellen anschauen, wie stapelweise Bretter ohne Witterungsschutz herumliegen.

Holz arbeitet

Die Grundlage für gutes Bauen mit Holz besteht darin zu wissen, wie sehr Holz seine Form verändert, wenn es trocknet. Um die Auswirkungen der Dimensionsänderungen beherrschbar zu machen, sollte Holz mit der späteren Ausgleichsfeuchte eingebaut werden, also mit dem Wassergehalt, der im eingebauten Zustand am Einbauort zu erwarten ist. Oder anders formuliert: Wer ein zehn Meter langes Holz mit 24 Masseprozent Wasser in ein Haus einbaut, darf sich nicht wundern, wenn es durch die Längenminderung beim Trocknungsvorgang auf zwölf bis 15 Prozent Ausgleichsfeuchte zu Schäden kommt. Beispielsweise stellt sich bei 20 °C Raumtemperatur und 50 Prozent relativer Luftfeuchte eine Ausgleichsfeuchte von 9,2 Prozent ein. Eingebaut wird oft mit 15 bis 20 Prozent!

Eine wichtige Maßeinheit in diesem Zusammenhang lautet „Masseprozent“. Dazu ein Beispiel zu fällfrischem Holz: Wenn einer 100-Gramm-Probe noch 50 Gramm Wasser entzogen werden, nennt man den trockenen Zustand „darrtrocken“. 50 von 100 Gramm Wasser beschreibt ein Verhältnis 1:1. Somit beträgt der Wassergehalt bei dieser Probe 100 Prozent der Masse.

Hier finden Sie eine Auflistung der Ausgleichs- oder Gleichgewichtsfeuchten verschiedener Baustoffe:

- Fällfrisches Holz (Splintholz feuchter als Kernholz): > 100 Masseprozent
- Dachstuhlkonstruktion, direkt beregnet (= Gefahr von Pilzschäden): 20 bis 30 Masseprozent
- Frei bewitterte, aber überdachte Holz-Stuhlsäule für Vordach: 18 Masseprozent

- Dachstuhlholz, nicht ausgebaut, luftumspült: 15 Masseprozent
- Holzfußboden im beheiztem Innenraum: 8 bis 12 Masseprozent
- Porenbeton: 3,5 Masseprozent
- Zementestrich: 1,5 bis 2,5 Masseprozent (CM-Messung in Prozent 0,7 bis 1,5)
- Calciumsulfatestrich: 0,5 bis 0,7 Masseprozent / 2,0 bis 2,2 Vol.-Prozent (CM-Messung 0,4 bis 0,7)
- Ziegel: 0,7 bis 1,5 Prozent Vol.-Prozent
- Beton: 1,4 bis 2,2 Masseprozent

Neben dem massebezogenen Feuchtegehalt beschreibt der volumenbezogene das Verhältnis des Volumens des in der Probe enthaltenen Wassers zum Trockenvolumen der Probe.

Abgesehen von feuchtebedingten Formänderungen ist es wichtig, nur gut sortiertes Holz zu verwenden. Es gibt viele „Strukturstörungen", die einen Einfluss auf die spätere Bauqualität haben:

- Astigkeit inklusive Faserabweichungen im Astbereich
- Jahresringstruktur und Position
- biologische Schädlinge
- mechanische Schäden
- Verformungen, Wuchs
- Deformationen und Verdrehungen

Um eine gute Qualität sicherzustellen, sollte Kantholz KVH®, also Konstruktionsvollholz, mit oder ohne Keilzinkenverbindung gewählt werden. Unter dieser geschützten Marke (Überwachungsgemeinschaft Konstruktionsvollholz e.V.) wird vorsortiertes Holz verarbeitet und auf 15 Masseprozent (+/-3 Prozent) heruntergetrocknet. KVH® gibt es in den Dimensionen zwischen 60/160 x 100/240 Millimeter.

Massivholzplatte

Das ist die Königsklasse im Holzhausbau und das gleichwertige Gegenstück zur oben beschriebenen Ziegelwand. Sie kann das Klima gut regulieren, erreicht beste Schallschutzwerte und lässt die sommerliche Hitze lange nicht durch. Eine vollflächige Brettschichtholz- bzw. Brettstapelplatte besteht aus miteinander verbundenen und vorsortierten Holzdielen, Brettern oder Lamellen. Festigkeitsreduzierende Merkmale von Vollholz wie Wachstumsfehler werden in der Produktion entfernt oder gleichmäßig verteilt. Dadurch haben diese Massivholzplatten größere Festigkeiten und Steifigkeiten als vergleichbares Vollholz. Das wirkt sich auch positiv auf die Erdbebensicherheit aus. Massivholzplatten sind wasserdampfdurchlässig und wärmespeichernd.

ACHTUNG BEI ÖKO-LABELS

Oft werden auch in Öko-Produkten Bindemittel aus Polyurethan-Klebern, kurz: PUR-Kleber, eingesetzt. Diese werden aus Isocyanaten hergestellt; das sind Gefahrenstoffe, die teilweise krebserregend sind. Blindes Vertrauen ist demnach auch hier nicht zu empfehlen, vor allem weil auch Öko-Labels wirtschaftlichen Anforderungen genügen und Geld verdienen müssen. Mit dem Hersteller einer echten Öko-Wand, wo einzelne Holzplattenlagen wiederum mit Holz- oder Rillennägeln absolut leimfrei verbunden werden, lässt sich keine Zertifizierungsstelle am Leben erhalten. Deshalb werden Begriffe wie „formaldehydfrei" erfunden, die dem Verbraucher vorgaukeln, dass das Produkt kein FDH enthalte. Richtig müsste es „formaldehydarm" heißen, denn von „frei" kann oft keine Rede sein. Wer es durch und durch Öko haben will, greift auf Vollholz zurück, das in kreuzweise versetzten Lagen leimfrei miteinander vernagelt wird. Wer „metallfrei" bauen will, greift zu „leim- und metallfreien Vollholz-Elementen". Persönlich gehe ich davon aus, dass speziell in Verbindung mit einer Wohnraumlüftung eine bei heutigen Platten ohnehin schon geringe Belastung in Kauf genommen werden kann. Die technische Lüftung garantiert ja eine permanente Frischluftzu- und Schadstoffabfuhr. Die völlig leim- und metallfreie Holzwand muss daher nicht als einzige Lösung empfohlen werden.

Bei Massivholzwänden (und Massivdeckenelementen) unterscheiden wir zwischen verleimten und unverleimten Systemen.

Bei den verleimten Systemen werden beispielsweise kreuzweise übereinander gestapelte Fichtenlamellen zu großformatigen Massivholzelementen verleimt. Die Verleimung erfolgt mit einem Klebstoffanteil von rund ein Prozent. Das klingt wenig, ist aber sicher nicht ganz schadstofffrei. Zur Anwendung kommen Drei- und Fünf-Schichtplatten. Aus Brandschutzgründen und teilweise auch aus statischen Gründen sollten vorzugsweise Fünf-Schichtplatten verwendet werden. Diese sind gegenüber üblichen Drei-Schichtplatten in jede Richtung verlegefähig. Holz ist parallel zur Holzfaser wesentlich geringer belastbar als quer dazu. Bei drei verleimten sind immer nur zwei Schichten voll belastbar. Vor allem bei auskragenden (vorstehenden) Platten, die zum Beispiel eine Galerie bilden sollen, muss man schon darauf achten, wie die mittlere Schicht zu liegen kommt.

Holz ist ein hervorragender Dämmstoff und erfüllt auch alle Anforderungen an den sommerlichen Hitzeschutz. Im Gegensatz zum Hochlochziegelmauerwerk ist das Wandsystem sofort nach Aufstellung wind- und luftdicht, vorausgesetzt, die Stoßfugen wurden dauerhaft dicht verklebt. Bei leimfreien Natur-Massivholzplatten muss geprüft werden, ob eine „luftdichte Ebene" zusätzlich angebracht oder ob nur der jeweilige Stoßfugenbereich luftdicht verklebt werden muss.

Oberflächen

Wer die Holzoptik liebt, bestellt Platten in Sichtholzqualität. Das funktioniert für die Raumseite, aber nicht für die Außenfassade, hier brauchen Sie einen zuverlässigen Witterungsschutz, und in der Regel sind auch eine Zusatzdämmung und eine Fassadenverkleidung als Wetterschutz erforderlich. Für die Außendämmung empfehle ich die Capatect-Hanffaser-Dämmplatte, Holzfaserdämmstoff oder Steinwolle. Günstigere Polystyrol-Dämmstoffe als Außenwanddämmung werden das Raumklima zwar kaum negativ beeinflussen, aber das Material ist temperatur- und risseanfällig, dazu leicht und kann daher auch keine winterliche Sonnenwärme speichern.

Raumseitig sind die jeweiligen Brandschutzvorschriften zu beachten. Wenn eine Massivholzplatte vorhanden ist, sollte darüber hinaus keine Brandschutzbekleidung notwendig sein. Holz „verkohlt" an der Oberfläche, es fehlt der Sauerstoff zum Verbrennen. Wer eine andere Optik haben möchte, kann auch aus vielen Putztechniken wählen. Verputzte Wandoberflächen sind mit Putzträgerplatten problemlos herstellbar, beispielsweise mit Heraklit-Platten oder den beschriebenen Naturdämmstoffen. Ich rate aber zu feinkörnigen Putzen mit maximal einem Millimeter Korngröße. Grobe Innenputze können grobe Hautverletzungen mit sich bringen.

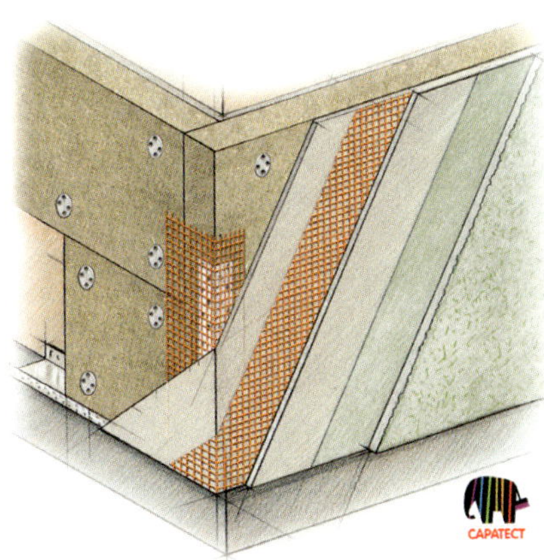

Abb. 77: Hanfdämmplatten sind die Alleskönner unter den Wärmedämmverbundsystemen. Quelle: Capatect.at

Baupraktische Vorteile der Massivholzplatte sind:

- schlanker Konstruktionsaufbau, hohe Tragfähigkeit
- große Spannweiten
- Platten sind luftdicht, nur die Stöße müssen dicht ausgeführt werden, in der Regel folienfrei!
- Öko-Bonus, Co_2-neutral
- maximaler Vorfertigungsgrad = kurze Bauzeiten
- keine Trocknungszeiten
- Trockenbau, problemlose Winterbaustelle
- problemlos nachträgliche Öffnungen herstellbar

Weiterführende Informationen und Anbieter:
www.bauherrenhilfe.org/fachbuch_massivholz

Der Holzleichtbau oder die Holzständerbauweise

Die gebräuchlichste Bauweise bei Häusern vom Zimmermann oder Fertighausanbieter ist die Holzständerbauweise. Hier unterscheiden wir zwischen dem Holzrahmen- und dem Holzriegelbau.

Bei der Holzrahmenbauweise werden Holzrahmen gebaut (oder vorgefertigt) und miteinander verschraubt und verbunden. Außen wird eine Platte auf den Rahmen geschraubt, dadurch wird der Rahmen „schubsteif", er kann sich also nicht mehr in der Diagonale verschieben. Bei der Holzriegelbauweise werden zusätzlich diagonale Verstrebungen angeschraubt, sodass der Rahmen allein schon schubsteif wird. Die Holzständerbauweise lässt der Qualität den größten Spielraum hinsichtlich Fassade,

Abb. 78: Holzriegelwand in der Fertigungsstraße von ELK. Quelle: Elk.at

Dämmung, Dampfbremse und Innenoberflächen – alles ist möglich. Daher wird dieses Wandsystem auch überwiegend in der Fertigbauweise eingesetzt, von billig bis hochwertig, alles ist hier möglich.

Holzständerwand, untere Preisklasse

Beim Immobilien-Ankaufstest treffe ich immer wieder einmal auf 35 Jahre alte Fertighäuser dieser Art, die die Jahre schadensfrei überstanden haben (und immer noch gekauft werden können). Ein Fertighaus von einem renommierten Anbieter kann also auch in der Billigliga durchaus zum Kauf empfohlen werden. Hohe Ansprüche an biologische Baustoffe und das Raumklima sollte man aber nicht stellen.

Wenn Sie kein Fertighaus kaufen, sondern ein Haus in Leichtbauweise errichten lassen wollen, gibt es doch einige Elemente, durch die man mit ein bisschen mehr Investition sehr viel mehr an Lebensqualität erwirbt. Deshalb sehen wir uns die günstige Variante einer Holzleichtbauwand genauer an, von außen beginnend:

1) Silikonharzputz

Besonders Fertighaushersteller verwenden gerne Silikonharzputz, weil er sehr flexibel und rissüberbrückend ist. Bei der Beanspruchung, die die Wände vom Werk bis zur Baustelle überstehen müssen, ist das eine für den Hersteller logische Entscheidung. Aber besser für die Bewohner ist es allemal, den Oberputz vor Ort anzubringen und dabei Silikatputze zu verwenden.

2) Wärmedämmverbundsystem mit Styroporplatten

Styroporplatten unterliegen je nach Qualität einer Schrumpfung und zudem einer sehr hohen temperaturbedingten Längenänderung. Es kommt auch vor, dass sie nicht sauber verlegt werden. In beiden Fällen entstehen Dämmplattenfugen, durch die teure Wärme und die Langzeithaltbarkeit verloren gehen. Ein Faserdämmstoff weist diese Ungenauigkeiten nicht auf. Außerdem ist ein „schwerer" Dämmstoff aufgrund der Möglichkeit der Speicherung der winterlichen Sonnenwärme zu bevorzugen.

3) Holzwerkstoffplatte auf Ständerwand verschraubt

Hier handelt es sich um jene Holzplatten, die man auf die Rahmen schraubt, um Winddichtheit und Schubsteife zu erhalten. Das sind vorgefertigte, geleimte Holzplatten, von denen es eine große Bandbreite an Produkten gibt. Viele werden mit PUR-Klebstoffen sowie Klebstoffen auf Basis von Formaldehyd oder

Isocyanaten erzeugt. Diese sollten Sie vermeiden. Ich empfehle OSB-Platten (Grobspanplatten), Drei-Schichtplatten oder zementgebundene Spanplatten.

4) Die eigentliche Holzständerwand

Das ist das Tragewerk mit der Mineralfaserdämmung dazwischen.

5) Dampfbremse mit PE-Folie (Polyethylen-Folie)

PE-Folien sind noch als Dampfbremse zulässig, aus meiner Sicht aber untauglich. Sie lassen sich de facto kaum fehlerfrei verkleben. Die „Oberflächenenergie" (eine wichtige Kennzahl, die in nahezu allen technischen Beschreibungen fehlt) ist bei PE-Folien sehr gering, zudem fehlt ein fester Untergrund, um ein Klebeband sicher andrücken zu können. Daher bitte: auf Polyethylen-Folien verzichten.

6) Gipsplatte verspachtelt

Leider wird oft die Gipsplatte direkt auf der Dampfbremse befestigt. Eine Installationsebene fehlt, wodurch es den nächsten Handwerkern (Elektriker, Installateur) kaum möglich ist, die Dampfbremse unbeschädigt zu lassen. Auch jedes später aufgehängte Bild oder Regal wird die Dampfbremse durchbohren.

Abb. 79 oben: Die Trockenbauwand durchbricht die spätere Dampfbrems- und Dämmlage unzulässig. Es entsteht eine bauschädliche Wärmebrücke.
Abb. 80 rechts: So geht das richtig: Trockenbauwand mit Dampfbremsstreifen für späteren Anschluss außerhalb der Dämmebene.

7) Dispersionsfarbe

Man könnte meinen, es sei nun schon egal, ob man die Innenoberfläche mit Kunstharzfarben versiegelt oder nicht. Liegt doch kurz danach sowieso bereits die Dampfbremsfolie. Aber das stimmt nicht ganz: Schon die Gipsplatten haben positive feuchtepuffernde Eigenschaften. Warum diese also nicht nutzen? Wenn Sie „offene" Farben verwenden, kann auch der Gips seine positive Eigenschaft entfalten.

Holzständerwand, obere Preisklasse

Mit „oberer Preisklasse" meine ich hier nicht unbedingt den Verkaufspreis des Anbieters, sondern den theoretisch teureren Aufbau aufgrund der verwendeten Bauweise und Materialien. Diese Mehrkosten können speziell bei hinterlüfteten Fassadensystemen beträchtlich sein. Wärmedämmverbundsysteme werden nicht angeboten, weil sie so gut, sondern weil sie so günstig sind. Der ideale Wandaufbau, wieder von außen nach innen beginnend, diesmal aber mit zwei Varianten:

1 bis 2) Fassade Variante 1: Ein hinterlüftetes Fassadensystem mit vorgesetzten Fassadenplatten (beispielsweise Eternit)

Bauphysikalisch ist es vorteilhaft, die der Witterung ausgesetzte Fassadenoberfläche vom Untergrund abzukoppeln. Das wirkt sich positiv auf den oben beschriebenen TAD-Wert aus. Die Hitze der Sonne erwärmt zwar die vordere Fassadenplatte, aber die ist vom Wandsystem entkoppelt. Dahinter ist nun ein Luftspalt, der diese Wärme wie auch den Wasserdampf aus der Raumluft und Schadwasser schadensfrei abführen kann. Früher waren diese Fassadensysteme

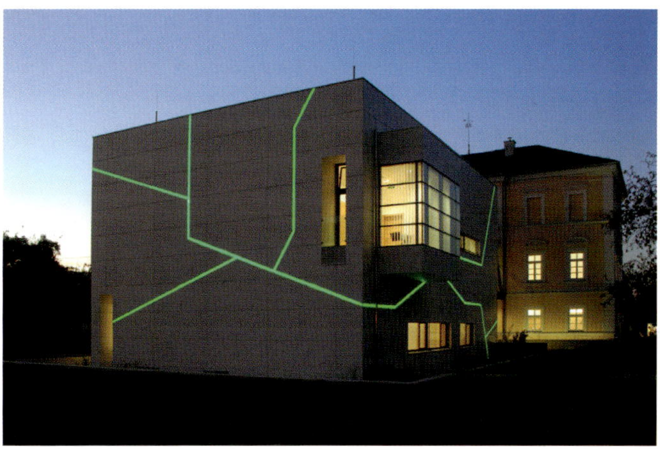

Abb. 81: Bautechnik kann auch verspielt sein, mit LEDs leuchtet das Haus in wahlweise bunten Farben. Quelle: Eternit.at

vor allem als „Eternitfassaden“ bekannt. Eternitfassaden gibt es auch heute noch mit moderneren Oberflächen, aber auch Metallfassaden aus Titanzinkblechen erhöhen die Haltbarkeit und geben dem Haus eine moderne Optik. Holzfassaden aus witterungsbeständigem Holz sind ebenfalls empfehlenswert. Eine Grundregel gilt es zu berücksichtigen: Je weniger dicht die Fassadenverkleidung ist, desto genauer muss die Unterkonstruktion wetterfest ausgeführt werden. Im Vergleich zu Eternit- und Metallfassaden regnet es bei Holzfassaden öfter einmal durch. Achten Sie daher auf die Planung und Ausführung der dahinterliegenden Unterkonstruktion. Prüfen Sie, bevor verkleidet wird!

1 bis 2) Fassade Variante 2: Verputztes Wärmedämmverbundsystem (WDVS)

Die gängigere und sicher günstigere Variante stellt das WDVS dar. Hier ist einfach eine Dämmplatte vollflächig auf die Holzwerkstoffplatten-Unterkonstruktion zu kleben, zu verschrauben und darauf ein Putzsystem aufzubringen. Schwerere Hanffaserdämmplatten (Capatect) oder Holzweichfaserdämmplatten (Gutex.de) mit Silikatputz behindern den Wasserdampfdurchgang kaum. Aufgrund der Wärmespeicherung bleibt eine Algenbildung am Putz aus. Ausgenommen die Fassade ist nordseitig direkt an einem Waldrand mit Bachlauf gelegen, dann hat die Sonne keinen Einfluss und eine Algenbildung kann auch beim mineralischen Putz nicht ausgeschlossen werden.

3) Unterbau: Holzwerkstoffplatte, diffusionsoffen auf die Holzständerwand

4) Die eigentliche Holzständerwand, dazwischen Hanf,- Stroh- oder Holzweichfaserdämmung

5) Dampfbremse: OSB-Plattenlage (statt Folien), die Stöße gut verklebt *plus* Unterkonstruktion: fünf Zentimeter Installationsebene, dazwischen mit Holzweichfaserplatten gedämmt

6 bis 7) Innenwand Variante 1: Gipsplatte verspachtelt und mineralisch gemalt

6 bis 7) Innenwand Variante 2: Putzträgerplatte aus Holzweichfaser, mineralisch verputzt

Das Blockhaus, Blockbohlenbauweise

Die Blockbauweise ist den heutigen Anforderungen nur mehr bedingt gewachsen. Sie ist nur möglich, wenn hohe handwerkliche Qualität bezahlt werden kann, doch auch in diesem Fall muss der Häuslbauer später noch mit Setzungen rechnen. Zudem muss wie beim Holzleichtbau raumseitig eine strömungsdichte Ebene (Dampfbremse) und außen eine den Wärmeschutzvorgaben entsprechende Dämmung angebracht werden. Mit einem urigen Blockhaus hat das nichts mehr zu tun. Ich empfehle daher, diese Bauweise nur für Garten- oder Fischerhütten als untergeordnete Bauwerke und nicht zur ganzjährigen Nutzung.

Andere Wandsysteme

Es gibt noch viele andere Wandsysteme, beispielsweise die doppelschalige Ziegelwand mit Kerndämmung oder als Baustoff die Kalksandsteinwand. Einige sind in unseren Breiten nicht gebräuchlich und alle kommen mit ihren Eigenschaften nicht an meine Favoriten heran: die beidseitig verputzte Ziegelmassivwand und die Holzmassivwand mit hinterlüfteter Fassadenverkleidung.

Bitte nicht: Polystyrolschalsteine

Es gibt aber auch Wandsysteme, von denen ich konkret abrate, solche sind beispielsweise Schalsteine zum Ausbetonieren aus Polystyroldämmstoffen. Derartige Wandsysteme werden dem Häuslbauer auf Messen gerne zum „Selberbauen" empfohlen, obwohl die Zulassungsrichtlinien eindeutig „Fachpersonal" vorschreiben! Schlussendlich sind derartige Steine als „verlorene Schalung" für das entstandene Betonbauwerk zu bewerten.

Weiterführende Informationen und Anbieter:
www.bauherrenhilfe.org/fachbuch_fassaden

Farben und Putze

Das Raumklima wird vorwiegend von den ersten zwei Zentimetern Innenwandoberfläche beeinflusst, also vom Putz und der Malerei.

Malerfarben auf mineralischer Basis

Zu den Mineralfarben werden Silikat- und Kalkfarben gezählt. Reine Silikatfarben bestehen aus Kaliwasserglas, anorganischen Pigmenten und Füllstoffen. Reine Silikatfarben binden nur mit mineralischen und saugfähigen Untergründen ab. Abbinden bedeutet „trocknen", wobei die Farbpigmente sich miteinander und dem Untergrund verbinden.

Mineralische Farben dürfen maximal fünf Masseprozent organische Bestandteile aufweisen. Bei einem höheren Anteil geht die dampfdiffusionsoffene Wirkung verloren, es handelt sich dann um eine Dispersionsfarbe.

Achtung Etikettenschwindel: Für Kalkfarben bestehen keine normativen Beschränkungen hinsichtlich des Kunststoffgehalts. Was Sie im Baumarkt als „Bio-Kalkfarbe" kaufen, hat mit Kalkfarbe manchmal wenig zu tun.

Malerfarben auf Kunstharzbasis

Diese werden gemeinhin Dispersionsfarbe genannt. Hierbei handelt es sich um organische Farben. Lassen Sie sich von dem netten Wörtchen „organisch" nicht in die Irre führen. Das hat nichts mit „biologisch" oder „gesund" zu tun, wonach es vielleicht klingt. Es ist lediglich die branchenübliche Bezeichnung für Farben mit Kohlenwasserstoffen, also Kunstharzen, oder plumper gesagt: Plastik.

Je höher der Anteil an organischen Bestandteilen, desto schlechter werden die oben geforderten Eigenschaften der Klimaregulierung, schlimmer noch: Schadstoffe werden in den Raum abgegeben. Was als praktisch verkauft wird, nämlich als „abwaschbare Farbe", verliert jede Pufferwirkung. Außerdem bindet die Mehrheit der „bösen" organischen Farben physikalisch, also durch „Kleben", ab. Das schafft Probleme bei Sanierungsanstrichen, denn die Farben vertragen sich untereinander schwer. Verzichten Sie jedenfalls auf Anti-Schimmel-Farben bzw. fungizide Zusätze für beispielsweise Feuchtraumfarben. Die fungiziden Zusätze belasten Umwelt und Wohlbefinden und bleiben auch nicht lange in der Farbe. So etwas brauchen Mineralfarben, also anorganische Farben, nicht.

Da Dispersionsfarben selbst Schadstoffe in die Innenräume bringen, kann von einer Schadstofffilterung keine Rede sein. Findige Geschäftsleute steuern gegen und verkaufen ionisierende Wandfarben nun auch über Apotheken(!). Der Gedanke ist gut, auf die Dispersionsfarbe wird eine luftverbessernde Schichte aufgebracht. Nur hätten wir das nicht gebraucht. Kalkputze leisten das sowieso und sind obendrein positiv wasserhaushaltend, was die ionisierende Wandfarbe nicht ist.

Putze

Die Basis für mineralische Farben sind natürlich mineralische Putze. Ich empfehle folgende Putze in der nachstehenden Reihenfolge:

1. Kalkzementputze
2. Lehm- und Tonputze (nicht dort, wo Spritzwasser auftreten kann, und nicht im Keller)
3. Innenputze auf mineralischer Basis
4. Gipskalkputze bei Betondecken
5. Gipsschachtelmassen bei Gipsplattenverkleidungen

Abb. 82: Putze sind die Zierde des Hauses. Quelle: Capatect.at

Auch bei den Bindemitteln für Putze unterscheidet man zwischen anorganischen, mineralischen und organischen.

Zu den „bösen" organischen Bindemitteln zählen Naturharze wie auch synthetische Kunstharze, weil sie beide Kohlenwasserstoffe enthalten. Bei den „guten" anorganischen, mineralischen Putzen dienen Kalk und Quarz als Basis für die Bindemittel. Die Untergründe müssen daher auch mineralischer Natur sein: also Stein, Beton oder Ziegel. Früher wurden durchwegs dicke Putzschichten aufgebracht, diese konnten mit größeren Wassermengen – so etwa feuchten Altbaumauern – gut umgehen, Frostschäden waren eher selten. Heutige Dünnputze schaffen das nicht mehr, weswegen Hinternässungen (kleine Risse, Undichtheiten) regelmäßig Frostschäden verursachen. Deswegen werden Putze und Anstriche durch chemische Zusätze wasserabweisend (hydrophob) gemacht.

Wände in Trockenbauweise

Trockenbauweise bedeutet, es wird auf Putz, Beton und Mörtel verzichtet, also auf all jene Materialien, mit denen man hunderte Liter Wasser ins Haus bringt und die erst trocknen müssen. Stattdessen werden die Wände mit festen, oft im Werk vorgearbeiteten Elementen gebaut. Das können die schon besprochenen Holzständerwände, aber auch Metallständerwände sein. Deren Aufbau ist im

Prinzip ähnlich, nur gibt es statt der Holzwand ein Metallskelett. Verkleidet wird mit Gipsplatten anstelle eines Wandverputzes. Kleber, Spachtelgips und Wandfarbe sind also die einzigen Elemente, die an Ort und Stelle trocknen müssen.

Die Vorteile von Wänden in Trockenbauweise sind:

- Sie sind kostengünstig und schneller errichtet;
- die Wände lassen sich leichter abbauen oder umbauen;
- sie sind flexibler, was die Leitungen und Installationen betrifft.

Die Nachteile von Wänden in Trockenbauweise sind:

- Die Wände haben eine begrenzte Tragfähigkeit für angehängte Lasten, im Einzelfall ist daher eine Verstärkung notwendig,
- das Haus wird „hellhöriger", eventuell braucht man eine zusätzliche Schallschutzschicht.

Gipsplatten

Bei den Gipsplatten für die Verkleidung gibt es zwei Grundsorten: die Gipsfaserplatte und die Gipskartonplatte. Die Gipsfaserplatte ist universell einsetzbar, massiv und feuchtebeständig und liefert einen ganz guten Schallschutz. Dafür ist sie auch etwas teurer und aufwändiger im Einbau. Im Gegensatz dazu ist die Gipskartonplatte zwar günstiger und einfacher einzubauen, sie bietet aber auch weniger Stabilität, Schall- und Feuchteschutz.

Gipsbauteile sind anfällig für Risse. In Bauverträgen wird oft versucht, Risse schon im Vorfeld aus der Gewährleistung zu nehmen. „Risse sind normal und nicht als Mangel zu sehen ...", heißt es dann. Oder noch fantasievoller wird eine potenzielle Rissstelle vorbeugend als Wartungsfuge bezeichnet. Natürlich ist das bautechnischer Unsinn und gegenüber Endverbrauchern wohl auch sittenwidrig. In nahezu allen Fällen sind derartige Rissbilder das Ergebnis der Praxis der Billigstbietervergabe sowie fehlerhafter Ausführungen.

Gipsplatten dehnen sich bei Wärme schnell einmal um zwei bis drei Millimeter aus, dazu kommt ein starkes Quellverhalten bei Feuchtigkeit. Daher gilt: Gipsbauteile sind von anderen Bauteilen zu trennen, und man muss Dehnungsfugen und Bewegungen aus materialbedingtem Schwinden und Kriechen berücksichtigen. Der Trockenbau ist ein fast kunstvolles Handwerk mit leider zu wenig Künstlern und noch weniger Handwerkern. Gerade auf der Billigstbieter-Baustelle trifft man gute Handwerker allzu selten, weshalb unschöne Risse den Wohnalltag fast immer begleiten.

Hier einige Tipps zur Rissvermeidung:

- ➜ Verspachteln Sie erst bei relativen Luftfeuchten unter 70 Prozent.
- ➜ Verspachteln Sie erst, nachdem die Wand- und Deckenelemente fertig aufgestellt wurden (um so Schäden durch Erschütterungen zu vermeiden).
- ➜ Es soll eine Raumtemperatur von mindestens 5° C vorherrschen.
- ➜ Nassputze und Estriche müssen vor den Spachtelarbeiten ausgeführt werden.
- ➜ Spachtelkanten und Oberflächen vor Spachteln müssen von Baustaub befreit werden.
- ➜ Spachtelkanten müssen mit einem feuchten Schwamm gereinigt werden.
- ➜ Vor einer zweiten Spachtelung muss die erste ausgetrocknet sein.

Malerei und Oberflächen

Allzu oft beanstanden Häuslbauer die „unschönen" Oberflächen ihrer Gipsplattenwände. Sie vermuten hinter unregelmäßigen, hässlichen Spachtel- und Malerarbeiten Schlamperei und Pfusch, aber oft zu Unrecht. Die baurechtlichen Normen und Richtlinien kennen vier Oberflächenqualitäten:

Stufe 1 – Fugenverschluss – technisch notwendig

Bei dieser Stufe der Verspachtelung kommt es nur zum Fugenverschluss. Die Oberfläche muss frei von überschüssigem Spachtelmaterial sein, Werkzeugspuren, Riefen und Grate sind zulässig. Diese Stufe sollten Sie vereinbaren, wenn Fliesen oder sonstige Verkleidungen angebracht werden. Da macht es keinen Sinn, mehr Sorgfalt zu bezahlen.

Stufe 2 – Standardoberfläche ohne besondere Anforderungen

Die Fugen der Gipsplatten sind bündig zu schließen, und mit einem weiteren Arbeitsgang ist ein sauberer Übergang zur Plattenoberfläche zu schaffen. Alle Befestigungsmittel sind in mindestens zwei Arbeitsschritten zu überspachteln. Die Flächen müssen frei von Spachtelabdrücken und Graten sein, weshalb meist geschliffen werden muss.

Stufe 3 – Vollflächige Verspachtelung

Im Gegensatz zur Stufe 2 ist hier die gesamte Fläche fein zu verspachteln. Wie bei Stufe 2 müssen auch hier alle Flächen frei von Spachtelabdrücken und Graten sein. Geschliffen wird die gesamte Fläche mitsamt Fugen.

Stufe 4 – Vollflächige Beschichtung

Die gesamte Fläche wird in einem oder mehreren Arbeitsgängen in einer Schichtstärke von mindestens zwei Millimetern beschichtet und verspachtelt.

Wenn Sie nicht extra etwas anderes bestellt haben, dürfen Sie nur die Stufe 2 erwarten, aber diese reicht Ihnen für einen Wohnraum vermutlich nicht. Sobald Sie zum Beispiel Deckenfluter, die nach oben leuchten, oder Wandlampen mit Streiflicht montieren, holt das Licht jede kleinste Unebenheit hervor.

Wandsysteme Top-Empfehlung

Abschließend finden Sie meine Bauempfehlungen kurz zusammengefasst. Zu bedenken gilt auch hier, dass jedes Gebäude individuell zu betrachten ist – daher führen viele Wege zum 100-Jahre-Problemloshaus.

- Variante 1: 49 bis 50 Zentimeter Ziegelmassivwand mit integrierter Steinwolledämmung und Dünnbettlagerfugen mit Glasvliesbewehrung. Außenputz: Kalkzement, drei Zentimeter Leichtputzmörtel mit leichten Gesteinskörnungen und Flächenbewehrung. Innenputz: Kalkzementputz mit Kalkputz geglättet. Passivbauweise!
- Variante 2: Holzmassivplattenwand- und Deckensystem, mit außen hinterlüftetem Fassadensystem und Titanzink-Metallverkleidung, Dämmung Hanffaserplatte (Capatect), Holzfaser, innen Sichtholzqualität unbehandelt. Passivbauweise!

Aber wie oben bereits beschrieben, ist auch die Holzständerbauweise mit einem Gipsplattensystem aufgrund der Wirtschaftlichkeit in Ordnung, vorausgesetzt, es wird fachgerecht gearbeitet. Bleiben Sie raumseitig aber unbedingt mineralisch-ökologisch supergesund!

Kapitel 6

Wer hinaufschaut, ist selber schuld - die Decke

Es gibt viele unterschiedlichen Arten, gute Decken zu bauen. Ich kann keine konkret empfehlen, schließlich hängt es davon ab, wie Ihr Haus beschaffen ist. Niemand würde zum Beispiel eine Betondecke für ein Holzhaus wählen. Für ein Holzständerbauwerk bieten sich die Holzbalken-, aber auch die Massivholzplattendecke an, für ein Holzmassivhaus genauso. Wer mit Ziegel baut, sollte sich eine Ziegeldecke überlegen, und wer besonders hohe statische und architektonische Anforderungen hat, lässt sich eine aufwändige Stahlbetondecke einbauen. Alle Systeme haben eine Anforderung gemeinsam: Sie benötigen eine gute Planung und eine fach- und herstellergerechte Ausführung.

Decken aus Holz

Vollholz ist ein lebendiger Baustoff mit vielen Vorteilen. Der einzige Nachteil aus der Sicht mancher Bewohner mag sein, dass sich Geräusche wie Knacken und Knarren nie ganz ausschließen lassen. Für einen besseren Schallschutz empfehlen sich biegesteife Schichten wie ein Nassestrich über einer Trittschalldämmung. Ein optimierter Aufbau würde sich dann in etwa so gestalten:

- Holzbalken- oder Massivholzdecke
- Unterkonstruktion aus Holzwerkstoffplatten (bei Massivholzdecke nicht nötig)
- Allenfalls eine Installationsebene für Wasser- und Abflussrohre sowie Elektroleitungen
- Systemaufbau zur Fußbodenheizung mit Dämmlage unterseitig
- Nassestrich aus Zement oder Calciumsulfat mit zumindest 4,5 Zentimeter Estrich über der Oberkante Heizleitung
- Fliesen oder sonstiger Belag

Holzbalkendecke

Eine Holzbalkendecke besteht aus Kanthölzern einer bestimmten Dimension, die in einem nach statischen Erfordernissen berechneten Abstand in der Wand befestigt werden. Beispielsweise wird ein Holzbalken mit 20 x 12 Zentimetern Dicke für eine drei Meter breite Fußbodenkonstruktion ausreichen. Um ein sechs Meter langes Wohnzimmer zu überspannen, müssen entweder die Dimension erhöht oder/und der Verlegeabstand von zum Beispiel 50 auf 20 Zentimeter reduziert werden. Holzbalkendecken können in jeder Hausart schnell und einfach und vor allem trocken verlegt werden. Holzbalken sind aufgrund der zwischen den Balken verlegten Dämmung auch perfekt als Flachdachkonstruktion geeignet. Die Dachsparren im Steildach sind prinzipiell auch nichts anderes als Holzbalken. Wie schon in Kapitel 5 beschrieben, wird die Verwendung von Kantholz KVH®, also von Konstruktionsvollholz, mit oder ohne Keilzinkenverbindung empfohlen. Unter dieser geschützten Marke (Überwachungsgemeinschaft Konstruktionsvollholz e.V.) wird vorsortiertes Holz verarbeitet und auf 15 Masseprozent (+/-3 Prozent) heruntergetrocknet.

Massivholzplatte

Hierbei handelt es sich um Brettschichtholz, wobei mehrere Schichten Brettholz miteinander verleimt oder vernagelt werden und eine solide Platte – je nach gewünschter Form und Größe – bilden.

Brettschichtholz ist im Vergleich zum Eigengewicht leistungsfähiger als Stahl. Es erfüllt jede Brandschutzanforderung, sogar ohne eine weitere Verkleidung und besser als Stahl. Auch bezüglich der Wärmespeicherung kann man Massivholzplatten mit der Ziegel- oder Betonbauweise vergleichen. Die durch die hohe Masse schwere Bauweise hat einen positiven Einfluss auf die Temperaturstabilität und somit auf die Behaglichkeit im Sommer und die Wärmespeicherung im Winter. Lediglich beim Schallschutz ist Vorsicht geboten: Sparen Sie daher nicht bei der Trittschalldämmung!

Ein besonderer Vorteil der Massivholzplatte liegt darin, dass sie sehr flexibel in der Handhabung ist. Sie können so gut wie alles an der Decke befestigen, auch ohne schweres Bohrgerät. Die Oberfläche kann gemalt, tapeziert, beplankt oder verputzt werden, aber auch ohne jede Verkleidung sichtbar bleiben. Elektroinstallationen können werkseitig in die Decke gefräst werden, sämtliche Ausschnitte für beispielsweise Treppen, Galerien und Glaseinlagen werden werkseitig vorbereitet. Der Fantasie sind hier de facto keine Grenzen gesetzt.

NOCH EIN TIPP
Egal, ob Beton, Spachteloberflächen oder eben Holz, die gewünschte Oberflächenqualität sollte immer vor Beauftragung besprochen und vereinbart werden. Eine Sichtholzqualität muss extra beauftragt werden.

Weiterführende Informationen und Anbieter:
www.bauherrenhilfe.org/fachbuch_massivholzdecken

Decken aus Beton

Die Stahlbetondecke hat gegenüber der Massivholzdecke statische Vorteile. Sie wird „aus einem Guss" hergestellt und wirkt extrem stabilisierend. Auf das Raumklima hat die Stahlbetondecke aufgrund ihrer Dichte weniger Einfluss, sie kann aber als Wärmespeicher oder auch als Kühldecke mit eingebauten Kältemittelleitungen genutzt werden. Durch die hohe Dichte und Steifigkeit ist auch der Schallschutz hervorragend, ein Trittschallschutz ist aber dennoch vor allem bei Parkett- oder Laminatböden wichtig. Klavierspieler, Schlagzeuger, Wasserbettenliebhaber oder Aquarienfreunde werden daher die Stahlbetondecke bevorzugen, egal, ob als Ortbeton mit Betoniervorgang vor Ort oder als Fertigbeton, der schon im Werk hergestellt wurde.

Betondecken bringen aber auch Nachteile mit sich. Der Aufwand auf der Baustelle ist hoch, und die Schalung und Stahlbewehrung benötigen viel handwerkliches Geschick. Außerdem kann die Schalung erst nach rund drei Wochen entfernt werden, die lange Trocknungszeit behindert also den Baustellenablauf.

Ortbeton-Stahlbetondecken

Das ABC des Betonbaus ist besonders bei Ortbetondecken zu berücksichtigen. Da der handwerkliche Anteil im Vergleich zu Fertigbeton größer ist, gibt es auch mehr Fehlermöglichkeiten.

Die Art und Ausführung der Stahlbewehrung sind heikel. Liegen im Beton weniger Bewehrungsstäbe mit großem Durchmesser, so bleiben weniger Verbundflächen zum Beton, als dies bei mehreren Stäben und kleinerem Durchmesser der Fall ist; dadurch können sich größere Rissbreiten ergeben. Wird die Bewehrung mit einem zu kleinen Radius „um die Ecke gebogen", kann es ebenfalls zu Rissen und Betonabplatzungen kommen. Vorsicht geboten ist bei Rissen über 0,5 Millimeter und bei Rissen, die entlang der Bewehrung verlaufen. Da kann es zu einem Versagen des Stahlbetonverbunds kommen.

Also: Nicht einfach nur die Stahlmatten in den Beton fallen lassen, sondern planen und fachgerecht ausführen!

Besonders große Betonplatten „schüsseln“ nach dem Betonieren. Sie biegen sich an den Ecken nach oben und nach unten. Wird hier nicht sorgfältig gelagert und die Decke zu wenig im Mauerwerk eingespannt, kann es zu Mauerwerksschäden oder Putzrissen kommen.

Den größten Einfluss auf Rissschäden hat die Nachbehandlung. Vor allem bei flächigen Massivbauteilen. Der Beton muss vor schnellem Austrocknen und großen Temperaturunterschieden sowie vor zu früher Belastung geschützt werden. Die Nachbehandlung muss gleich nach dem Betonieren beginnen, Stunden später kann es bereits zu spät sein. Die Nachbehandlung beginnt mit dem Sprühbefeuchten oder der Abdeckung mit feuchtem Vlies und endet noch lange nicht mit der Abdeckung zum Schutz vor starkem Wind, Hitze oder Kälte.

Schließlich kann die Schalung entfernt und die Decke verputzt werden. Aber Vorsicht, verbleiben unsichtbare Verunreinigungen wie Schalungsöl auf dem Beton oder wird der Untergrund nicht entsprechend vorbehandelt, wird einem „die Decke auf den Kopf fallen“. Besser gesagt: der Putz oder die Spachtelung. Deswegen wird in der Regel zumindest die Arbeitsfuge verspachtelt und dann „rissüberbrückend“ tapeziert und gemalt.

Fertigbeton-Stahlbetondecken

Fertigbetondecken haben zwar aufgrund der einzelnen Elemente nicht den gleichen stabilisierenden Effekt wie eine Ortbetondecke, aber das spielt in der Praxis keine Rolle. Vorteilhaft wirkt, dass alle vorher genannten handwerklichen Fehlerquellen bei den industriell hergestellten Fertigteilen wegfallen. Auch der Nachteil der Baustellenfeuchtigkeit durch Ortbetondecken fällt weg. Der Bauablauf wird nicht gestört, die Deckenelemente sind schnell versetzt. Es gibt aber auch einige Nachteile zu bedenken:

- Der Preis ist höher.
- Eine Kranzufahrt und gute Wege sind Voraussetzung.
- Nachträgliche Stemm- und Schneidearbeiten sind aufwändig.
- Die Plattenstöße sind empfindlich in Bezug auf Putzrisse; da ist erhöhte Sorgfalt nötig.

Filigran-Betondecken

Eine Mischung aus Ort- und Fertigbeton ist die Filigran- oder Elementdecke. Der Unterteil der Decke wird als Fertigbetonelement mit einer bereits einbetonierten, meist aber nur unteren Stahlbewehrung geliefert. Die Bewehrung wird auf der Baustelle komplettiert und darauf vor Ort der Beton eingegossen. Das Kriechen und Schwinden gegenüber dem Ortbeton wirkt sich nur mehr eingeschränkt aus. Die Trocknungszeiten sind kürzer, aufwändige Unterstellungen sind aber auch hier nötig.

Abb. 83: Filigrandecke: Auf die Betonfertigteile mit Bewehrung werden die Installationsleitungen verlegt und einbetoniert.

Hohlkammerdecken

Hohlkammerdecken sind im Werk vorgefertigte Betondecken mit längsseitig durchlaufenden Hohlräumen und dadurch leichter und besser zu handhaben. Sie sind teurer als Filigrandecken, benötigen dafür aber nur mehr einen Betonverguss für die An- und Abschlüsse. Die Elemente sind rasch verlegt und sofort begehbar. Aufgrund der Hohlkammern ist die Belastbarkeit nicht mit Ortbeton vergleichbar, auch bei der Befestigung an der Unterseite muss man vorsichtig sein; mehrere Dübel nebeneinander quer zum Element können zum Versagen eines Elementes führen. Wasserschäden können durch die Hohlkammern weitläufig verschleppt werden. Die Unterschichten werden in der Regel nur mehr gemalt, die Plattenstöße bleiben sichtbar.

Einhängedecken

Einhängedecken sind für den Einfamilienhausbau das ideale Bausystem. Diese Decke kann das Raumklima beidseitig, also oben und unten, positiv beeinflussen, was aber natürlich auch vom aufgebrachten Belag abhängt.

Abb. 84: Einhängedecken: Auf Stahlbetonträger werden Betonsteine verlegt und mit Ortbeton vergossen.

Die Vorteile einer Ziegeldecke sind:

- geringes Gewicht
- einfache und schnelle Verlegung, daher für Eigenleistungen gut geeignet
- sofort nach Verlegung – ohne Aufbeton – begehbar
- weniger Baufeuchte gegenüber Ortbetondecken
- Deckenuntersicht gut überputzbar
- Ziegelmaterial plus Putz puffert Feuchtespitzen im Raumklima
- nach der Massivholzdecke die meisten Punkte in Bezug auf Ökologie

Ziegeldecken ohne Aufbeton

Elemente für Ziegeldecken bestehen in der Regel aus den Trägern und den Einlageziegeln, die in die Träger eingehängt werden. Bei der Variante ohne Aufbeton ist die Stabilität schon mit dem Fertigsystem gewährleistet. Die Decke ist sofort begehbar, ein Beton wird nur im Bereich der Elementfugen eingefüllt.

Ziegeldecken mit Aufbeton

Bei größeren Spannweiten und höheren statischen Anforderungen wird auf die oben beschriebene Ziegeldecke noch eine Betonlage aufgebracht. Diese steift die Konstruktion zusätzlich aus und verteilt auftretende Punktlasten. Ziegeleinhängedecken mit Aufbeton zählen eigentlich zu den Filigrandecken, nur dass der tragende Unterteil aus Ziegel-Betonträgern besteht, in die die Einlageziegel trocken eingehängt werden. Auf das im Werk vorgefertigte Deckensystem (Beton-Ziegel) wird der Aufbeton mit Bewehrung eingegossen. Die Deckenträger werden in der Regel alle 1,75 Meter unterstellt, die Mitte des Deckenfeldes wird in etwa um 1/250 der gesamten Stützweite erhöht. Die Decke wird bei der maximalen Spannweite von sieben Metern mittig um 2,8 Zentimeter überhöht und betoniert.

Abb. 85: Ziegeleinhängedecke mit Aufbeton. Quelle: Wienerberger.at

Hier einige Tipps zur Verlegung mit Aufbeton:

- Reinigen Sie die Oberflächen vor dem Betonieren.
- Nässen Sie die Oberflächen am Tag vor dem Betonieren vor.
- Nässen Sie vor dem Betonieren matt vor und entfernen Sie Wasserpfützen mit Druckluft.
- Der Aufbeton sollte mindestens vier Zentimeter dick sein.
- Entfernen Sie Unterstellungen frühestens 20 Tage nach dem Betonieren.
- Stemm- und Dübellöcher dürfen nur in die Einlageziegel, niemals in die Deckenträger gebohrt werden.
- Löcher sollten besser nur gebohrt und nicht mit dem Schlagbohrer erzeugt werden.

Ein Deckensystem zu empfehlen ist schwer, da hier zu viele Faktoren und Anforderungen zu berücksichtigen sind. Alle in diesem Kapitel genannten Systeme haben ihre Berechtigung, bei den Verarbeitern ist das leider nicht immer der Fall, wählen Sie daher sorgfältig aus.

Weiterführende Informationen und Anbieter:
www.bauherrenhilfe.org/fachbuch_decken

Kapitel 7

Estrich und Boden

Die Estrich-, Fliesen- und Holzbodenverlegung wird allgemein unterschätzt. Ich kann und möchte Ihnen in diesem Kapitel keine Anleitung zur Selbstanwendung geben, dafür bergen diese drei Bereiche viel zu viele „Fallen". Vor allem wenn es um die Verlegung des Estrichs geht, sind die Summen, um die im Schadensfall gestritten wird, meist sehr hoch, schließlich müssen für die Sanierung Beläge erneuert und allenfalls Einbauten (Küche, Bad etc.) de- und remontiert werden. Ich möchte Ihnen hier einerseits einen Überblick verschaffen, damit Sie Ihre Vertragspartner mit entsprechenden Fragen zum Wissensstand prüfen können, andererseits möchte ich Ihnen auch den nötigen Respekt vor diesen oft unterschätzten Gewerben vermitteln.

Estrich

Beim Estrich handelt es sich um eine Schicht aus Estrichmörtel, der direkt auf dem Untergrund, mit oder ohne Verbund, oder auf einer zwischenliegenden Trenn- oder Dämmschichte verlegt wird, um eine oder mehrere der nachstehenden Funktionen zu erfüllen:

- Erreichen einer vorgegebenen Höhenlage
- Aufnahme eines Bodenbelages
- Unmittelbare Nutzung

Der Begriff „Estrich" bezeichnet sowohl den Estrichmörtel als auch den fertigen Aufbau(!), in der Schweiz werden Estriche auch „Unterböden" genannt.

Abb. 86: Für Fußbodenheizung geeigneter calciumsulfatgebundener fließfähiger Estrichmörtel. Quelle: sg-weber.at

Estrich-Verlegearten

- *Verbundestrich:* In der Regel der „Lastesel" unter den Estrichen. Er wird direkt auf den Untergrund verlegt, beispielsweise auf den Garagenboden, so ist er am stärksten belastbar. Als Nutzestrich kann er auch ohne Belag ausgeführt werden.
- *Estrich auf Trennlage:* Estrich auf Trennschicht ist ein Estrich, der von dem tragenden Untergrund durch eine dünne, mehrschichtige Zwischenlage (Trennschicht) getrennt ist. Estriche auf Trennschicht werden meist dann ausgeführt, wenn ein Haftverbund mit dem Tragbeton nicht oder nur unvollständig zu erreichen ist.
- *Schwimmender Estrich:* Die Verlegeart für beheizte Räume. Unter dem Estrichmörtel befindet sich die Schall- und Wärmedämmung, allenfalls auch die Fußbodenheizung.
- *Trockenenstrich:* Unter den Trockenestrichelementen sollte im Besonderen auf Holzbalkendecken noch eine Schalldämmung verlegt werden.

Die Dicke eines zementgebundenen Verbundestrichs soll wenigstens dreimal so groß sein wie der Durchmesser des Größtkorns der im Mörtel verwendeten Gesteinskörnung. Die Mindestdicke für Verbundestriche beträgt somit 25 Millimeter bei acht Millimeter Größtkorn bzw. 45 bei 16 Millimeter Größtkorn. Einschichtige Estriche von über 50 Millimeter Dicke sollten aus Verarbeitungsgründen nicht ausgeführt werden.

TIPP

Für einen Estrichmörtel gilt der Grundsatz: So dünn wie möglich, so dick wie nötig.

Estrich-Arten

1. *Zementestrich/CT:* Estrich, dessen Bindemittel aus Zement besteht. Eigenschaft: günstig, weit verbreitet, hohe Festigkeit und Feuchtigkeitsunempfindlichkeit, ist erst nach circa 20 bis 30 Tagen ausgetrocknet, sehr spannungs- und schwindanfällig.
2. *Calciumsulfatestrich/CA:* Estrich, dessen Bindemittel aus Calciumsulfat besteht. Eigenschaft: umweltfreundlich, leicht verlegbar, optimale Wärmeleit- und Wärmespeicherfähigkeit, sehr spannungsarm und fast fugenlos zu verlegen, er ist früher belegbar und der ideale Heizestrich.
3. *Gussasphaltestrich/AS:* Bindemittel besteht aus Bitumen. Eigenschaft: relativ witterungs- und temperaturunabhängig, er ist am ersten Tag bereits belegreif.
4. *Bitumenemulsionsestrich:* Estrich, dessen Bindemittel aus Bitumenemulsion und Zement besteht.
5. *Kunstharzmodifizierter Zementestrich:* Estrich, dessen Bindemittel aus Zement mit Kunstharzdispersion besteht.
6. *Magnesiaestrich:* Estrich, dessen Bindemittel aus Magnesiumoxid und einer wässrigen Lösung aus Magnesiumsalz besteht. Eigenschaft: elektrisch leitfähig und damit gut für „Anti-Statik-Böden“ geeignet, er fällt auch durch die hohe Schall- und Wärmedämmfähigkeit auf.
7. *Kunstharzestrich/SR:* Estrich mit synthetischem Reaktionsharz als Bindemittel, der durch eine chemische Reaktion des synthetischen Reaktionsharzes aus einem flüssigen oder glättbaren Gemisch auf der Baustelle zu einem festen Gemisch wird. Eigenschaften: Der Estrich ist teuer und nicht schadstofffrei, er kann sehr kleinflächig und damit auch für Reparaturen verwendet werden, Belegung von Außenflächen auf Balkonen, Nutzung von Gefälle- und Ausgleichsschichten, schwindanfällig.

Estrich-Klassifizierung

Die Klassifizierung von Estrichen wird aus in Normen beschriebenen Tabellen entnommen, unter anderem wird Estrich nach folgenden Kriterien bewertet:

- Druckfestigkeit: angegeben in „C“ (Compression) mit N/mm^2
- Biegezugfestigkeit: angegeben in „F“ (Flexural) mit N/mm2
- Verschleißwiderstand: angegeben nach Böhme in „A“ (Abrasion) mit der in $cm^3/(50cm^2)$ Abriebmenge oder angegeben nach BCA in „AR“ (Abrasion Resistance) mit auf 100 µm
- Oberflächenhärte: angegeben in „SH“ (Surface Hardness) in N/mm^2
- Eindringtiefe: angegeben in „I“ (Indentation), „C“ (Cube) in Eindringtiefe je 0,1mm

Ausführung Zementestrich

Bei der Herstellung von Zementestrichmörtel sollte der Zementgehalt auf das notwendige Maß beschränkt werden. Er ist unverzüglich nach Beendigung des Mischvorganges und nach Anlieferung auf der Baustelle einzubringen, zu verteilen und bei nicht fließfähiger Konsistenz abzuziehen und zu verdichten. Die mindeste Verarbeitungstemperatur beträgt 5 °C, die Einbautemperatur sollte wenigstens drei Tage gehalten werden. Zementestrich sollte nicht vor Ablauf von drei Tagen begangen und nicht vor Ablauf von sieben Tagen höher belastet werden. Der Estrich ist wenigstens drei Tage vor dem Austrocknen und danach noch wenigstens eine Woche vor schädlichen Einwirkungen wie Wärme, Schlagregen und Zugluft zu schützen. Der Schutz vor Zugluft ist in der Regel sichergestellt, wenn das Bauwerk geschlossen ist.

Ausführung Calciumsulfatestrich

Dieser Estrich ist unverzüglich nach dem Anmischen bzw. der Anlieferung auf der Baustelle einzubringen, zu verteilen und bei nicht fließfähiger Konsistenz abzuziehen und zu verdichten. Die Oberfläche ist bei nicht fließfähiger Konsistenz abzureiben und erforderlichenfalls zu glätten. Ein Pudern oder Nässen der Oberflächen ist nicht zulässig. Die mindeste Verarbeitungstemperatur beträgt 5 °C. Zwei Tage sollte die Einbautemperatur gehalten werden. Weiters ist der Estrich wenigstens zwei Tage vor schädlichen Einwirkungen wie Wärme, Schlagregen und Zugluft zu schützen. Der Schutz vor Zugluft ist in der Regel sichergestellt, wenn das Bauwerk geschlossen ist. Der Calciumsulfatestrich sollte nicht vor Ablauf von drei Tagen begangen und darf nicht vor Ablauf von fünf Tagen höher belastet werden.

Ausführung Gussasphaltestrich

Gussasphaltestrichmassen werden gebrauchsfertig in beheizten Rührwerkskesseln zur Baustelle transportiert. Der Estrich wird von Hand oder maschinell bei einer Temperatur von 220 °C bis 250 °C eingebaut. Die Oberfläche ist in der Regel mit Sand abzureiben. Der frisch verlegte Estrich darf nach dem Abkühlen, in der Regel nach drei Stunden genutzt werden. Der Abkühlvorgang darf nicht beschleunigt werden. Gussasphaltestriche der Härteklasse ICH10 sollten nicht unter 10 °C, der Härteklasse 9C10 nicht unter 5 °C, der Härteklasse IC15 nicht unter 0 °C abkühlen.

Ausführung Magnesiaestrich

Der Estrich ist unmittelbar nach Anlieferung auf der Baustelle einzubringen, zu verteilen und der Konsistenz entsprechend abzuziehen und zu verdichten. Die Oberfläche ist erforderlichenfalls abzureiben und zu glätten. Beim Einbringen darf die Mindesttemperatur 5 °C nicht unterschreiten. Die Einbringtemperatur sollte mindestens zwei Tage gehalten werden. Der Estrich ist zwei Tage vor schädlichen Einwirkungen, Wärme, Schlagregen und Zugluft zu schützen. Magnesiaestrichmörtel sollte ungehindert austrocknen können. Er darf keiner dauernden Feuchtigkeitsbelastung ausgesetzt werden. Er sollte nicht vor zwei Tagen begangen und darf nicht vor Ablauf von fünf Tagen höher belastet werden.

Ausführung Kunstharzestrich

Kunstharzestrichmörtel sind unmittelbar nach Beendigung des Mischvorganges auf dem Untergrund zu verteilen und der Konsistenz entsprechend zu verdichten und abzuziehen. Die Verlegetemperatur hängt vom Kunstharztyp ab. Die Luft- und Untergrundtemperaturen (Bauteiltemperatur) müssen mindestens drei Kelvin über der Taupunkttemperatur liegen. Grundsätzlich kann bei Temperaturen von 15 °C bis 25 °C davon ausgegangen werden, dass er nach acht bis zwölf Stunden begangen und nach drei bis sieben Tagen mechanisch belastet werden kann.

Estriche im Freien

Als Estrich im Freien eignen sich Gussasphalt- und Zementestriche, wobei ich bei einer Ausführung im Freien zu einer Verbundabdichtung (Alternativabdichtung) rate. Das ist die gleiche Abdichtungsart, wie sie für den häuslichen Badezimmerboden und im Spritzwasserbereich ohnehin vorgeschrieben ist.

Abb. 87: Hier wurde der Duschblock statt dem Estrich eingebaut. Quelle: Hutterer-Lechner.com

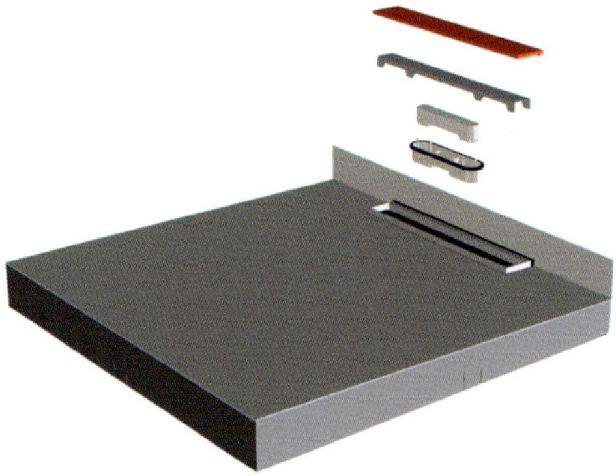

Abb. 88: Bodengleiche Duschen liegen im Trend. Systemelemente reduzieren Fehler auf der Baustelle. Quelle: Hutterer-Lechner.com

Heizestrich

Bei Heizestrichen werden folgende Bauarten unterschieden:

- Systeme mit Rohren innerhalb des Estrichs
- Systeme mit Rohren unterhalb des Estrichs
- Systeme mit Rohren im Ausgleichsestrich, auf den der Estrich mit einer zweilagigen Trennschicht aufgebracht wird

Bei Warmwasser-Fußbodenheizungen darf die Temperatur im Bereich der Heizelemente im Estrich

- bei Gussasphaltestrichen 45 °C
- bei Calciumsulfat- und Zementestrich 55 °C

auf Dauer nicht überschreiten.

Bei Elektro-Fußbodenheizungen darf die Temperatur im Bereich der Heizelemente im Estrich

- bei Gussasphalt- und Calciumsulfatestrichen 55 °C
- bei Zementestrichen 65 °C

auf Dauer nicht überschreiten. Die Rohrüberdeckung von Heizestrichen der Biegezugfestigkeitsklasse F4 muss eine Nenndicke von mindestens 45 Millimetern, bei Fließestrichen von 40 Millimetern aufweisen.

Dämmschichten und Zusammendrückbarkeit

Die Dämmstoffe müssen geprüft und für die jeweilige Anwendung zugelassen sein. Besonders wichtig ist hier der Wert „c", die Zusammendrückbarkeit. Hier werden oft billige, nicht zulässige EPS-Platten (Styropor) eingebaut. Die

Dämmschichte muss jedoch für die vorgegebene Verkehrslast zugelassen sein, eine Zusammendrückbarkeit von mehr als drei Millimetern ist speziell bei Nassräumen im Bereich vorzusehender Verbundabdichtung als Obergrenze zu sehen. Die teilweise normativ zulässigen fünf Millimeter können bei Belastungen zur Beschädigung der Verbundabdichtung (Bad...) führen.

Werden Trittschall- und Wärmedämmstoffe in einer Dämmschichte zusammen eingesetzt, muss der Dämmstoff mit der geringeren Zusammendrückbarkeit oben liegen. Bei Heizestrichen mit elektrischer Beheizung muss die oberste Lage der Dämmschicht kurzzeitig gegen eine Temperaturbeanspruchung von 90 °C widerstandsfähig sein. Mehrlagige Dämmschichten sind dicht gestoßen und versetzt zu verlegen.

Estriche auf Dämmschichten oder Trennschichten sind, auch wenn sie im Gefälle ausgeführt werden, gleichmäßig dick herzustellen. Die Forderung nach einer gleichmäßigen Dicke ist auf Estriche auf Dämm- oder Trennschichten beschränkt, sie gilt daher nicht für Verbundestriche.

Funktions- oder Belegreifheizen

Oft werden das Funktions- und das Belegreifheizen (Auf- und Ausheizen) durcheinandergebracht. Das Funktionsheizen soll lediglich den Nachweis erbringen, dass die Heizung bis zur höchstzulässigen Vorlauftemperatur funktioniert und die benötigte Heizleistung erreicht wird. Nach dem Funktionsheizen hat der Installateur die Funktionalität der Heizung nachgewiesen, der Estrich ist zu diesem Zeitpunkt aber noch zu feucht, um einen Belag aufbringen zu können.

Damit der Estrich seine Belegreife bekommt, muss er stufenweise aufgeheizt werden. Dies ist wichtig, um die maximale Ausdehnung des Estrichs zu erreichen und um überschüssiges Anmachwasser auszutreiben. Weiters soll festgestellt werden, ob sich eventuell Risse in der Konstruktion bilden, bevor der Bodenbelag aufgebracht wird. Auch im Sommer ist ein Aufheizen des Estrichs vor Belegung zwingend notwendig. Die maximal zulässige Temperatur wird bei gleichzeitig guter Belüftung so lange gehalten, bis der Estrich entsprechend trocken ist.

Grundsätzlich empfehle ich das für den Estrich eher ungünstige Funktionsheizen so weit zu verlängern, dass der Estrich gleich auf Belegreife heruntergetrocknet wird, also das Funktionsheizen mit dem Belegreifheizen zusammenzulegen. Dafür wird Ihre Heizungsanlage auf die jeweilige Estrichart abgestimmte Heizprogramme haben. Beim Aufheizen ist die Vorlauftemperatur auf 20 bis 25 °C einzustellen und beim jungen Estrich täglich um rund 5 °C bis zur maximalen Vorlauftemperatur zu erhöhen. Diese Maximaltemperatur ist dann zwei

Tage zu halten. Danach ist noch im Rahmen des Funktionsheizens die Heizleistung der Fußbodenheizung zu überprüfen.

Beim Belegreifheizen wird in der Regel die maximale Vorlauftemperatur noch sieben Tage ohne Nachtabsenkung beibehalten. Auf dem Estrich darf dabei nichts gelagert werden, Abdeckmaterialien sind zu entfernen, die Räume sind möglichst zugfrei zu halten und es ist in bestimmten Abständen zu lüften, sodass eine relative Luftfeuchte von 50 bis 70 Prozent gewährleistet ist.

Wenn die Bodenbeläge erst zu einem späteren Zeitpunkt verlegt werden, kann die Fußbodenheizung in 10 °C-Schritten abgesenkt werden. Vor der Verlegung der Bodenbeläge ist aber eine erneute Auf- und Abheizung in 10 °C-Schritten durchzuführen. Wenn noch keine Heizanlage angeschlossen ist, kann mit mobilen Elektroheizgeräten die zur Estrichaufheizung benötigte Heizwärme direkt in einen Heizkreisverteiler eingespeist werden. (Info: Hotmobil.de)

Die Aufheiztemperatur darf 55 °C nicht überschreiten. Die Einhaltung dieser Bestimmung ist anhand einer Wärmeplombe zu überprüfen. Bei Trocknungsbeschleunigern sollte grundsätzlich der Hersteller zum Ausheizen befragt werden. Das Belegreifheizen sollte vertraglich mit dem Installateur vereinbart werden.

Druckprobe

Unabhängig vom „Ausheizen“ ist die im Vorfeld durchzuführende Druckprobe zur Feststellung allfälliger Undichtheiten zu sehen. Bei der Druckprobe wird vor der Estrichverlegung das Rohrsystem mit Wasser befüllt. Wenn eine Leitung undicht ist, kann dann noch vor Estricheinbringung nachgebessert werden.

Estrichbewehrung

Eine Bewehrung von Estrichen auf Dämmschichten ist grundsätzlich nicht erforderlich. Eine Bewehrung aus Fasern kann im Sinne einer Verringerung von Schrumpf- und Frühschwindrissen sinnvoll sein.

Estrichfugen

Über die Anordnung der Fugen ist ein Fugenplan zu erstellen, aus dem Art und Anordnung der Fugen zu entnehmen sind. Nach dem Erhärten und Austrocknen des Estrichs sollten Scheinfugen kraftschlüssig, zum Beispiel durch Vergießen mit Kunstharz, geschlossen werden. Dann müssen die Scheinfugen nicht beim Einbau der Bodenbeläge berücksichtigt werden. Bei Heizestrichen sind in der Regel bei Türdurchgängen und zwischen den Heizkreisen Bewegungsfugen anzuordnen. Bewegungsfugen dürfen nicht von Heizelementen gekreuzt werden. Anschlussleitungen, die Bewegungsfugen kreuzen, müssen mit beispielsweise Rohrhülsen von in etwa 0,3 Metern Länge vor mechanischen Schäden geschützt werden.

Estrich-Restfeuchtigkeit bei Fliesenverlegung

In der Regel wird mit dem Calciumcarbid-Verfahren bzw. der Calciumcarbid-Methode (CM-Messung) der Feuchtegehalt des Estrichs – zerstörend – gemessen. Dabei wird in der Regel mit einem langsam drehenden Bohrer der zu messende Baustoff aus dem Bauteil gebohrt. Estriche trocknen in der Regel „nach oben"; es ist daher der gesamte Estrichquerschnitt zu messen. Elektrowiderstands- oder kapazitive Messungen funktionieren zwar zerstörungsfrei, sind aber für zuverlässige Angaben zur Estrichfeuchte *nicht* zulässig. Diese nur vergleichenden Widerstandsmessungen sind nur zur Vorprüfung und Eingrenzung feuchter Flächen zulässig.

Calciumsulfat-(Anhydrit-)Estrich

Die zulässige Restfeuchte beträgt 0,5 CM-Prozent; bei Fußbodenheizungen nur 0,3 CM-Prozent, wenn die Fugenbreite kleiner als drei Millimeter und die Kantenlänge der Fliesen größer als 40 Zentimeter ist. Werden kleinere Fliesen verlegt und die Fugen breiter als drei Millimeter gemacht, so darf die Restfeuchte maximal ein Prozent, bei Fußbodenheizungen maximal 0,5 Prozent betragen.

Zementestrich

Die zulässige Restfeuchte beträgt bei beheiztem Estrich 1,8 CM-Prozent, bei unbeheiztem 2,0 CM-Prozent.

Betonbauteile

Bei einer direkten Verlegung der Fliesen auf Betonbauteile mit oder ohne Verbundestrich ist eine zuverlässige Feuchtigkeitsmessung schwer möglich. Trocknungszeiten von ein bis drei Jahren sind hier zu erwarten. Bei Direktverlegung empfehlen sich entsprechende Trennschichten, um schädliche Einwirkungen auf den Kleber und die Verfliesung zu verhindern.

Estrich – Trocknungsbeschleuniger

Der Einsatz von Zusätzen für „schneller trocknenden" Estrich nimmt in den letzten Jahren zu, der Zeitdruck auf den Baustellen ebenfalls. Es gibt unterschiedliche Systeme der „Beschleuniger":

- Beschleunigung durch Luftporenbildner: Mit mehr Luftporen ist der Estrich poröser, der Wasserdampftransport an die Oberfläche soll dadurch beschleunigt werden.
- Beschleuniger mit Kunststoffdispersion: Die Polymere umschließen das Wasser, führen dadurch aber sogar zu einer verzögerten Trocknung. Eigentlich wird hier nur die Festigkeit erhöht.
- Beschleunigung durch Verringerung des Anmachwassers: Durch Zusätze kann die Viskosität des Zementleims verringert werden bzw. bei gleicher Viskosität Anmachwasser reduziert werden.
- Beschleuniger mit „funktionellen Gruppen": Diese binden das Anmachwasser chemisch und dauerhaft über beispielsweise Carboxylgruppen. Das Wasser muss nicht mehr verdunsten.

Estrichzusatzmittel, die als Festigkeitsbeschleuniger wirken oder die Porosität erhöhen, sind hinsichtlich der Wirksamkeit umstritten. Auch die anderen Beschleuniger werden kontrovers diskutiert. Es sind jeweils die genauen Dosierungen und die Einhaltung der Randbedingungen, wie Umgebungsklima, Estrichtemperatur und Lagerfähigkeit der Zusätze zu beachten. Die angegebenen Trocknungszeiten werden immer unter optimalen Laborbedingungen ermittelt. Lassen Sie sich immer vor einer Beauftragung die technischen Datenblätter zeigen. Ich rate von derartigen Zusätzen eher ab.

Abb. 89: Ein Gully als Design-Element. Quelle: Hutterer-Lechner.com

Verbundabdichtung

Räume oder Bauteile mit Feuchtigkeitsbeanspruchung, also zum Beispiel das häusliche Bad, werden meist mit Fliesen und Platten versehen. Keramische Beläge sind zwar wasserabweisend, jedoch jedenfalls bei den Fugen nicht wasserundurchlässig. Daher müssen beispielsweise im Bad der gesamte Boden plus 15 Zentimeter Wandhochzug sowie der direkte Spritzwasserbereich bei der Badewanne oder Dusche plus 30 Zentimeter darüber hinaus abgedichtet werden. Von der Höhe her ist ebenfalls 30 Zentimeter über die oberste Entnahmestelle (Duschkopf) abzudichten, jedoch mindestens 220 Zentimeter hoch oder bis zum Türstock (im direkten Dusch- und Spritzwassebereich). Auch bei Einbauten und unter Wannen ist im häuslichen Bad abzudichten! Auf einem WC muss grundsätzlich keine Abdichtung aufgebracht werden, es sei denn, es ist von der Nutzung her beispielsweise eine tägliche Nassreinigung vorgesehen. Darüber hinaus sind Verbundabdichtungen zu Böden mit Gullys sowie in Technikräumen sinnvoll, zumindest dort, wo viele Wasserleitungen, Kondensatabläufe oder Wasserspeicher vorgehen sind. Der Name „Verbund-Abdichtung" kommt daher, weil auf diese direkt die Verfliesung, im Verbund, aufgebracht werden kann. Sind Befestigungsmittel wie Dübel und Schrauben zur Befestigung sanitärer Gegenstände nötig, so sind die Löcher mit Reaktionsharz oder anderen geeigneten Stoffen abzudichten.

Abb. 90: Verbundabdichtungen sind für den Außenbereich nicht geeignet. Hier muss eine Balkonabdichtung, beispielsweise Synthese-Kautschuk-EPDM ausgeführt werden. Quelle: Dapek.com

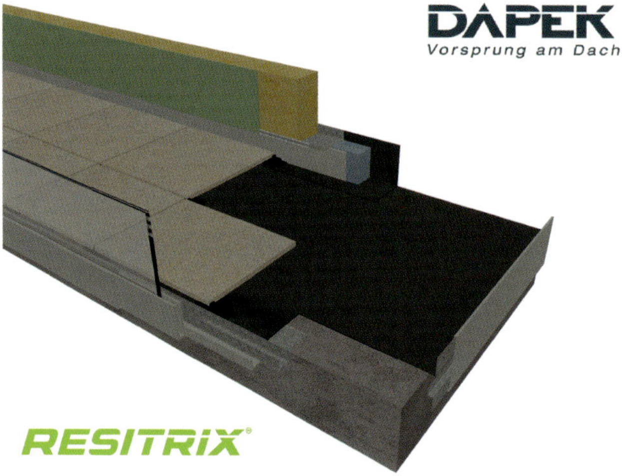

Abb. 91: Schema zum Aufbau einer Abdichtung mit „Resitrix“. Quelle: Dapek.com

Fliesen- und Plattenverlegung

Viele Regelwerke sind bei der fachgerechten Ausführung von Fliesen- und Natursteinarbeiten zu beachten. Innovative Verlegeuntergründe und Belagmaterialien sowie das ständige Wachsen der Produkt- und Systemvielfalt stellen hohe Anforderungen an das gesamte Fliesen- und Natursteinhandwerk.

Bodenverfliesung – Wandanschluss

Bei allen Anschlüssen zur Fliesenverlegung auf schwimmendem Estrich ist auf einen ausreichenden Abstand zu Wänden und Türstöcken zu achten, in der Regel sind es acht bis 15 Millimeter. Dieser Abstand wird durch den eingelegten Randdämmstreifen sichergestellt. Dieser sollte immer erst nach der Verlegung der Bodenfliesen, auf Höhe des fertigen Fliesenbelags, abgeschnitten werden. Sonst besteht die Gefahr, dass der Fliesenkleber die Randfuge überbrückt, dadurch würde eine Schallbrücke entstehen! Die Sockel- oder Wandverfliesung darf auch nicht zu knapp an die Bodenfliese geführt werden. Die elasto-plastische Verfugung benötigt eine vom Fliesenleger zu berechnende Mindestdicke und ein Hinterlegeband zur Sicherstellung einer 2-Flanken-Haftung. Die „Däumchen-Fuge“, bei der eine Dichtmasse mit dem Daumen in die Ecke gedrückt wird, ist nicht fachgerecht.

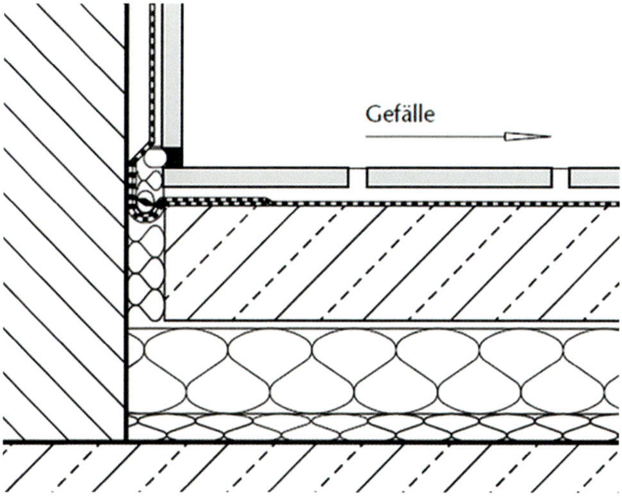

Abb. 92: Die Anschlussfuge im Boden-Wand-Bereich muss mit Vorlegeband, die Verbundabdichtung darunter mit Bewegungsschlaufe verlegt werden.

Fliesen im Buttering-Floating-Verfahren

Das „Buttering-Floating-Verfahren" oder auch „kombiniertes Verfahren" ist, wie der Name bereits vermuten lässt, eine kombinierte Anwendung von Floating-Verfahren und Buttering-Verfahren. Dazu wird der Klebstoff bzw. Mörtel sowohl auf die Verlegefläche als auch auf die Fliese selbst aufgetragen. Dies ist die einzige Methode, die im Außenbereich das Eindringen von Feuchtigkeit zwischen Fliesenbelag und Untergrund sicher verhindert, denn Feuchtigkeit würde hier die Fliesen regelrecht absprengen. Das kombinierte Verfahren wird deshalb vor allem im Außenbereich, in Schwimmbecken und generell bei stark beanspruchten Bodenflächen verwendet.

Fliesenverlegung auf Spanplatten

Als Untergrund dürfen nur Spanplatten P5 eingesetzt werden, diese sind feuchtebeständig verleimt. Die Platten sollten eine Mindestdicke von 25 Millimetern aufweisen, sie sind versetzt anzuordnen und an den Nut-Federstößen wasserdicht zu verleimen. Die Stöße müssen immer über einer Unterlage angeordnet sein, die Verschraubung hat im Abstand von maximal 40 Zentimetern zu erfolgen und die Schraubenlänge muss mindestens der doppelten Plattenstärke entsprechen, außerdem soll ein Plattenformat von 20 mal 20 Zentimetern nicht überschritten werden. Der verwendete Kleber muss für den Untergrund geeignet sein, das sind in der Regel Dispersionsklebstoffe oder Reaktionsharzklebstoffe. Die Anordnung von Wand- bzw. Fußbodenheizungen ist nicht zulässig.

Fliesenverlegung auf OSB-Platten

OSB-Platten sind kein idealer Untergrund für Fliesenbeläge. Es sollen aber jedenfalls nur „OSB/3-Platten" und „OSB/4 hochbelastbare Platten" mit einer Plattendicke von 25 Millimetern für Böden und 18 Millimeter für Wände verwendet werden. Die Durchbiegung der Unterkonstruktion ist auf Länge/600 zu beschränken. Die Anordnung von Wand- bzw. Fußbodenheizungen ist nicht zulässig.

Fliesenverlegung im Freien

Fliesen für den Außenbereich müssen frostbeständig, in einer Mindestdicke von zehn Millimetern und einer Maximalgröße von 30 mal 30 Zentimetern verlegt werden. Ein Gefälle von zwei Prozent sollte bei einem gezielten Wasserablauf am Fliesenbelag eingehalten werden. Entkoppelungsmatten zur Minimierung des Frostschadensrisikos kann ich zwar empfehlen, diese sind aber normativ nicht erfasst.

Fliesenverlegung und Erde

Probleme treten bei der Verlegung von Fliesen und Platten auf Terrassen mit direkt angrenzendem Erdreich oder bei länger stehenden Topfpflanzen auf. Durch die in der Erde enthaltene Huminsäure kann nach ein bis zwei Jahren der Klebemörtel zerstört werden und die Fliesen lösen sich ab. Trennlagen oder eine Kiesschichte rund um den Terrassenrand verhindern derartige Schäden.

Fliesenverlegung auf Gipsputzen

Gipsgebundene Untergründe sind aufgrund des Saugverhaltens und der geringen Wasserfestigkeit problematisch. Derartige Putze werden meist geglättet, wodurch an der Oberfläche eine bindemittelarme, nicht ausreichend tragfähige Schichte entsteht. Putzoberflächen sind abzuschleifen und mit einer Grundierung zu versehen, die jedenfalls vor der Fliesenverlegung den Herstellervorschriften nach entsprechend trocknen muss.

Reinigung von Fliesen

Zur Reinigung sind grundsätzlich saure, neutrale und alkalische Reinigungsmittel einzusetzen, wobei die tägliche Reinigung mit neutralen, leicht alkalisch-seifigen Mitteln vorzunehmen ist. Bei mineralischen Verunreinigungen ist der Einsatz eines sauren Reinigers fallweise nötig. Die zementgebundene Verfugung der Fliesenfugen ist nicht säurebeständig. Haushaltsreiniger („Kalkentferner") sind meist saure Reiniger, diese können bei falscher oder langfristiger Anwendung die Fugen schädigen. Am besten wird frühestens sieben Tage nach Verfugung erstmalig mit einem sauren Reiniger gereinigt, damit das Gefüge nicht vorzeitig geschädigt wird. Vor dem Reinigen unbedingt vornässen, danach mit klarem Wasser nachspülen und mit einem alkalischen Reiniger neutralisieren.

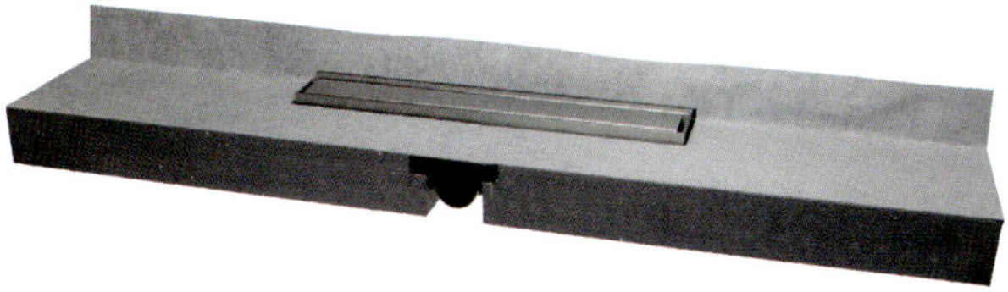

Abb. 93: Duschrinne mit Vlies zur Einbindung in die Verbundabdichtung. Quelle: Hutterer-Lechner.com

Abb. 94: Die Duschrinne kann in jedem Bereich eingebaut werden. Quelle: Hutterer-Lechner.com

Abb. 95: Rutschfeste Fliesen sind im Nassraum wichtig! Quelle: Hutterer-Lechner.com

Holzfußböden

Ein grundlegendes Verständnis von zahlreichen Schäden an Holzfußböden einerseits und der besonderen Eignung von Holz für Fußböden andererseits ergibt sich aus der Kenntnis der Holzeigenschaften. Diese sind wesentlich bedingt durch den strukturellen Aufbau des Holzes. Das Holz, das heißt der Stamm, hat beim lebenden Baum drei wesentliche Funktionen:

1. Speicherfunktion
2. Tragefunktion
3. Wasserleitfunktion

Ausgleichsfeuchtigkeit

Die Holzfeuchtigkeit sollte bei der Lieferung und beim Einbau der mittleren Holzfeuchte während der Nutzung entsprechen: der Ausgleichs- oder der Gleichgewichtsfeuchtigkeit. Bei massivem Parkett ist daher bei der Lieferung von einer Holzfeuchte von sieben bis elf Masseprozent auszugehen, bei Mehrschichtparkett von fünf bis neun Prozent. Aber auch hohe Luftfeuchten können zu Schäden an Holzfußböden führen. Dabei sind besonders nach Bauarbeiten folgende ungünstige Faktoren zu nennen:

- Wasserwanderung aus Wänden, Decken, Putzen
- Wasserwanderung aus zu feucht eingebrachtem Bauholz
- Wasser aus Tapezierer- und Malerarbeiten
- Ungünstiges Raumklima durch zu wenig Lüften und Heizen (Das Raumklima sollte nicht dauerhaft über 55 Prozent bei 22 °C Raumtemperatur liegen bzw. sollte das „Einbauklima" nicht über 15 Prozent vom späteren „Normalklima" abweichen.)

Holzausgleichsfeuchtigkeit unter verschiedenen Bedingungen zum Vergleich:

- 30 Prozent bis 220 Prozent im lebenden, frisch gefällten Baum
- 22 Prozent bis 35 Prozent bei 100 Prozent relativer Umgebungsluftfeuchtigkeit
- 15 Prozent bis 20 Prozent bei trockenem Bauholz im überdachten Freibereich
- 8 Prozent bis 12 Prozent in geschlossenen, beheizten Räumen

Estrich-Restfeuchtigkeit bei Holzfußbodenverlegung

Neben der gewerbeüblichen CM-Messung ist auch eine Messung nach „Darr" möglich. Die Darr-Methode ist die exakteste Art, den Feuchtegehalt eines Probekörpers zu bestimmen. Es wird eine Probe des zu untersuchenden Bauteils entnommen (meist mittels Kernbohrung) und diese dann in einem Trockenschrank getrocknet. Das Gewicht vor und nach der Trocknung wird verglichen und der Wert in Gewichtsprozenten angegeben.

Beim Zementestrich beträgt die zulässige Restfeuchte beim beheizten Estrich circa 1,8 CM-Prozent, bei unbeheiztem Estrich 2,0 CM-Prozent. Beim Calziumsulfatestrich beträgt die zulässige Restfeuchte bei beheiztem Estrich circa 0,3 CM-Prozent, bei unbeheiztem 0,5 CM-Prozent.

Kapitel 8

Für Regenwetter ungeeignet - das Dach

Das Dach hat eine Fülle von Aufgaben. Es schützt vor Wind und Wetter, vor der sommerlichen Hitze und vor der Winterkälte. In vielen Fällen wird das Dach bewohnt, sodass noch weitere Ansprüche hinzukommen. Es muss Kondenswasser standhalten und manchmal Dachstege für Satellitenantennen oder Kamine aufnehmen. Die Dachdeckung soll so beschaffen sein, dass sie regelmäßige Wartungsgänge für Rinnenreinigungen zulässt, aber auch einem starken Hagel standhält. Nicht zuletzt soll das Dach zum Haus passen und gut aussehen.

Im nun Folgenden wollen wir alles zum Thema Steildach besprechen. Das Thema „Flachdach und Terrasse" heben wir uns für das nächste Kapitel auf.

Dachkonstruktionen

Der Dachstuhl ist Tragewerk und Klimagrenze zugleich. Der moderne Zimmermeister zeichnet den Dachstuhl am Computer einer modernen Abbundmaschine; diese spuckt die Einzelteile fertig nummeriert für den Zusammenbau auf der Baustelle aus. Da solch „Computersägewerk" sehr teuer ist, wird auch auf der Baustelle immer noch manuell gehämmert und gezimmert. Der Abbund mit dem PC ist zwar genauer und die Verbindungen sind exakter, dafür werden die Zimmerer aber zu Abbundhelfern degradiert. Ein „echter Zimmerer" braucht keinen Computer.

Sparrendachstuhl

Die einfachste Dachkonstruktion ist ein Sparrendach. Sparren sind Längsbalken, die vom First bis zum Haus reichen. Die Sparren leiten die Last in eine sogenannte Fußpfette (oder Mauerbankpfette), das ist ein Balken am Fuß des Daches, der die Verbindung zum Haus bildet. Wichtig ist die Verankerung der Fußpfette: Hier muss man achtgeben, dass unter der Pfette entweder eine Betonplatte (die Deckenkonstruktion) oder ein Betonkranz das Mauerwerk abschließt. Besonders bei schwerem Schnee und Wind kann eine Ziegelmauer alleine die Lasten nicht sicher aufnehmen. Deswegen wird in der Regel ein „Ringanker“ rund um das Mauerwerk betoniert, dieser Betonkranz schließt zugleich das Mauerwerk oben wie ein Deckel ab. Ganz nebenbei braucht jede Ziegelmauer oben einen Betonkranzabschluss.

Abb. 96: Ein Pultdach als Sparrendachstuhl. Achtung bei Neigung zur Fassade: Hier läuft Regenwasser in die Wandkonstruktion!

Abb. 97: Regeln zu konstruktivem Holzschutz nicht eingehalten, die Leimverbindungen lösen sich im Regen. Eine Blechabdeckung hilft.

Ein Sparrendach ergibt einen stützen- und verstrebefreien Dachraum und ist für Dachbreiten bis zu acht Meter gut geeignet. Die Sparren werden sowohl auf Druck als auch auf Biegung beansprucht und sollten daher nicht länger als fünf Meter sein. Plant man ein Haus mit größerem Grundriss, wird diese einfache Dachstuhlform nicht ausreichend tragfähig sein.

Kehlbalkendachstuhl

Der Kehlbalkendachstuhl hat dieselben Sparren, nur werden hier zusätzlich Querverstrebungen knapp unter dem Dachfirst eingebaut. Damit wird die Konstruktion stabiler und die Spannweite der Sparren kann verlängert werden. Der Kehlbalken kann zugleich als Basis für die Wärmedämmung und die Brandschutzverkleidung dienen.

Pfettendachstuhl

Wieder ist die Basis ein Sparrendach, das auf Fußpfetten ruht. Diesmal werden parallel zur Fußpfette weitere Pfetten angebracht. Auf diesen liegen die Sparren auf. Bei komplizierteren oder größeren Dachgrundrissen werden zusätzlich zur Fußpfette ein bis zwei Mittelpfetten und eine Firstpfette benötigt. Sind größere Dachvorsprünge gewünscht, können die Pfetten über den Hausgrundriss hinaus verlängert und die Dachsparren darauf befestigt werden. Die Pfetten tragen den Dachstuhl, ragen aber auch in den Dachraum, daher muss auf die Raumhöhe geachtet werden.

Metalldachstuhl

Beim klassischen Einfamilienhaus mit Dachvorsprüngen ist ein Stahldachstuhl ungeeignet. Er eignet sich jedoch gut bei schwierigeren Dachgrundrissen und in Kombination mit Holz fast immer für Dachausbauten im Altbau. Hinsichtlich der Wärmebrückenminimierung und des Kondensationsschutzes ist aber eine besondere Planungssorgfalt angesagt. Ein Dachstuhl aus Metallprofilen ist nur geeignet, wenn diese ausreichend überdämmt werden können.

Sonderformen

Natürlich gibt es weitere Dachformen, Türmchen, Keilpfostendächer für flache Konstruktionen und besonders bei hohen brandschutztechnischen Anforderungen die Möglichkeit einer „Sargdeckelkonstruktion". Dabei wird einfach die Dachkonstruktion aus fertigen Betonplatten oder Ortbeton hergestellt, darauf wird dann aber immer noch eine gedämmte Sparrenlage befestigt. Immer häufiger kommen vorgefertigte Dachelemente zum Einsatz, die auf der Baustelle mit dem Kran versetzt werden.

Dachdeckung

Man könnte zum Thema Dachdeckung mehrere Bücher füllen oder sich auf den Standpunkt stellen, dass ein A4-Zettel reicht. Das Thema Dachdeckung wird heutzutage allgemein überschätzt. Denn während frühere Dachdeckungen den Wetterschutz alleine übernehmen mussten, gibt es heute fast immer regensichere Unterdächer.

Wer kennt es nicht, das typische Bild vom Regenschirm unter dem Dachfirst oder von Kübeln auf dem Dachboden, um das Regenwasser aufzufangen? Sobald einige Dachziegel gebrochen oder vom Sturm verweht waren, drohte der Wasserschaden. Das sollte heute nicht mehr passieren, wenn – und das ist beim ausgebauten Dach Vorschrift – ein Unterdach gebaut wird. Ein Unterdach ist aber auch dann anzuraten, wenn der Dachboden nicht genutzt wird, also einen sogenannten „Blindboden" darstellt.

Je flacher ein Dach ist, desto schneller „säuft" die Dachdeckung ab. Aber mit einem guten Unterdach kann der Sturm sogar ein paar Dachziegel abtragen, es regnet trotzdem nicht herein. Die Dachdeckung, gleich ob aus Ziegel, Stein oder Metall, stellt „nur mehr" die erste Barriere für Wind und Wetter dar. Auch in den technischen Normen steht, dass die Dachdeckung nur „schlagregensicher" sein muss. Demnach dürfen Sie sich nicht wundern, wenn bei Extremregen, Gewitter und Hagel die Dachdeckung versagt. Das gilt im Übrigen auch für flache Blechdächer. Bei diesen muss man sich vor Sturmschäden zwar kaum fürchten, aber bei Starkregen und vor allem bei der Schneeschmelze stehen die „Doppelstehfälze" (die Verbindungsstellen zwischen den Blechbahnen) unter Wasser, dadurch „ertrinkt" auch das Blechdach.

Welche Arten der Dachdeckung sind nun empfehlenswert?

Faserzementplatten

Die guten alten Eternitplatten. Seit über 20 Jahren werden sie asbestfrei produziert, und das Programm wird ständig erweitert. Im Gegensatz zur eher unzuverlässigen Fliesenindustrie gibt es auch für 40 Jahre alte Dächer noch Ersatzmaterial, Eternit ist damit ein absolutes Vorbild in Sachen Produktpflege. Die Dachbranche wäre ohne die seit Jahrzehnten sanft gepflegte Produktpalette eine andere.

Technisch gesehen ist das perfekte Dachmaterial die Welleternitplatte. Sie ist extrem robust, bei regelmäßiger Nachverschraubung nicht sturmanfällig und sie kann heutzutage schon bis sieben Grad Dachneigung verlegt werden. (Je „flacher" ein Steildach ist, desto höher ist die Beanspruchung der Dachdeckung durch Regen und Sturm.) Die Welleternitplatte ist Gruppensieger in Bezug auf

Haltbarkeit, Sturmsicherheit und Wartungsintensität. Optisch erinnert sie aber eher an ländliche Wirtschaftsgebäude, weswegen die Platte für Einfamilienhäuser kaum Verwendung findet. Speziell für diesen Haustyp gibt es aber auch eine kleinformatige Wellplatte, die jedenfalls eine Überlegung wert ist.

TIPP

Alle größerformatigen Dachdeckungen mit frei bewitterter Verschraubung müssen im Rahmen von Wartungsarbeiten regelmäßig nachverschraubt werden. Nur dann kann man von einer angemessenen Sturmsicherheit sprechen. In der Regel genügt ein Wartungsgang alle fünf bis zehn Jahre. Ohne Wartung kann es zu Haftungsproblemen im Sturmschadensfall kommen!

Betondachsteine

Das Produktprogramm im Bereich Betondachsteine ist eher eingeschränkt, jedenfalls im Vergleich zu Tondachziegeln. Technisch gesehen sind Betondachsteine bedingungslos empfehlenswert, sie sind aber auch nicht haltbarer als Tondachziegel.

Die gegenüber früheren Tondachziegeln größeren Betondachsteine sind schnell und sehr einfach zu verlegen, weshalb sie der Liebling aller Fertighausfirmen und Komplettanbieter sind. Diese erliegen leicht der Verlockung der leichten Montage und sparen den Dachdecker ein. Das ist allerdings ein Grund, warum bei Fertighäusern leider fast immer Mängel auf den Dächern zu finden sind. Schlampereien am Dach sind aber besonders fahrlässig. Ein schlecht aufgebrachter Deckenputz mag zwar herunterfallen, aber immerhin erschlägt er niemanden. Ein gut fünf Kilogramm schwerer Betondachstein, der bei einem Sturm vom Dach fällt, wirkt dagegen wie ein tödliches Geschoss.

Eternit hat im Übrigen auch Betondachsteine im Programm, „zufälligerweise" nahezu exakt die gleichen Formate. Bramac punktet mit einem 7-Grad-Dachstein, der zusätzlich zu den normalen Formaten im Kopfbereich eine Art Falz aufweist. Dadurch läuft das Wasser bei flachen Neigungen nicht so schnell zurück. Baupraktisch bringt das jedoch nicht den gewünschten Erfolg: Bei sieben Grad Dachneigung und starkem Regen säuft jede Dachdeckung ab! Bramac sichert sich ab und lässt nur zertifizierte „Leistungspartner" ran und schreibt ein „erhöht regensicheres Unterdach" vor. Tatsächlich gehe ich davon aus, dass jeder Kopffalzziegel von Ziegelherstellern dichter ist als der 7-Grad-Betondachstein von Bramac. Bramac punktet jedenfalls mit seinen Werbeaktivitäten

Tondachziegel

Ein großer Pluspunkt und das große Unterscheidungskriterium der Tondachziegel ist das vielfältige Produktprogramm. Kaum eine Form und Farbe, die es nicht als Dachziegel gibt, ein Vorteil für Architekten, da alle Türen für ein individuelles Dach offenstehen.

Auch die Tondachziegelhersteller haben die Mindestneigungen stark in Richtung flacher Dachbereich gesenkt. Es gibt einen Hersteller, der 7-Grad-Flachdachziegel anbietet, und nahezu alle bieten Dachziegel ab Neigungen von zehn bis 15 Grad an. Baupraktisch sind alle Kopffalzziegel bestens für flache Neigungen geeignet, „echte" Wasserrinnen im Kopfbereich geben den Ziegelformaten auch den Namen: „Flachdachpfannen".

Ein kleiner Minuspunkt der Tondachziegel ist, dass Reparaturen dadurch, dass die Ziegel sehr stark miteinander verbunden sind, etwas zeitaufwändiger sind, außerdem kommt es bei Dächern mit vielen Wartungsgängen zu Kaminputztürchen oder einer Gemeinschaftsantenne am Dach schneller zu Brüchen.

Die österreichische Tondach Gleinstätten und das deutsche Ziegelwerk Creaton bringen großformatige Tondachziegel auf den Markt. Sie folgen damit der Anforderung, mit zehn statt 16 Dachziegeln pro Quadratmeter dem Dachdecker ein günstigeres Dachdeckungsmaterial an die Hand zu geben.

Metalldachpfannen

Metalldachpfannen aus Aluminium oder beschichteten Stahlblechen werden als besonders robust beworben. Man beruft sich darauf, dass Metall ein schwer zerstörbares Element ist. Tatsächlich sind diese Pfannen und Platten aus Dünnblechen gefertigt und man kann sie kaum belasten, ohne sie zu beschädigen. Ein unbedachter Tritt, und die Platte ist eingedellt. Damit verliert sie zwar in der Regel nicht ihre Funktion, aber eine verbeulte Dacheindeckung ist auch keine Zierde. Die bekannten Aluplatten von PREFA können zudem vom Hausherren nicht einmal schnell selbst getauscht werden, denn dazu braucht man Spezialwerkzeug.

Bei steileren, nicht begehbaren Dächern sind derartige Platten durchaus empfehlenswert. Optisch sollte man jedoch nicht allzu hohe Ansprüche stellen. Bei geräuschempfindlichen Dachbewohnern und flachen Dachneigungen sind eher schwere Dachdeckungen zu empfehlen wie Tonziegel, Betondachsteine oder Faserzementplatten, denn diese sind relativ gut schallschluckend.

Jedenfalls rate ich von kleinformatigen Metallpfannen ab, die direkt – frei bewittert – an der Dachlattung verschraubt oder vernagelt werden. Für diese Pfannen gibt es oft nicht einmal eine normative Zulassung. Derartige Materialien werden aber ohnehin meist nur von Bauunternehmern, selten von Dachprofis angeboten.

Trapezblechprofile

Trapezbleche erleiden ein ähnliches Schicksal wie Welleternitplatten. Aufgrund ihrer „Industriedach-Optik“ sind sie nicht gerne gesehen. Am besten verwendet man sie nur bei rechteckigem Grundriss und flachen Dächern, komplexere Dachformen mit Fenstereinbauten und Kaminen lassen sich mit Trapezblechprofilen schwer lösen.

Im Gegensatz zu Welleternitplatten sind diese großformatigen Metallelemente lauter. Meine Empfehlung lautet daher, Trapezbleche nur mit Unterdach und Hinterlüftung zu verwenden. Das heißt, die Trapezbleche liegen auf einer Lattung, die Lattung wird mit Konterlattung vom Unterdach distanziert, wodurch auch die Hinterlüftung ermöglicht wird. Das ist wichtig, da bei einer nicht hinterlüfteten Dachhaut das Trapezblech als absolute Dampfsperre wirkt. So gut kann die raumseitige Dampfbremse gar nicht verlegt werden, Kondenswasserschäden sind vorprogrammiert, weil die Metallprofile keinen Wasserdampf durchlassen. Die Dachkonstruktion mit hinterlüfteter Dachhaut nannte man früher „Kaltdach“. Ein Warmdach ist dagegen eine Dachkonstruktion *ohne* Hinterlüftung.

Metalldach - thermische Längenänderung

Vorsicht ist bei dunklen Metalldachprofilen angesagt, vor allem bei großen Dachlängen. Hier habe ich schon erlebt, dass sämtliche Verschraubungen aus der Unterkonstruktion gerissen wurden. Bei diesem Dachmaterial muss die temperaturbedingte Längenänderung berücksichtigt werden. Wird beispielsweise ein gedämmtes Trapezblechprofil (Sandwichelemente) bei kalten Außentemperaturen verlegt, muss bei Sonnenbestrahlung schon einmal von rund zwei Zentimeter Ausdehnung ausgegangen werden. Da wird auch eine Verschraubung nichts daran ändern.

Blechdeckungen

Nahezu jeder Dachgrundriss und jede Dachform sind mit Spenglerblechen ausführbar. Die Dauerhaftigkeit ist ausschließlich vom handwerklichen Geschick und dem verwendeten Material abhängig. Wer beispielsweise Kupfer verwendet, darf sich auf eine Haltbarkeit von mehr als 200 Jahren freuen. Aber Vorsicht, ein schlechter Spengler schafft es, dass auch ein Kupferblechdach nach fünf Jahren saniert werden muss. Hier liegt der Teufel im Detail versteckt: Nur eine gute

Abb. 98: Planungs- und Ausführungsfehler: Metallkamin kreuzt einen Doppelstehfalz, dieser wird einfach umgelegt und „verschmiert".

Firmenwahl und Planung in Verbindung mit der richtigen Materialwahl können dafür sorgen, dass das Blechdach die sorgloseste und haltbarste Möglichkeit der Dacheindeckung ist. Achten Sie bei der Auftragsvergabe darauf, dass ein „Meisterbetrieb" Ihr Blech verspengelt.

Blechdächer setzen in der Regel eine Mindestneigung von fünf Grad, die in keinem Bereich unterschritten werden darf, voraus, abhängig von der Dachgröße und der Anforderung. Außerdem muss es im ausgebauten Dachbereich *immer ein Unterdach mit Hinterlüftung* (früher: „Kaltdach") geben. Ein Blechdach ohne diese konstruktive Maßnahme ist zwar als Sonderkonstruktion technisch machbar, sollte aber nur in Ausnahmefällen ausgeführt werden.

So wie das Trapezblechdach wirkt die Blechdeckung baupraktisch dampfdicht. Kleinste Fehler in der raumseitig angebrachten Dampfbremse zerstören Ihr Dach schneller, als Sie den Begriff „Warmdach" fachrichtig im Internet erklärt bekommen. (Ein Warmdach ist eine nicht hinterlüftete Dachkonstruktion, bei der die Dämmung unter der Dachhaut liegt.)

Lärmempfindliche Dachbewohner schöpfen im Übrigen aus zahlreichen Möglichkeiten, schallreduzierende Maßnahmen umzusetzen. Sie können

- ➜ die Breite der Blechbahnen von 650 auf 500 Millimeter reduzieren;
- ➜ die Blechscharen auf Wirrfaden- bzw. Anti-Dröhnmatten montieren;
- ➜ die Dachkonstruktion mit schweren Dämmstoffen (Steinwolle, Holz) dämmen;
- ➜ die Dachraumbeplankung/Trockenbau auf schallentkoppelte Metallbügel setzen.

In der Regel gibt es bei den heutigen Dachkonstruktionen kaum mehr eine Lärmbelästigung durch Regen. Während frühere Dachkonstruktionen mit einer 20-Zentimter-Dämmung und damit 20 Zentimeter Sparrenhöhe auskamen, wird heute mit der nahezu doppelten Dicke gebaut. Ich wohne selbst unter einem Blechdach und höre aufgrund des 50 Zentimeter dicken Daches eher den Regen auf die Dachfenster klopfen, was übrigens sehr beruhigend wirkt.

Weiter unten finden Sie Informationen zur „richtigen" Blechauswahl.

Sonstige Dacharten

Es gibt unzählige weitere Dachdeckungsmaterialien, von Kunststoffpfannen – von denen ich dringend abrate – bis hin zu Naturprodukten wie Stroh-, Schilf- und Holzschindeldächern. Besonders robust ist die Naturschieferdeckung, die nahezu unbegrenzt haltbar ist. Nur bedarf es hier eines speziellen Schieferdachdeckers, und damit wird so ein Dach nahezu unbezahlbar.

Ich freue mich über jedes handwerklich feine Stroh-, Holzschindel- oder Naturschieferdach, aber leider ist meiner Meinung nach der Einsatzbereich, insbesondere für Einfamilienhäuser, stark eingegrenzt.

Das Ende der Dachdeckungen

Wie einleitend erwähnt, stellt die Dachdeckung nur die erste Barriere gegen das Wetter dar. Achten Sie daher auf Ihr Unterdach und das verwendete Zubehör. Dachlaufstege, Rohrstrangentlüftungen, Satellitenstangen und Befestigungssysteme für Solaranlagen stellen Schwachpunkte im Kampf gegen Wind und Wetter dar. Im Übrigen kompensieren die ausführenden Firmen vielfach ihren Billigpreisauftrag zu Ihren Ungunsten über das Zubehör.

Die Wahl der Dachdeckung bleibt eine Frage der Optik, des Geschmacks und Ihrer finanziellen Mittel. Darüber hinaus sollten Sie vor allem nach der Haltbarkeit und der Wartungsintensität einer Dachdeckung fragen. Übrigens: Dicht sind sie alle. Aber glauben Sie mir, wenn es einmal wirklich stark regnet: Dicht sind sie alle nicht! Teure Doppeldeckungen und auffällige Farbglasuren bringen technisch rein gar nichts. Wem es aber gefällt, darf sich über eine unglaubliche Vielfalt freuen.

Abb. 99: Das Flachmetallprofil wird unter den Dachstein geschoben, dieser liegt nun nicht mehr voll auf. Bruchgefahr bei Schneedruck.

Abb. 100: Lüftungsrohre im „kalten Dachboden" müssen wärmegedämmt werden! Auch die Unterdachdurchdringung ist hier nicht abgedichtet worden.

Verblechungen

Praktisch jedes Dach enthält Dünnbleche. Ob für die Hängerinne an der Dachtraufe, eine auf dem Dach liegende Saumrinne oder eine zwischen zwei Häusern liegende Einlegerinne.

Die Dachränder rechts und links nennt man Giebel oder Ortgänge, die Anschlüsse an eine Gaube Wandeinfassungen oder eben auch Kamineinfassung. Alle Blecheinfassungen an ein aufgehendes Bauteil brauchen zum Abschluss eine Kitt- oder Putzleiste. Es gibt beschichtete und unbeschichtete sowie rostende und nichtrostende Bleche.

Verzinkte Stahlbleche

Verzinkte Stahlbleche leben vermutlich noch immer vom guten Ruf aus der Autokarosseriebranche. Früher waren Autos nicht feuerverzinkt, sondern wurden nur hauchdünn lackiert, wodurch kleinste Beschädigungen zu Rostproblemen führten. Dann kamen Autos mit verzinkten Stahlblechen *plus* einer Lackierung mitsamt solchen Werbesprüchen wie „Zehn Jahre Garantie gegen Durchrosten". Ein leichtes Zugeständnis.

Selbst wenn man ein verzinktes und lackiertes Stück Blech täglich durch eine Pfütze schleppt, wird es nicht durchrosten, es dauert durchaus 20 Jahre, bis ein feuerverzinktes Dachblech durchrostet. Aber schon lange davor wird es unansehnlich rotrostig, und etwa alle zehn Jahre möchte so ein Blech nachlackiert werden. Sie sehen verzinkte Stahlbleche meist an städtischen Dächern. Es ist zunächst ein billiges Blech und wird später eine wahre Sparkasse. Daher empfehle ich eher, derartige Bleche rosten zu lassen und danach gegen rostfreie zu tauschen.

Beim Neubau und beim Einfamilienhausbau hat, obwohl gesetzlich zugelassen, ein verzinktes Stahlblech absolut nichts verloren. Es bleibt die Rechtsfrage, ob ein Bauträger, der seinen Profit optimiert, wo es nur geht, vor Kaufabschluss auf den Umstand der teuren Instandhaltungsanstriche hinweisen muss. Ein Quadratmeter nichtrostendes Blech kostet vielleicht zehn bis 15 Euro mehr; ein „unechter Korrosionsschutz" mit Reinigung, Grundierung und zwei Deckanstrichen kostet hingegen 25 bis 35 Euro. Wieder einmal stimmt der Leitsatz: Wer billig baut, baut teuer.

Aluminiumbleche, beschichtet oder unbeschichtet

Aluminiumbleche sind in nahezu allen Farben erhältlich und können damit bestens auf die Dach- und Fassadenfarbe abgestimmt werden. Das macht es zum Lieblingsblech der Gartenhüttenbauer.

Aluminium auf dem Dach rostet nicht, auch nicht im unbeschichteten Zustand, aber das Blech ist sehr weich und nicht lötbar. Wer unbedingt Farbe auf seinem Dach haben möchte, kann auf ein verzinkt *beschichtetes* Blech zurückgreifen. Das Blech wird schon im Werk unter kontrollierten Bedingungen beschichtet und Wartungsanstriche entfallen. Zusätzlich lässt sich das Blech löten, nur die Beschichtung muss vorher mühselig entfernt werden.

Doch Aluminium hat viele Nachteile:

- Es ist ein weiches Blech, bei Wartungsgängen und Schneerutsch geben besonders die Rinnen schnell nach.
- Das Blech ist baupraktisch nicht schweißbar, geklebte und gedichtete Verbindungen sind wenig zuverlässig.
- Beschichtete Bleche bekommen allgemein schnell Kratzer, schon vor der Fertigstellung sollte daher der Kunde über die unvermeidbaren Kratzer informiert werden.
- In direktem Kontakt mit Mörtel bekommt auch Aluminium Löcher.

Einen anderen Einsatzbereich für Alubleche findet man bei Türstaffelverkleidungen und Schutzabdeckungen. Hier punktet beispielsweise zwei Millimeter dickes Alu-Riffelblech.

Von der Verwendung von Aluminium als Dachblech muss ich jedenfalls bei komplizierten Dachgrundrissen abraten.

Kupferbleche

Das Kupferblech ist des Spenglers Liebling. Es ist weich und lässt sich wunderbar verarbeiten. So bricht zum Beispiel beim Rundfalzen von Kamineinfassungen Kupfer nicht so leicht. Das Material ist „fehlerverzeihend“, und in unserem Klima hält es praktisch ewig. Zudem gibt es sogar einen Wiederverkaufswert; Kupfer hält zwar nicht länger als Niro (siehe unten), aber beim Hausabbruch bekommt man vom Altmetallhändler noch gutes Geld dafür. Unbehandeltes Kupfer hat abgesehen von dem tagesabhängig hohen Preis nur drei Nachteile:

- ➜ Das Abtropfwasser verursacht kaum entfernbare, hässliche Spuren an Fassaden und hellen Terrassenplatten.
- ➜ Es gibt Materialunverträglichkeiten in Verbindung mit anderen Metallen. Die Entwässerung von einem Kupferblechdach in ein Stahlrohr kann ganz böse enden.
- ➜ Das Blech ist zu Beginn rot-glänzend. Es dauert Monate, bis die Flecken der Verarbeitung wie etwa Handschweiß verschwinden und das Blech gleichmäßig braun wird.

Der Nachteil der zu Beginn unebenen Oberfläche kann durch konsequente Verwendung von Handschuhen bei der Verarbeitung minimiert werden. Dennoch oxidiert das Kupfer je nach Bewitterung ungleichmäßig. Doch das kann man auch positiv sehen: Kupfer hat eine „lebendige“ Oberfläche.

Es gibt auch vorbehandeltes Kupferblech. Bei diesem wird der natürliche Oxidationsprozess behindert oder gänzlich ausgeschlossen. Die „Artenvielfalt“ bei Kupferblech ist gewaltig. Wer Status zeigen möchte, wählt aus folgenden Varianten des Herstellers KME:

- ➜ Tecu Oxid wird vorbewittert und gleich mit brauner Optik geliefert.
- ➜ Tecu Patina wird schon mit einer grünspanigen Oberfläche geliefert.
- ➜ Tecu Classic coated behält die glänzende Oberfläche lange bei.
- ➜ Tecu Zinn, das Kupfer wird verzinnt, wodurch ein farbiges Grau entsteht.
- ➜ Tecu Bronze, eine Kupfer-Zinn-Legierung mit Bronze-Optik.
- ➜ Tecu Gold, eine Kupfer-Aluminium-Legierung, sieht goldfarben aus.

Für Einfamilienhäuser sind Kupferbleche technisch top und der pure Luxus.

Zinkblech

Zinkblech wird zwar immer noch so genannt, ist heutzutage aber eine Zinktitankupferlegierung. Es handelt sich dabei um das in der Architektur und für hochwertige Wohnhausanlagen am meisten verlegte Blech.

Früher verwendete man reines Zinkblech, das bis zu 80 Jahre gehalten hat. Zink ist allerdings spröde und rissanfällig, deshalb ist heute die Legierung mit Titan und Kupfer üblich.

Vorteile des Zinkblechs sind die nahezu unendliche Produktvielfalt und der im Vergleich zu Kupfer- und Niro-Blechen wesentlich bessere Herstellerservice. Darüber hinaus ist das Blech nach einigen Monaten freier Bewitterung mattgrau und optisch sehr neutral. Im Gegensatz zu Kupfer gibt es außerdem keine Probleme mit Kontaktkorrosion; die unschönen Ablaufspuren, die Kupfer aufweist, gibt es bei Zink nicht.

Für Einfamilienhäuser ist dieses Blech sehr empfehlenswert, allerdings braucht es eine absolut fachgerechte Verarbeitung, damit es lange hält. Ein guter Spengler ist sich auch der folgenden Nachteile bewusst und kann mit ihnen umgehen:

- Das Blech ist wenig „fehlerverzeihend“ und nur ab zehn Grad Außentemperatur sicher zu verarbeiten. Beim Kanten und Falzen bei Kälte können die Biegekanten unbemerkt brechen.
- Zinkblech weist starke Längenänderungen auf, wenn die Temperatur schwankt. Man muss also eine „Bewegungsplanung“ unbedingt einhalten.
- Es ist nicht gut beständig gegen Tauwasserkorrosion und verträgt den Kontakt zu Mörtel und Beton nicht.

Die meisten Hersteller bieten neben den normalen Bandblechen für Doppelstehfalzdächer (*das* Blechdach) zahlreiche Variationen und Oberflächenqualitäten an. Bei richtiger Verarbeitung bietet Titanzink das beste Preis-Leistungs-Verhältnis für Fassaden- und Dacheindeckungen. Für Bleche, die in eine Terrassen- oder Flachdachabdichtung eingebunden werden müssen, empfehle ich aber nur Kupfer- oder Nirobleche, kein Titanzink!

Niro-Bleche

Niro steht für „nicht rostend“. Das Blech besteht hauptsächlich aus einer Stahl-Chromlegierung. Es gibt rund 120 unterschiedliche Stahlqualitäten mit allesamt mindestens 10,5 Prozent Chromanteil. Sie bilden an ihrer Oberfläche eine chromreiche Oxidschicht, die vor Korrosion schützt. Wie bei Kupfer und Zink-Titan-Kupfer bildet sich die Oxidschutzschicht sofort nach einer Beschädigung nach.

Es gibt Chrom-Stähle und höherwertige Chrom-Nickel-Stähle. Beim Niro gibt es noch mehr unterschiedliche Material- und Oberflächenqualitäten als bei den anderen Blechtypen. Warmgewalzte, kaltgewalzte, 2D-Oberflächen, geschliffene, gebürstete und polierte Oberflächen.

Niro-Wellbleche werden vorwiegend für Vordächer, Garagen und Carports verwendet.

Für die Anforderungen eines Hausdaches reduziert sich das Angebot im Wesentlichen auf verzinnte Chromstahlbleche, wobei die Zinnauflage das Blech erst für den Spengler lötbar macht. Uginox und Ugitop sind Materialnamen eines Herstellers für Spenglerbleche aus Niro und aufgrund der extremen Robustheit und Haltbarkeit besonders für Flachdächer und Terrassen bestens geeignet, dagegen sind sie beim Spengler aufgrund der schwierigen Verarbeitung nicht besonders beliebt.

Sturmsicherung

Das Thema Sturmsicherung findet oft nicht bis zum Dach hinauf. Nach den bisherigen technischen Normen musste ein Dach mit kleinformatiger Deckung ohnehin nur 2-Steine- bzw. 2-Ziegel-breit bei allen Rändern befestigt werden, aber selbst das wurde selten eingehalten. Das ändert sich allmählich, seit die Versicherungsgesellschaften nicht mehr jeden Sturmschaden übernehmen.

Außerdem gibt es nun neue und strengere Normen. Für jedes Dach müssen Windlastberechnungen nachgewiesen werden, doch damit werden die Dachdecker erst recht überfordert sein. Die Lücke wird von den Herstellern gefüllt, die mit dem Material auch gleich eine Windlastberechnung mitliefern.

Prefa-Platten sind sehr sturmsicher, ebenso Kopf-Falzziegel und kleinformatige Dachsteine und Dachziegel, die statt mit Nägeln mit Seitenfalzklammern befestigt werden.

Bedenken Sie, dass für die Befestigung nur verzinkte oder rostfreie Befestigungsmittel zugelassen sind. Blanke Stahlnägel rosten und zerstören das Material ein paar Jahre nach Dacheindeckung. Dann muss der Dachdecker gerufen werden, und keiner denkt daran, dass dies ein Baufehler war, der verhindert hätte werden können.

Abb 101: Satellitenstange und Rohrlüfter auf Metalldachpfannen. Eine fehlerhafte Planung und Ausführung wird mit Dichtmasse „korrigiert“.

Abb. 102: Problem Sturmsicherung: Blanke Stahlnägel rosten und sind nicht zulässig. Das Deckmaterial bricht später und fällt herunter.

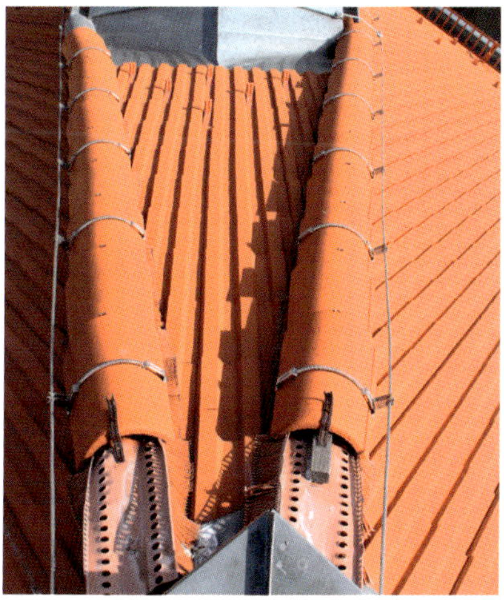

Abb. 103 links: Sturmschaden! Beide Gratsteine fielen zwölf Meter tief auf den Gehweg. Die Gratlatte war zu kurz, die Nägel steckten in der Luft.
Abb. 104 rechts: Sturmschaden! Bleche dürfen nicht direkt und sichtbar am Untergrund befestigt werden. Die Bleche bewegen sich und lockern die Schrauben.

Schnee- und Eisschutz

Viele Bauträger sind der Meinung, dass ein Schneeschutz baurechtlich nur bei Dachflächen zu öffentlichen Straßen und Gehwegen vorgeschrieben ist. Daher bauen sie einen Schneeschutz meistens nur zur Straßenseite hin. Aber das stimmt nicht ganz.

Nach dem Allgemeinen bürgerlichen Gesetzbuch (kurz: ABGB) ist jeder Gebäudehalter, also Hauseigentümer, für jene Schäden verantwortlich, die von seinem Haus ausgehen. Wenn also Ihr freundlicher Briefträger die Post zur gartenseitigen Terrassentüre bringt und eine Schneelawine auf den Kopf bekommt, erwarten Sie eine Strafanzeige und eine Schadenersatzklage – es sei denn, Sie haben für einen den Normen entsprechenden Schneeschutz gesorgt.

Es mag Ihnen ja nichts ausmachen, wenn Schnee von Ihrem Steildach auf die jetzt ohnehin ungenutzte Terrasse donnert (sofern Sie die Gartenmöbel in Sicherheit gebracht haben), aber auch die Regenrinnen werden vom Schnee oft abgedrückt. Planen Sie also lieber einen guten Schneeschutz. Schneenasen oder Schneestoppsteine sieht man häufig, aber sie sind nur in Verbindung mit Schneegittern oder Schneerechen wirksam. Glatte Metalldachdeckungen auf steilen Dächern brauchen zusätzlich zum Schneeschutzsystem auch einen Schutz vor abrutschenden Eisplatten. Fragen Sie den Dachdecker oder Spengler oder auch den Hersteller.

Das Unterdach

Nun wissen wir, dass die Dachdeckung nur bedingt Schutz vor extremem Wetter liefert. Daher richten wir die Aufmerksamkeit auf das Unterdach, also den Teil der Konstruktion zwischen Dachdeckung und Dachstuhl. Das Prinzip sieht so aus: Auf die Dachstuhloberseite wird eine begehbare Lage Bretterschalung oder Holzwerkstoffplatten aufgebracht. Darauf wird eine wasserableitende Schichte Schalungsbahn (früher „Dachpappe") genagelt. Nun könnte man die Dachlattung direkt auf die Schalungsbahn nageln, nur würde dann der Hinterlüftungsspalt fehlen und eindringendes Wasser könnte nicht zur Dachtraufe (zur Rinne) ablaufen. Also muss eine mindestens fünf Zentimeter hohe Konterlattung her, die für die nötige Distanz für Wasserablauf und Luftspalt sorgt. Über diese „Luftschicht" wird die diffuse Feuchtigkeit, also der durch die Dachkonstruktion wandernde Wasserdampf, abgeführt. Ein Unterdach erfüllt also zwei Funktionen:

- Verhinderung des Wassereintritts von außen bei Versagen der Dachdeckung und
- Ablüftung von Wasserdampf, Kondenswasser und Schadwasser aus dem Hausinneren und der Konstruktion.

Das regensichere Unterdach

Das „regensichere Unterdach" ist ein Relikt vergangener Zeiten, das nur bei Dachneigungen ab 25 Grad sinnvoll ist, denn nur bei steilen Dächern läuft anfallendes Unterdachwasser schnell genug ab. Die Schalungsbahn wird hier nur zu Zwecken der Winddichtheit verklebt, Nageldichtbänder bei den Konterlatten sind noch nicht vorgeschrieben.

Das „erhöht regensichere Unterdach" (eigentlich wasserdichtes Unterdach)

Damit das Unterdach endlich kann, was es können soll, werden die eben erwähnten Schwachstellen wasserdicht gemacht:

- ➜ Die Überlappungen der speziellen Schalungsbahnen werden verschweißt.
- ➜ Nageldichtbänder werden bei Konterlattennägeln oder besser noch: die Schalungsbahn wird über die Konterlatte geführt, dann sind die Nägel auch dicht.
- ➜ Besondere Sorgfalt gilt es bei Durchdringungen und Anschlüssen, wie Kamin, Antennen etc., walten zu lassen.

Die beste Variante, ein Unterdach herzustellen, ist jene mit einer Wärmedämmplatte als Unterdach. Statt Brettern werden beispielsweise zwölf Zentimeter dicke Unterdach-Dämmplatten auf die Sparren geschraubt. Damit werden auch Wärmebrücken, die durch den Dachstuhl entstehen, egalisiert. Die empfindlichere Zwischensparrendämmung im Dachstuhl bleibt so zur Gänze vom winterlichen Kondenswasser verschont.

Durchdringungen im Unterdach

Dachfenster, Satellitenstangen, Kanalstrangentlüftungen, Sanitärrohre und Kamine bilden Löcher im Unterdach und raumseitig in der Dampfbremse. Alle diese Löcher müssen dauerhaft verschlossen werden.

An diesen Stellen lassen sich Klebebänder zur wasserdichten Unterdachverklebung leider nicht vermeiden. Leider zeigt meine persönliche Statistik, dass acht von zehn Unterdächern in diesen Bereichen entweder gar nicht oder fehlerhaft verklebt sind. Dadurch dringt Wasser ein, und dies führt zu Schimmelbefall an der Dämmung oder holzzerstörendem Pilzbefall am Dachstuhl.

Dazu kommt aber noch ein Problem: Um die Löcher dauerhaft abzudichten, müssen Klebebänder auf die Schalungsbahnen geklebt werden. Klebebänder auf Vliesbahnen setzen aber immer einen Haftgrundanstrich voraus. Nicht umsonst steht bei den Klebebändern sinngemäß und im Kleingedruckten: „Ob die Klebebänder tatsächlich kleben, muss mit Eigenversuchen getestet werden."

Abb. 105: Die Unterdachausführung mit Holzplatten ist nicht ganz korrekt. Wasser kann in der Mitte der Kehle nicht ablaufen, die Klebebänder stehen gegen die Abflussrichtung.

Abb. 106 unten: Auch wenn es die Hersteller zulassen, in den meisten Fällen haften die Klebebänder nicht ohne Haftanstrich. Untergrundreinigung ist Pflicht.

Abb. 107 unten links: „Säuft" das Unterdach regelmäßig ab, drohen Pilzschäden am Dachstuhl.
Abb. 108 unten rechts: Totalschaden am Dachstuhl aufgrund eines wasserundichten Unterdachs!

Es gibt auch vorgefertigte Rohrmanschetten, die in die Schalungsbahn eingebunden werden können. Wer hier 20 Euro spart, riskiert Jahre später einen Schaden von mehreren tausend Euro.

Dachfenster

Unbeachtete Handwerkerausstiege

Nicht ausgebaute Dachböden müssen in der Regel eine Zugangsmöglichkeit haben, damit man im Brandfall löschen kann. Auch wenn der Dachraum gar nie genutzt werden soll, muss es in der Regel und je nach Bauordnung ab fünf Quadratmeter Raumgröße eine Zugangsmöglichkeit geben. Dafür genügt ein Handwerkerausstieg, der so umgebaut wird, dass es eine Öffnungsmöglichkeit von außen gibt.

Wer seinen Dachraum nutzen möchte, baut eine Dachbodentreppe mit ausziehbarer Leiter ein. Achten Sie dabei auf eine passivhaustaugliche, also luftdichte und gut gedämmte Treppe. Denn ohne absolute Luftdichtheit kann feucht-warme Raumluft über die Treppe den Dachstuhl mit Kondenswasser beaufschlagen, Pilzschäden inklusive!

Um das Dach für Wartungszwecke betreten zu können, benötigen Sie dann noch einen Handwerkerausstieg, ein kleines Dachfenster. Glauben Sie mir, Ausstiegsgrößen von knapp 40 Zentimetern machen den Wartungsgang zur Qual. Ein Handwerkerausstieg sollte daher zumindest 50 Zentimeter breit und stabil sein. Velux, Roto und Bramac bieten komfortable Maße, der Ausstieg von Tondach Gleinstätten punktet wenigstens noch in puncto Stabilität. Hier mein Ranking:

- *Velux:* 49 x 76 cm (stabil, mit Isolierglas!)
- *Roto:* 55 x 80 cm (stabil, mit Isolierglas!)
- *Bramac:* 47 x 52 cm (Kunststoff) oder 85 x 85 (!) cm (stabil mit Holzrahmen!)
- *Tondach Gleinstätten:* 43 x 50 cm (stabil!)
- *Eternit:* 42 x 54 cm
- *Klöber:* 47,5 cm x 52 cm (fragil)

Hinter dem Dachfenster muss die Deckung zurechtgeschnitten werden, sodass der Fensterdeckel zwangs- und damit bruchfrei vollflächig auf der Dachdeckung zu liegen kommt. Vielleicht ist es aber auch einfacher, eine Anlegeleiter für den Wartungsgang am Dach anzuschaffen. Fragen Sie jedenfalls den Rauchfangkehrer, eventuell verlangt er für seine Kamininspektion den Einbau von Dachstufen!

Dachflächenfenster - Wohnraumfenster

Bei den Systemdachflächenfenstern wird die Luft erschreckend dünn. Ich kann nur zwei Hersteller empfehlen, und die nur eingeschränkt: Velux und Roto.

Bei Roto wird zur Anbindung an die Dachdeckung über den Dachrahmen ein Gummiteil gestülpt. Velux steckt seine Blechteile systemgerecht zusammen.

Velux enttäuscht in Bezug auf die Passivhaustauglichkeit. Zumindest in Österreich. Velux baut zwar ein Passivhausfenster, aber offenbar noch nicht für den österreichischen Markt. Hier empfiehlt sich Roto, deren Dachfenster weisen einen Uw-Wert von 0,78 Watt/m^{2}K auf.

Ich habe 2006 für meinen Dachausbau 22 „Niedrigenergie-Velux-Fenster" eingekauft und die Rahmenbreite mit einem aufwändigen Umbau nahezu verdoppelt. So habe ich die vermisste Passivhaustauglichkeit schon damals erreicht.

Dachfenster bilden immer eine Kondenswasserfalle, ein Uw-Wert von 1,1 W/m^{2}a ist immer noch schlechter als ein Wert von 0,15 für eine Passivhauswand. Das Fenster wird immer der kälteste Bereich in der Gebäudehülle bleiben. Auch bei passivhaustauglichen Fensterwerten von 0,8.

Bei Dachfenstern entsteht außerdem ein konstruktives Problem in Verbindung mit einem innenliegenden Sonnenschutz. Durch den innen montierten Sonnenschutz wird im Winter die warme Raumluft von der Scheibe abgeschirmt. Im Spalt zwischen Scheibe und Rollo oder Jalousie bildet sich dann schnell Kondensat und Schimmel. Das würde sich durch eine Art Labyrinthbelüftung lösen lassen, aber wie schon erwähnt, echte Innovationen bleiben bei wenigen Anbietern scheinbar aus.

Verzichten Sie daher entweder gleich auf den inneren Sonnenschutz zugunsten eines außen liegenden Rolladens. Oder fahren Sie den Sonnenschutz bei wolkenlosem Nachthimmel einfach hoch, in Verbindung mit der Heizflächennutzung und adäquater Lüftung sollte das Kondenswasserproblem ausbleiben.

Es werden auch Schallschutzgläser angeboten, diese sind aus meiner Sicht jedoch sinnlos, da müssten zuerst die Fensterkonstruktionen selbst dichter werden.

Abb 109: Die am Markt erhältlichen Dachbodentreppen sind schlecht gedämmt, hier hat die Baufirma vorbildhaft nachgeholfen. Echt warm!

Dachglassysteme

Velux bietet einen „Dachbalkon“ an, eine nette Spielerei, die aber auch sehr teuer ist. Roto hat mit 2,6 x 1,7 Metern ein echtes Panoramafenster im Programm. Wer individuellere Lösungen sucht, findet diese bei Alu-Profil-Herstellern wie beispielsweise Schüco. Bei Holzkonstruktionen muss der Fenstertischler entsprechende Referenzen vorweisen können, Dachfenster sind nichts für Anfänger.

Vergessen Sie übrigens nicht, dass bei Individuallösungen auch alle Zubehörteile wie Sonnenschutz oder Steuerungstechnik erst „erfunden“ werden müssen.

Dachgauben und das A/V-Verhältnis

Normale schräge Dachfenster belichten einen bewohnten Dachboden perfekt, aber sie schaffen keinen zusätzlichen Raum. Das erreichen nur Dachgauben.

Besonders bei flachen Dachneigungen und einer niedrigen Kniestockwand kann durch das „Aufklappen“ des Daches ein Raumwunder geschaffen werden. Kreative Architekten verordnen Gauben an den Seitenwänden oft spitz zulaufende Wandfenster, doch damit sind Wärmebrücken und Kondenswasserschäden kaum zu vermeiden. Auch fragile Fertiggauben oder Konstruktionen aus Metallprofilen sollten vermieden werden, eine Gaube wirkt sich ohnehin schon negativ auf die dämmende Gebäudehülle aus.

Im diesem Zusammenhang ist es interessant, kurz das Thema A/V-Verhältnis zu streifen.

Das Prinzip lautet: m^2/m^3. In Worten: Die gesamte Außenfläche des Gebäudes wird durch das Raumvolumen des Gebäudes dividiert. Je mehr Volumen ein Haus im Verhältnis zur (wärmeabgebenden) Oberfläche hat, desto kleiner ist die Zahl, und das bedeutet, desto besser ist der Energiewert des Hauses. Einfamilienhäuser liegen im Schnitt bei einem Wert von 0,8 bis 1 (große Gebäude schaffen Werte von 0,2). Eine Gaube verschlechtert dieses Verhältnis. Um das zu kompensieren und den Heizwärmebedarf am Ende nicht zu verschlechtern, kann man beispielsweise die Dachdämmung um zwei Zentimeter erhöhen.

Dachbodenbelüftung

Mich wundert immer wieder, dass für den Platz im Keller gutes Geld bezahlt wird, aber der ohnehin vorhandene Dachboden ungeliebt und ungenutzt ist.

Meistens werden die Zimmerdecken gedämmt, während der Dachboden kalt und ungemütlich bleibt. Er darf sogar, weil keine Brandschutzverkleidung am Dachstuhl gemacht wurde, baurechtlich nicht einmal als Lager genutzt werden. Damit erhebt sich die Frage: Soll der ungedämmte Dachraum mit der Außenluft belüftet werden?

Jetzt wird es zwiespältig, denn die geltende technische Norm beinhaltet einen Widerspruch. Einerseits sagt sie: „Ungedämmte Dachböden sind zu belüften." Vermutlich deshalb, weil eine Be- und Entlüftung eine Sicherheitsmaßnahme darstellt, falls die raumseitige Dampfbremse fehlerhaft ist, was für den Dachstuhl üble Folgen hätte. Andererseits schreibt die Norm vor, dass „Flugschneeeintrieb zu verhindern sei", es darf also keine Schneewehen in den Dachboden blasen.

Eine Dachbodenbelüftung hat Vor- und Nachteile. Die Nachteile sind:

- Die Windeinströmung führt zu einem erhöhten Wärmeverlust im Winter;
- es kommt zu einem möglichen Flugschneeeintrieb;
- die Windeinströmung führt zu Verschmutzungen durch Staub und Flugsamen;
- ein Insektenbefall ist trotz Vogelschutzgitter möglich.

Die Vorteile einer Dachbodenbelüftung sind:

- Die Windeinströmung sorgt für sommerliche Abkühlung;
- die Durchlüftung reduziert die Gefahr von Kondensationsschäden am Dachstuhl;
- Sie verfügen auf jeden Fall über eine normgerechte Ausführung.

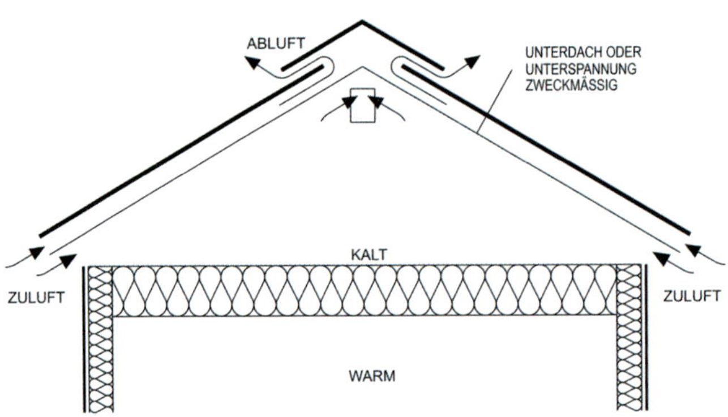

Abb. 110: Schema einer theoretisch richtigen Dachkonstruktion. Die Dachhaut ist hinterlüftet und der Dachboden belüftet.

Am besten vermeiden Sie jeden Zwiespalt, indem Sie statt an der Zimmerdecke direkt in der Dachschräge dämmen. Wenn Sie dann auch noch zum Dachboden hin eine Dampfbremse und eine Brandschutzverkleidung anbringen, erhalten Sie einen Raum, der behördlich als Lagerraum angegeben und voll genutzt werden kann.

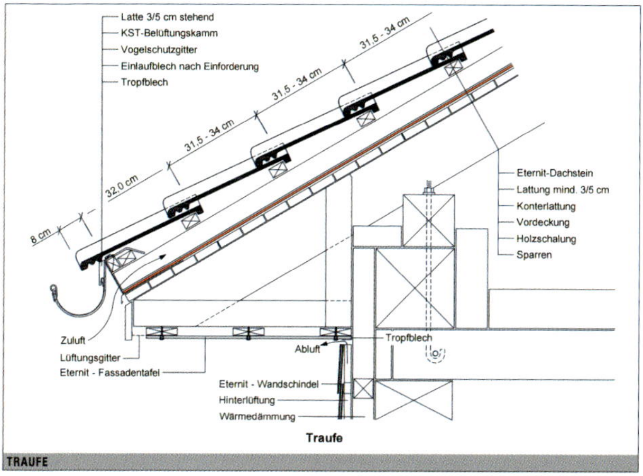

Abb. 111: Im Traufenbereich wird das Unterdach belüftet. Quelle: Eternit.at

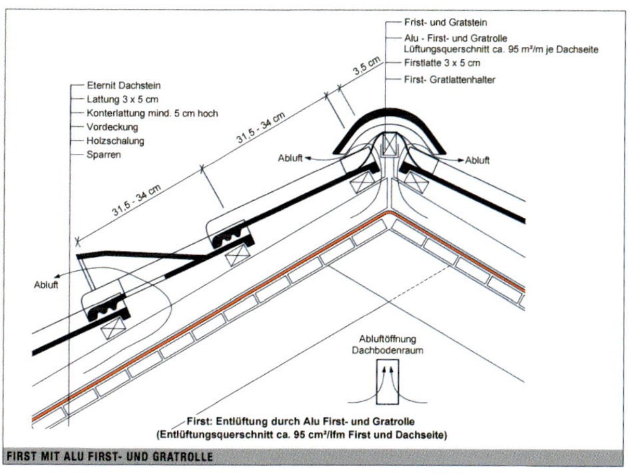

Abb. 112: Im Firstbereich werden das Unterdach und allenfalls auch der Dachraum entlüftet. Quelle: Eternit.at

Blitzschutz

Bauwerke sind mit einer Blitzschutzanlage auszustatten. Davon ausgenommen sind Bauwerke, bei denen sich aufgrund einer Risikoanalyse ergibt, dass ein Blitzschutz nicht erforderlich ist, sowie Wohngebäude mit nicht mehr als zwei Wohnungen. (OIB-Richtlinie 4)

Demnach ist ein Blitzschutz für private Wohnhäuser in der Regel baurechtlich nicht vorgeschrieben, aber ein Blitzeinschlag ist eine reale Gefahr, denn die Gewitter werden immer heftiger. Beim Anbringen einer Satellitenschüssel, einer Solaranlage oder Photovoltaikanlage ist jedenfalls ein Blitzschutz vorzusehen.

Ob und in welcher Form ein Blitzschutz sinnvoll ist, hängt vorwiegend von der umliegenden Geländetopografie ab. Wenn Ihr Gebäude von höheren Häusern, Bäumen und Strommasten umgeben ist, wird es dort zuerst einschlagen. Lassen Sie sich diesbezüglich von Ihrem Elektriker beraten.

Kamine

In einem Passivhaus müssen Sie grundsätzlich keinen Kamin bauen; in der Bauordnung steht, dass in bestimmten Fällen der vorgeschriebene Notkamin bei passiver Bauweise entfallen kann. Ich habe passiv und trotzdem einen Kamin gebaut, weil ich einen kleinen Wohnzimmer-Pelletsofen für sibirische Wochen vorgesehen habe

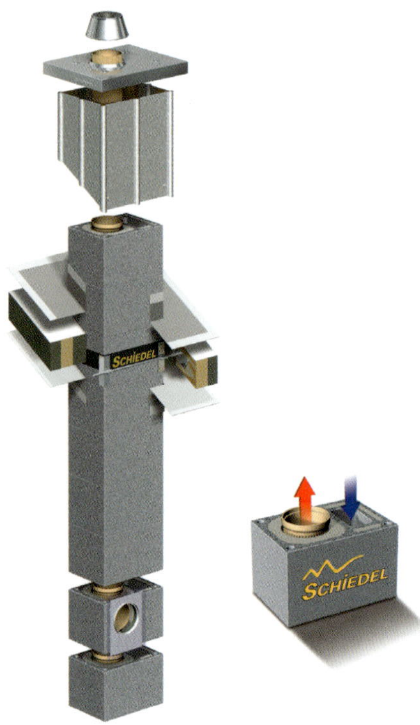

Abb. 113: Die Abgase strömen durch das keramische Rohr nach außen und die Frischluft kommt über den separaten Thermoluftschacht direkt zum Ofen. Optimal für die dichten, modernen Häuser von heute. Quelle: Schiedel.at

(Erdwärme geht ja im Dachausbau nicht). Ein Holzofen ist also kein Widerspruch zum Passivhaus. Man muss nur darauf achten, dass die Luftzufuhr zum Ofen unabhängig von der Raumluft erfolgt und der Ofen für die raumluftunabhängige Betriebsweise geeignet und zugelassen ist.

Abb. 114: Völlig wartungsfreie Kaminverblechung und Dachanschluss ohne Dichtmassen mit fachgerechter Spenglerarbeit. Quelle: Nussbaum himself – Eigenfertigung

Im Wesentlichen werden zwei Systeme der Luftzuführung angeboten:

- Die Frischluftzufuhr erfolgt über einen Ringspalt zwischen wärmegedämmtem Innen- und Mantelstein. Der Vorteil dabei ist die platzsparende Bauweise und damit auch das geringere Gewicht mit weniger Wärmebrücken.
- Die Frischluftzufuhr erfolgt über einen eigenen Mantelstein gleich neben dem Kamin mit ungedämmtem Abgasrohr. Hier wird die Frischluft nicht wie beim Ringspalt durch die Abgasluft vorgewärmt.

Schließlich soll der Kamin nicht selbst eine Wärmebrücke bilden. Das Kaminmauerwerk reicht vom beheizten Raum bis zum Außenklima. Um eine Wärmeableitung über das Mauerwerk zu verhindern, gibt es Thermo-Trennsteine, die im Bereich der „Klimagrenze" eingebaut werden müssen. Das wäre also entweder bei der gedämmten Decke zum Dachboden oder in der gedämmten Dachschräge.

Dachsysteme - Top-Empfehlung

Abschließend erhalten Sie meine Bauempfehlungen wieder kurz zusammengefasst. Vorauszuschicken ist, dass die Architektur den Ton angibt – je nach Dachform und Neigung wird die passende Dachkonstruktion und Dachdeckung ausgewählt. Grundsätzlich empfehle ich für ein Steildach, raumseitig beginnend:

- 2,5 Zentimeter Heraklith-Putzträgerplatten mit mineralischem Putz verputzt
- Acht Zentimeter Installationsebene mit Holzlattung, dazwischen Steinwolledämmung
- Dampfbremse (keine PE-Folie)
- 28 Zentimeter Dachstuhl stark mit Holzfaser-Zwischensparrendämmung
- Zwölf Zentimeter Unterdach-Dämmplatte
- Diffusionsoffene Schalungsbahn verschweißt
- Acht Zentimeter Konterlattung
- Bretterschalung bei Titanzink-Blechdach oder Lattung für Eternit-Dachmaterial

Weiterführende Informationen und Anbieter:
www.bauherrenhilfe.org/fachbuch_dach

Kapitel 9

Betreten verboten - Flachdächer, Terrassen, Balkone

Flachdach und Terrasse

Technisch gesehen gibt es zwischen Flachdächern und Terrassen keinen Unterschied. Nur legt man auf eine Terrasse meist einen schönen Belag, auf das Flachdach lediglich Schotter, außerdem benötigt eine Terrasse eine Absturzsicherung, das Flachdach benötigt diese nur während der Bauphase. Wenn Sie so etwas zu hören bekommen wie, „ein Flachdach ist nie und nimmer dicht zu bekommen, Wasserschäden sind nicht zu verhindern", dann ist das eine weitverbreitete Meinung, die aber nur bei fehlerhafter Ausführung zutrifft. Tatsächlich müssen Sie sich um ein Flachdach, wenn es richtig gebaut wird, nie mehr kümmern, außer dass Sie hie und da altes Laub aus dem Entwässerungssystem sowie Grünwuchs vom Flachdach entfernen. So perfekt kann es sein.

Konstruktionsarten

Auch ein Flachdach ist nie ganz flach. Die Abdichtungsebene hat ein Mindestgefälle von zwei Prozent, das sind rund zwei Zentimeter pro Meter. Die „überlüfteten" Dachkonstruktionen, das sind Konstruktionsarten, bei denen direkt über der Dämmlage ein Luftspalt eingebaut wurde, sind nicht mehr am Puls der Zeit. Die Wärmedämmung soll schließlich nicht mit der kalten Außenluft umspült werden, deshalb und aufgrund des Flugschneeeintriebs in die Konstruktion und möglichen Insektenbefalls sind nicht hinterlüftete („Warmdach") oder hinterlüftete Dachkonstruktionen mit Unterdachebene (früher „Kaltdach“) zu empfehlen. Das stellt beim Warmdach mit raumseitiger Dampfbremse unter einer Holzbalkenkonstruktion ein durchaus heikles Unterfangen dar.

Es gibt zwei grundlegende Konstruktionsmöglichkeiten für eine nicht hinterlüftete Flachdach- oder Terrassenkonstruktion: das Warmdach und das Umkehrdach.

Abb. 115: Flachdach voll genutzt: Der eigene Dachgarten mit Biotop. Quelle: Triflex.com

Das Warmdach

Bei einer Warmdachkonstruktion werden unter der Konstruktionsdämmung die Dampfsperre und darüber die Feuchtigkeitsabdichtung angeordnet. Es wird grundsätzlich zwischen einem massiven mineralischen Tragewerk (Ziegel, Beton) und einer Leichtbaukonstruktion aus Holz unterschieden. Bei einer abgedichteten Leichtbau-Warmdachkonstruktion gibt es eine besondere Schwierigkeit: Die Abdichtung ist nicht nur wasserdicht, sie ist auch nahezu dampfdicht! Damit nicht mehr Wasserdampf in die Konstruktion diffundiert, als über die Abdichtung wieder raus kann, muss raumseitig, also *von unten*, eine Dampfsperre absolut luftdicht angeordnet werden. Wer bei einem Flachdach die Dampfbremse, wie bei diffusionsoffenen Steildächern leider üblich, mit dünnen Polyethylen-Folien oder schlampig ausführt, muss schon im ersten Winter mit schweren Pilzschäden durch Kondenswasseranfall rechnen. Das gilt besonders für leichte Holzkonstruktionen, wo die Dampfbremse raumseitig recht ungeschützt direkt hinter der innenseitigen Beplankung liegt.

HINWEIS
Eine Leichtbau-Warmdachkonstruktion kann ohne Qualitätssicherung und eine Blowerdoormessung durch einen Luftdichtheitsprüfer NICHT mehr empfohlen werden!

Bei einer unbelüfteten Flachdach- oder Terrassenkonstruktion ist – besonders bei Holzkonstruktionen – immer mit einem gewissen Eintrag von Wasserdampf zu rechnen, wobei baupraktisch *nie* mit einer Auffeuchtung aufgrund diffuser Feuchteströme zu rechnen ist. Problematisch sind das Leck, die offene Anschlussfuge, der Elektroschlauch, der nicht in die Dampfbremse eingebunden wurde, sowie der WC-Spülkasten, der zwei Stockwerke tiefer an der unverputzten Wand angebaut wurde (Leckage über das Hochlochziegelmauerwerk).

Auf einen chemischen Holzschutz und instationäre Nachweise zur Tauwasserfreiheit kann verzichtet werden, wenn folgende Grundregeln eingehalten werden:

Sieben goldene Regeln für ein nachweisfreies Flachdach (bei normalem Wohnklima nach EN 15026 bzw. WTA Merkblatt 6-2):

1. Es hat ein Gefälle ≥ 3Prozent vor bzw. ≥ 2Prozent nach Verformung,
2. es ist dunkel (Strahlungsabsorption a ≥ 80Prozent), unverschattet und
3. hat keine Deckschichten (Bekiesung, Gründach, Terrassenbeläge), aber
4. eine feuchtevariable Dampfbremse[2] und
5. keine unkontrollierbaren Hohlräume auf der kalten Seite der Dämmschicht sowie
6. eine geprüfte Luftdichtheit und
7. es wurden vor dem Schließen des Aufbaus die Holzfeuchten von Tragwerk und Schalung (u ≤ 15 ± 3 M-Prozent) bzw. Holzwerkstoffbeplankung (u ≤ 12 ± 3 M-Prozent) dokumentiert.

Objektspezifische, hygrothermische Simulationen nach EN 15026 sind erforderlich, wenn eine der obigen sieben Regeln nicht erfüllt werden kann und ein Diffusionsnachweis nach Glaser nicht statthaft ist. Nachweisfrei sind Konstruk-

2 Die „feuchte-variable" Dampfbremse verändert den Diffusionswiderstand je nach anfallender Feuchtigkeit. Funktion und Sinnhaftigkeit sind in Langzeitversuchen noch nicht nachgewiesen. Die von den Herstellern beschriebenen Eigenschaften betrachte ich kritisch. Ein gute Dampfbremse mit dem gleichen sd-Wert im Vergleich zur Außenhaut tut es aus meiner Sicht auch.

tionen mit Deckschichten derzeit nur, wenn mindestens 80 Prozent der Dämmdicke oberhalb der Holzkonstruktion angeordnet werden.

Der große Nachteil von Deckschichten, also Schotterlagen, Begrünungen oder Terrassenaufbauten, liegt in der Abschirmung der Sonneneinstrahlung. Eine warme Konstruktion trocknet viel rascher ab als eine beschattete.

TIPP

Bei unbelüfteten und abgedichteten Holzkonstruktionen sollten Sie immer einen Nachweis zur Tauwasserfreiheit verlangen. Darauf können Sie allenfalls verzichten, wenn die konstruktiven Grundregeln eingehalten werden.

Anders ist es bei einer massiven Betondecke: Hier wird die Dampfsperre einfach und ohne Unterbrechung *von oben* auf die Gefällebetonlage oder die Rohbetondecke bituminös aufgeflämmt. So wie bei einer Kellerwand, nur einlagig mit beispielsweise einer Alueinlage zur Erhöhung der Wasserdampfwiderstandszahl. Die Alueinlage kann man sich bei relativ diffusionsoffenen oberen Abdichtungslagen, wie zum Beispiel EPDM-Kautschukbahnen, sparen.

Diffusion und Konvektion

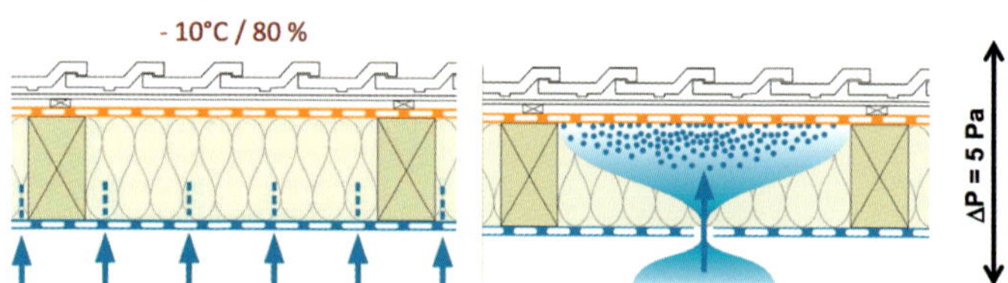

- **Diffusion ist berechenbar (eindimensional) und klein**
- **Konvektion ist unberechenbar (mehrdimensional) und groß**

Diffusionssperrwert s_d [m]	100	20	2
Diffusionsstrom [g/m²d]	0.15	0.7	7

Fugenbreite [mm]	1	3	10
Konvektionsstrom [g/lfm$_{Fuge}$ d]	200	400	600

- 5 Pa Druckdifferenz

Grafiken: pro clima

Abb. 116: Die Luftströmung verursacht den Schaden, nicht die Diffusion. Quelle: Daniel Kehl, Leipzig

GUT ZU WISSEN

Der sd-Wert beschreibt die Luftschichtdickenäquivalenz der verwendeten Lagen. Bei einer bituminösen Abdichtungsbahn mit sd = 200 Meter bedeutet dies, dass die verwendete Lage so dicht gegen Wasserdampfdurchgang ist wie 200 Meter Luft, aber eben auf vier Millimeter Schichtstärke berechnet. Bei zwei Abdichtungslagen ist mit 400 Metern Wasserdampfdiffusionswiderstand zu rechnen. Das ist baupraktisch dampfdicht, demnach muss auch die raumseitige Dampfsperre mit einem baupraktisch dampfdichten sd-Wert montiert werden. Andernfalls „säuft" die Konstruktion nach und nach ab. Wobei Leckagen, also Luftundichtheiten, die höhere Aufmerksamkeit zu schenken ist. Eine Leckage durchfeuchtet mittels Konvektion eine Konstruktion rund 1000-Mal schneller als eine falsche Planung in Bezug auf den diffusen Feuchteschutz.

Die Vorteile des Warmdachs sind:

- Die Wärmedämmung kann im Vergleich zum Umkehrdach um rund 20 Prozent geringer ausfallen, da diese nicht vom Regen abgekühlt wird.
- Die Wärmedämmung kann mit günstigeren Dämmstoffen ausgeführt werden, da diese im trockenen Bereich liegt.
- Gefälledämmplatten stellen eine trockene Bauweise dar.

Es gibt jedoch auch Nachteile:

- Die wichtige Abdichtung liegt relativ ungeschützt obenauf.
- Es besteht Beschädigungsgefahr bei Belastung: Denn die Abdichtung liegt auf einer weichen Dämmung.
- Die wasserführende Ebene sitzt um die Dämmstärke höher, damit entsteht gegebenenfalls ein Türanschlussproblem.
- Die Konstruktion ist bei einer Auflage für Blechanschlüsse aufwändiger.
- Die Dampfsperre ist fehleranfällig.
- Falls Wasserschäden auftreten, verteilen sie sich in der Dämmebene und lassen sich nur schlecht lokalisieren.

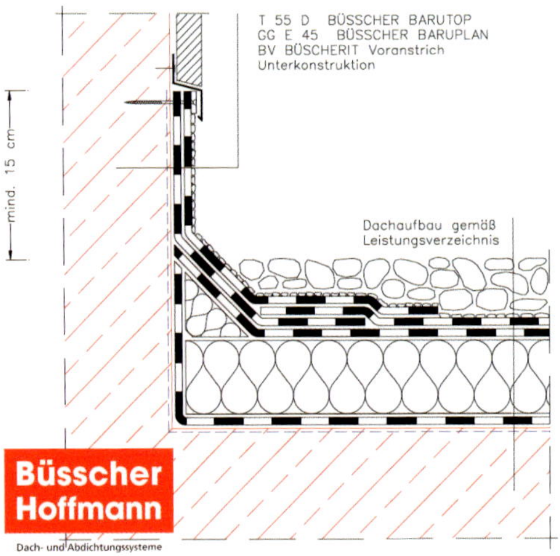

Abb. 117: Abdichtungsarbeit = Planungsarbeit. Schnitt Wandanschluss in der Warmdachkonstruktion. Quelle: Bueho.at

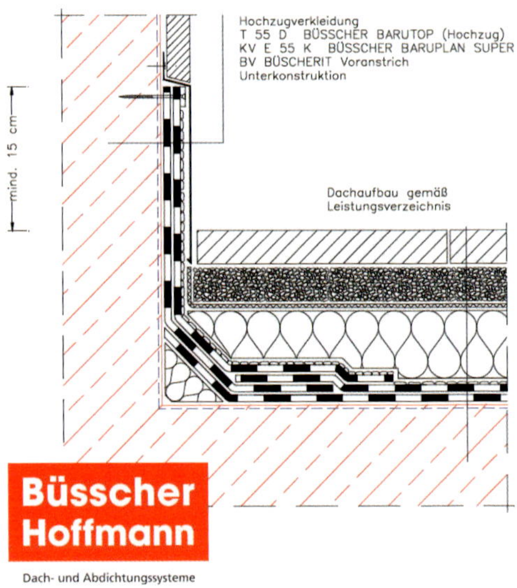

Abb. 118: Schnitt Wandanschluss in der Umkehrdachkonstruktion. Quelle: Bueho.at

Das Umkehrdach

Hier wird das Warmdachsystem quasi umgekehrt: Direkt über dem Untergrund (der Decke) folgt die Abdichtung; darüber liegt die Dämmung, die damit dem Wetter ausgesetzt ist. Eine Dampfbremse erübrigt sich. Ich empfehle hier eine Mindestneigung von drei Prozent und eine gesicherte Dachentwässerung. Die

Gullys sollten jedenfalls tiefer als die Abdichtungsebene sitzen, andernfalls kann es zu einem Aufschwimmen und Auffeuchten der Dämmplatten kommen.

Die Vorteile eines Umkehrdaches sind:

- Die wichtige Abdichtung wird durch die Wärmedämmung geschützt.
- Die wasserführende Ebene sitzt um die Dämmstärke tiefer, das Wasser läuft so schnell von den nicht rückstausicheren Ab- und Anschlüssen weg.
- Es handelt sich um eine einfachere und nicht fehleranfällige Konstruktionsart.

Die Nachteile sind:

- Die Dämmung ist aufgrund der Wasserlagerung nur mit teuren XPS-Platten herstellbar. Verwenden Sie keinesfalls „EPS-Platten", also Styropor, auch wenn diese „hydrophobiert" sind. Bestehen Sie auf XPS-Platten, auch wenn man Ihnen eine entsprechende Zulassung vorlegt. Derartige Zulassungen sind nicht immer ein Garant für eine lange Gebrauchstauglichkeit.
- Die Dämmung muss aufgrund der Wasserlagerung um rund 20 Prozent stärker dimensioniert werden.
- Die Dämmung muss, weil sie „aufschwimmen" könnte, beschwert werden.
- Die Dämmung muss vor der UV-Strahlung geschützt werden.

Fazit

Beide Systeme haben ihre Anwendungsbereiche. Bei Holzkonstruktionen wird man ein Warmdach oder eine Kombination aus beiden (Duo-Dach) wählen, während bei massiven Tragewerken speziell zu Terrassen eher ein Umkehrdach und bei höheren Anforderungen an die Dämmung wiederum ein Warmdach infrage kommt. Eine sehr sinnvolle Variante ist beispielsweise, zwei Drittel der Dämmung „im Warmdach" anzubringen und ein Drittel als Schutz der Abdichtung obenauf zu legen. Das ergibt dann ein Duo-Dach.

Ob man ein Warm- oder Umkehrdach empfiehlt, hängt von vielen Umständen ab, für deren Beurteilung der Planer verantwortlich ist. Dieser soll aber begründen können, warum er sich für die eine Variante entschieden hat.

Konstruktionsregeln

Um ein Flachdach oder eine Terrasse fehlerfrei zu bauen, gilt es, *alle* Konstruktionsregeln richtig anzuwenden. Die nachfolgenden einfachen und auszugsweisen Grundregeln gelten bei allen Konstruktionsarten. Prüfen Sie, ob Ihr Bauvorhaben diesen folgt:

Die Herstellung des Gefälles

Die schon erwähnten zwei bis drei Prozent Gefälle (zwei Prozent laut Norm) werden beim Warm- und beim Umkehrdach auf verschiedene Weise erzeugt. Entscheidend ist, dass *die Abdichtung* selber das Gefälle aufweist, denn an ihr muss das Regenwasser abrinnen können. Zwei Prozent sind ohnehin wenig, da ist etwas Pfützenbildung unvermeidlich, was aber eine gute Abdichtung nicht stört.

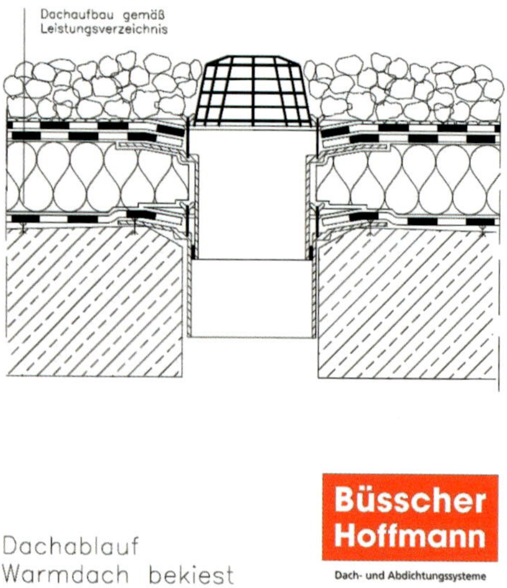

Abb. 119: Schnitt im Gullybereich in der Warmdachkonstruktion. Quelle: Bueho.at

Achtung: Auf keinen Fall darf bei einem Warmdach ein Gefällebeton *in die* Konstruktion, also nach der Dampfsperre, eingebracht werden. Da auf der einen Seite die Dampfbremse und auf der anderen die Abdichtung liegen wird, würde man so hunderte Liter Wasser in die Konstruktion einsperren. Auf der sicheren Seite sind Sie mit einer Gefälledämmung!

Abdichtungshochzüge statt Blecheinfassungen

Jeder Mensch, der die Funktionsweise einer Badewanne durchschaut hat, weiß, dass auch das dichteste Material nur dann den Boden trocken hält, wenn die Seitenränder hochgezogen werden.

So steht es sinngemäß auch in einer relevanten Norm: „An- und Abschlüsse sollten möglichst aus den gleichen Materialien wie die Dachabdichtung hergestellt werden.“ Oder: „ An- und Abschlüsse (Hoch- und Tiefzüge) müssen aus den gleichen Abdichtungsmaterialien wie die Dachabdichtung bestehen."

Umso erstaunlicher finde ich es, dass immer noch einige Spengler dagegen rebellieren. Jedenfalls bauen Spengler immer wieder bei Wandanschlüssen Winkelbleche in L-Form ein, statt die Abdichtung die Wände oder Anschlüsse hochzuziehen. Damit wird ein Fremdkörper mit einem gänzlich anderen Ausdehnungskoeffizienten in die Abdichtung eingebaut, das Blech. In der Folge können Undichtheiten im Blechbereich entstehen. Nahezu alle Terrassensanierungen werden wegen derartiger Undichtheiten nötig.

Ein Flachdach, bei dem die Abdichtung wannenförmig hochgezogen wurde, kann baupraktisch nicht mehr undicht werden. Der Spengler sollte sein Blech dort einbauen, wo es sich nicht vermeiden lässt, zum Beispiel beim Saum zur Hängerinne, bei Säulen oder beim Türstaffel.

Abb. 120: Winkelbleche statt hochgezogener Abdichtung – unverständlicherweise immer noch zulässig.

Abb. 121: Winkelblech ist im Bereich der feuchten Kieslage durchlöchert.

Welches Blech für meine Terrasse?

Für alle Bleche, die in die Abdichtung eingebunden werden, gelten höchste Anforderungen. Rostschutzanstriche sind später nicht mehr herstellbar, und Undichtheiten können nur mühselig gefunden werden. Es sollten daher nur lötbare und nicht rostende Bleche verwendet werden. Folgende Bleche kommen also *nicht* infrage:

- verzinkte Stahlbleche – im Abdichtungssystem kann kein Korrosionsschutz hergestellt werden;
- Aluminium – Dichtmassen sind nicht zuverlässig und hitzebeständig;
- beschichtete Bleche – hier gilt dasselbe wie für das Aluminium.

Damit landen wir bei Blechen aus Niro, Kupfer oder Titanzinkkupferlegierung, wobei ich bei Titanzink zur Vorsicht mahne. Das Material braucht Schutzanstriche und verzeiht keine Verlegefehler.

Ich empfehle daher, für Terrassen nur Niro- oder Kupferbleche zu verwenden, wobei in puncto Niro entweder ein verzinnter Chromnickelstahl oder Chromstahl verzinnt infrage kommt. Die Zinnauflage braucht der Spengler, um das Blech löten zu können. Schweißen kann man die Bleche nicht, dafür sind sie zu dünn.

Abb. 122: Terrassenabdichtung und Dekorbelag in einem.
Quelle: Triflex.com

Abdichtungen

Flachdachabdichtungen

EPDM-Bahnen

EPDM-Bahnen sind bis zu 500 Prozent dehnbar. Sie können vorkonfektioniert und in einem Stück geliefert werden. Nur kleinere Anpassungsarbeiten sind dann noch handwerklich herzustellen. Das Material ist gummiartig, verzeiht kleinere Beschädigungen und kann ohne UV-Schutz verlegt werden. Ethylen-Propylen-Dien-Monomerkautschuk, so der ganze Name, wird seit den frühen 60er-Jahren verwendet. Verarbeitet werden die Bahnen mit Quellschweißmitteln oder Heißluftfön. EPDM ist in unterschiedlichen Dicken von 1,2 bis 2,0 Millimeter lieferbar. Ich empfehle 2,0 Millimeter Dicke, damit wird die Bahn „fehlerverzeihend", soweit es mechanische Schäden betrifft.

Bitumenabdichtung

Die gute alte Bitumenabdichtung ist in den letzten paar hundert Jahren wesentlich verbessert worden. Heutige Flämmbahnen haben jeweils vier bis fünf Millimeter Stärke und werden kunststoffmodifiziert als Elastomer- oder Plastomerbitumen geliefert. Die Zweilagigkeit ist jeweils Mindestanforderung, das ergibt eine Gesamtstärke von rund neun bis zehn Millimetern und somit eine „fehlerverzeihend" robuste Abdichtung.

Die Bitumenflämmbahnen sind nicht UV-beständig und benötigen daher einen Sichtschutz. Verarbeitet werden die Flämmbahnen mit einem Gasbrenner. Auch selbstklebende Bahnen können als Trennlage zu Wärmedämmverbundsystemfassaden oder Flachdachdämmungen verwendet werden. Eine nachträgliche Reparatur ist auch Jahrzehnte später problemlos möglich.

EPDM-Polymerbitumenbahnen

EPDM-Polymerbitumenbahnen in 2,5 bis 3,1 Millimeter Dicke vereinen die Vorteile der beiden genannten Abdichtungsarten. Als frei bewitterte Oberlage wird EPDM an der Unterseite mit Polymerbitumen kaschiert. In dieser Kombination ist mir nur das Produkt „Resitrix" bekannt. Es kann lose mit Auflast oder selbstklebend verlegt werden. Die Nahtverbindung erfolgt ohne offene Flamme mit Heißluft. Eine Vorkonfektionierung ist nicht möglich. Das bedeutet, dass die Rollenware wie bei Bitumenflämmbahnen auf der Baustelle zusammengeschweißt wird. Resitrix kann wie EPDM einlagig und somit wirtschaftlich günstig verlegt werden.

PVC – sonstige Abdichtungsprodukte

Es gibt noch weitere Abdichtungsprodukte, zum Beispiel dünne PVC-Folien, die vorzugsweise auf Industriedächern verlegt werden. Sie kosten im Schnitt die Hälfte, halten aber auch nur circa 20 statt bis zu 80 Jahre. Das ist für ein Industriehallendach in Ordnung, da dieses vermutlich ohnehin nicht länger in Verwendung ist; da macht es Sinn, bei einer Fläche von 2.000 Quadratmetern das günstigere Produkt zu wählen.

Abb. 123: PVC-Folienabdichtung mit fehlerhafter Verschweißung.

Abb. 124: Totalschaden am Flachdach. Das Dach war dicht, die Dampfbremse raumseitig nicht.

Bei einem Einfamilienhaus sieht es ganz anders aus. Hier reden wir von einer Fläche von vielleicht 120 Quadratmetern. Eine Kostenschätzung für eine abgedichtete Fläche mit 120 Quadratmetern inklusive An- und Abschlüssen ergibt Folgendes:

- Zweilagige Bitumenflämmbahn mit zehn Millimeter Dicke: rund 6.800 Euro
- Einlagige Folienabdichtung mit 1,5 Millimeter Dicke: rund 3.890 Euro

Die Bitumenabdichtung kostet fast das Doppelte. Sie wird aber die angenommene Gebäudelebensdauer überstehen, während die billige Folienabdichtung in diesem Zeitraum vermutlich zwei- bis dreimal saniert werden müsste.

Bei der konventionellen Abdichtung mit Bitumenflämmbahnen muss den Normen entsprechend zweilagig und untereinander vollflächig verflämmt werden. Bei der zweilagigen Verlegung ist es baupraktisch nahezu unmöglich, dass sich ein Fehler an einer Überlappung auswirkt. Dazu müssten beide Fehlstellen exakt übereinander liegen.

Meine Empfehlung für die unterschiedlichen Materialien lautet:

- Bitumenabdichtung zweilagig, wie ohnehin technisch normativ vorgeschrieben, oder
- Resitrix einlagig bei freier Lage ohne Abdeckung am Flachdach (hier können Schäden jederzeit nachgebessert werden), bei einer Ausführung, wo mit Dämmung oder Schotterlage verdeckt wird, zweilagig, oder
- EPDM-Bahn einlagig, jedoch ist vorher eine Lage Bitumenflämmbahn aufzubringen, auch als provisorische Abdichtung.

Terrassenabdichtungen

Bei Abdichtungen auf Terrassen mit darunterliegendem Wohnraum sind die Anforderungen an die Abdichtung noch höher, was ihre Stabilität betrifft. Eine Terrasse wird mehr genutzt und strapaziert. Hier kommen schwere Blumentröge, Grünzonen, vielleicht teure Marmorsteine, gemauerte Kamine und dergleichen zum Einsatz. Dazu kommt, dass Terrassen manchmal mit aggressiven Reinigern beansprucht werden. Wenn da etwas undicht wird, kann es so richtig teuer werden.

Daher empfehle ich hier nur die oben beschriebene konventionelle kunststoffmodifizierte Bitumenabdichtung und die Abdichtung mit der EPDM-Polymerbitumenbahn. Vergessen Sie auch nicht: Wo es möglich ist, die Abdichtung seitlich wannenförmig hochziehen. Die Versuche des Spenglers, Winkelbleche zu montieren, sollten Sie nur bei Türanschlüssen erlauben!

Abb. 125: Hier hat man den Spengler gänzlich eingespart – ein Steinbelag ohne spenglermäßige Bleche zerstört die Konstruktion.

Balkon- und Loggiaabdichtungen

Ein Balkon ist eine frei auskragende Konstruktion aus Beton, Stahl oder Holz, eine Loggia ist in die Fassadenebene eingebettet.

Wenn abgedichtet werden muss, können alle drei oben genannten Materialgruppen verwendet werden. Aufgrund der kleineren Flächen kann auch das teurere Flüssigkunststoffabdichtungssystem Triflex empfohlen werden. Triflex eignet sich auch bestens für die sowieso immer zu niedrigen Türanschlüsse, hier kann man quasi mit dem Pinsel abdichten, was mit dem Gasbrenner sonst in einem Feuerwehreinsatz enden würde. Theoretisch genügt auf auskragenden Balkonbetonplatten eine Abdichtungslage, von einer Ausführung ohne Abdichtung und Blecheinfassungen, wie sie heute immer öfter zu sehen ist, also nur mit einem wasserundurchlässigen Beton, rate ich allerdings ab. Der Zahn der Zeit nagt an jeder Balkonplatte, wenigstens eine Abdichtungslage sollte, mit Tropfblechen rundum, immer verlegt werden.

Wärmedämmung

Extrudiertes Polystyrol oder XPS oder Styrodur

Unsere alten Freunde, die XPS-Platten, sind für alle Anwendungen geeignet. Sie sind als einziges Produkt im Wasser liegend zugelassen und daher auch für das Umkehrdach geeignet, wo sie über der Abdichtung dem Wetter ausgesetzt liegen. Es sollten aber immer Stufenfalzplatten verwendet werden. Dadurch liegen die Platten fester und der Wärmebrückenanteil über die Fugen wird minimiert.

Im Umkehrdach darf die Dämmung nur *einlagig* verlegt werden. (Bei zweilagiger Verlegung würde sich zwischen den Platten ein dampfsperrender Wasserfilm bilden, der zur Wasseranreicherung der Dämmung führen kann.) Vom Hersteller Austrotherm gibt es mittlerweile XPS-Platten mit bis zu 40 Zentimeter Stärke! Es bleibt daher zu hoffen, dass die unsinnige zweilagige Verlegung künftig ausbleibt. Die Dämmplatten verlangen einen Bewegungsabstand zu den Rändern, vor allem wenn bei kalten Temperaturen verlegt wird. Die Sonnenwärme führt nämlich dann zu temperaturbedingten Längenänderungen, wodurch Schäden an sensiblen Bauteilanschlüssen entstehen können.

Expandiertes Polystyrol, EPS oder Styropor

EPS-Platten brauchen ein trockenes Plätzchen, sie sind daher nur für die Warmdachdämmung geeignet. Da die Platten in der Regel schrumpfen, verlegt man sie zweilagig und versetzt, so werden Dämmstofffugen minimiert. Der Dämmwert entspricht dem von XPS.

PU-Schaumdämmung oder PUR-Schaum

Diese Dämmung ähnelt der von EPS-Platten. Sie darf ebenfalls nicht nass gelagert werden, doch der Dämmwert ist wesentlich besser. Wer daher zu wenig Platz für eine ausreichende Dämmung hat, greift auf Polyurethan zurück.

Mineralfaserdämmung

Die Dämmwerte ähneln denen von XPS oder EPS, aber der Schallschutz ist aufgrund des höheren Gewichtes bei einer Steinwolledämmung besser. Die Dämmung ist wie PUR-Schaum und EPS nur im Warmdach einsetzbar, hat aber den Vorteil, dass der Brandschutz damit wesentlich verbessert oder sogar erst erreicht wird. Nachteilig wirkt die geringere Belastbarkeit. Eine Mineralfaserdämmung ergibt einen weichen Untergrund und damit die Gefahr von Schäden an der Abdichtung. An- und Abschlüsse sind in der Regel harte Fixpunkte und müssen daher besonders geplant werden.

Schaumglasdämmung

Die Schaumglasdämmung darf auch nur im Warmdach zur Anwendung kommen. Schaumglas gilt als dampfdicht und im verlegten Zustand als druckfest. Schaumglasplatten werden verklebt oder in Heißbitumen eingegossen. Die Flächendruckfestigkeit ist perfekt, es sind daher allerhöchste Systemhaltbarkeiten zu erwarten. Der Nachteil ist: Das Material ist teuer und muss von speziellen Handwerkern verarbeitet werden.

Vakuumdämmung

Vakuumdämmplatten weisen rechnerisch eine zehnmal bessere Dämmung auf als XPS, EPS oder Mineralfaser. Obwohl baupraktisch nur die Hälfte davon berechnet werden darf, bedeutet das immer noch, dass vier Zentimeter Vakuumdämmung denselben Dämmwert wie 20 Zentimeter einer konventionellen Dämmung ergeben. Das Problem ist der Preis: Ein Quadratmeter kostet 100 Euro aufwärts! Die Dämmung wird daher fast nur für Spezialfälle oder Sanierungen angewendet. Die Platten werden nach Plan zugeschnitten und angefertigt und dürfen auf der Baustelle nicht mehr beschädigt werden.

Öko-Dämmstoffe

Nach den Schadensfällen der letzten Jahre habe ich meine Meinung zu Naturdämmstoffen in Holzkonstruktionen geändert. Theoretisch könnte man annehmen, dass Holzdämmstoffe oder eine Schüttdämmung mit Zellulose mit Wasser gar nicht umgehen können. Das mag ab einer gewissen Dauerfeuchte auch stimmen, aber grundsätzlich zeigt die Bauschadenspraxis, dass genau das Gegenteil zutrifft! Konstruktionsfehler und Feuchteeinträge werden bis zu einem gewissen Grad von „sorptiven“, also wasseraufnahmefähigen Dämmstoffen „gepuffert“. Soll heißen: Der Dämmstoff nimmt Wasser auf und schützt dabei die Tragekonstruktion! Dagegen nehmen Mineralfaserdämmstoffe praktisch kein Wasser auf respektive lagern sich Wassertropfen im Gefüge der (produktionsbedingt) „kohlenstoffverschmutzten“ Mineralfasern ab. Durch das „freie Wasser“ kommt es sehr rasch zu einem mikrobiellen Befall.

Das Problem bei Naturdämmstoffen ist, dass sie oft nicht normativ geregelt sind und dem Handwerker so eine gewisse Rechtssicherheit fehlt. Fragen Sie beim Hersteller nach Zulassungen:

- ➜ Hanfdämmung.at (Capatect/Hanf)
- ➜ Pavatex.at (Holzfaser)
- ➜ Gutex.de (Holzfaser)
- ➜ Daemwool.at (Schafwolle)
- ➜ Isolena.at (Schafwolle)
- ➜ Thermofloc.at (Zellulose)

Entwässerungssysteme

Ein Flachdach erfordert effektivere Methoden zur Entwässerung als ein Steildach, um Regen und Schneeschmelze abzuleiten. Beim Steildach erledigt das meiste ohnehin die Dachneigung.

Beim Flachdach müssen ausgeklügelte und genau berechnete Systeme zur Dachentwässerung eingesetzt werden. Im Wesentlichen gibt es Systeme zur punkt- und linienförmigen Entwässerung. Die linienförmigen werden durch Rinnen aller Art gebildet, die punktförmigen durch Gullys, egal, ob durch einen Systemgully oder einen vom Spengler gelöteten Sammelkasten.

Ich würde Systemgullys bzw. Originalprodukten den Vorzug geben. Jedenfalls muss die Entwässerungsebene am tiefsten Punkt liegen, daher ist es besser, den Gully einen Zentimeter zu tief als zu hoch einzubauen. Gerade bei Holzhäusern und Betondecken kann es zu Setzungen kommen, dann steht der Gully sprichwörtlich über den Dingen. Und Stauwasser vor dem Gully ist nicht zu akzeptieren.

Bei innenliegend entwässernden Bauteilen, also beispielsweise beim Flachdach mit umlaufender Attikamauer (das ist eine hochgezogene Begrenzung wie ein Geländer), sind zumindest ein Gully und ein Notüberlauf oder ein zweiter Gully vorzusehen. Für den Fall, dass ein Gully verstopft, sollte noch ein Notsystem Gebäudeschäden verhindern.

Abb. 126:
Gully und Notüberlauf.
Quelle:
Hutterer-Lechner.com

Abb. 127: Das Bild zeigt Einsatzbereiche von Entwässerungssystemen am Haus. Informieren Sie sich und allenfalls Ihren Professionisten. Quelle: Hutterer-Lechner.com

In kaum einem anderen Bereich kommt es so sehr auf die Produktqualität und Vielfalt an wie bei Entwässerungssystemen. Die Rohrsysteme halten baupraktisch ewig und die Abdichtungsmaterialien lange. Dazwischen wird jedoch oft ein Billigteil aus dem Baumarkt eingeklemmt: der Gully. Wenn es aber ein schwaches Glied in Form des Gullys gibt, bleiben Schäden nicht aus.

Abb. 128: Die Mindestschottergröße von 16/32 Millimetern wurde hier unterschritten! Steine fallen in den Gully und verstopfen die Abflussrohre.

Gründachsysteme

Aus technischer Sicht sind Dachbegrünungen zu befürworten, aus ökologischer Sicht sowieso. Das Dach wird im Sommer nicht so stark erwärmt, was die Temperaturunterschiede an den Bauteilen gut puffert. Daher wird die Abdichtung weniger stark durch Klimaschwankungen beansprucht und sie hält länger.

Die „intensive Dachbegrünung" ist wie ein Garten. Voraussetzung sind eine ordentliche Höhe und Erde sowie die anschließende Pflege. Die „extensive Dachbegrünung" besteht aus dünnschichtigen, recht anspruchslosen Kräutern oder Moosmatten. Anspruchslos bedeutet aber nicht, dass gar keine Pflege nötig ist.

In beiden Fällen ist die Eignung der Abdichtung zu prüfen. Während Folienabdichtungen und EPDM in der Regel wurzelfest sind, braucht die bituminöse Flämmbahn eine wurzelfeste Zusatzlage. Matten zur Wasserspeicherung sind für beide Systeme Pflicht. Denn im Gegensatz zum Garten fehlt eine dicke Erdschicht, die bei langer Trockenheit immer noch Feuchte spendet und bei Dauerregen das Wasser versickern lässt.

Es gibt sehr gute Systemanbieter für Gründachsysteme, bleiben Sie wie bei allen Bauteilen systemtreu.

Abb. 129: Schema zum Dachaufbau bei einer extensiven Dachbegrünung. Quelle: Bueho.at

TIPP

An Flachdächern oder Terrassen arbeiten vor allem Spengler und Dachdecker (Schwarzdecker). Fragen Sie schon vor Arbeitsbeginn nach den Ausführungsdetails und lassen Sie nur zugelassene Gewerbebetriebe arbeiten. Der Baumeister mit seinem Personal darf (gewerberechtlich) und kann diese Arbeiten nicht fachgerecht ausführen.

Belags- und Oberflächenmaterialien

Fliesenbeläge

Frostschäden trotz „frostsicherer" Fliesen und Kleber? Egal, was die Hersteller versprechen, an der Physik führt kein Weg vorbei. Welches Material Sie auch verwenden, bei Flächen ab zehn Quadratmetern im Freien wird es zum Glücksspiel, ob Frostschäden auftreten oder nicht.

Ein Fliesenbelag auf der Terrasse verursacht ein weiteres Problem. Man benötigt auf jeden Fall einen Estrich, und das bedeutet, dass die wasserführende Ebene von der Abdichtung unten nach oben zum Fliesenbelag wandert. Wenn nun der Türstaffel nicht hoch genug oder vom Spengler nicht rückstausicher ausgeführt ist, dringt bei jedem stärkeren Regen und bei Schneeschmelze Feuchtigkeit in den angrenzenden Zimmerfußboden. Eine Weile bemerken Sie das nicht einmal, bis so deutliche Wasserschäden sichtbar werden, dass Sie den Bodenbelag erneuern müssen. Fliesen sind schön, lassen sich wunderbar reinigen, aber technisch sind sie für den Außenbereich nicht zu empfehlen.

Abb. 130: Mit der Entkoppelungsmatte DC-Mat von Triflex lässt sich eine Dampfdruckausgleichsschichte einfach herstellen. Damit kann auch eine altbestehende Verfliesung bestehen bleiben. Quelle: Triflex.com

Wenn Sie auf meinen Rat nicht hören und nicht auf Fliesen verzichten wollen, beherzigen Sie zumindest folgende Ratschläge:

- Verwenden Sie spezielle Dränmatten zum schnellen Wasserabfluss unter den Fliesen (Ardex-Gutjahr oder Triflex ProDrain).

- Führen Sie den Zementestrich (wie auch die Fliesenoberfläche) mit mindestens einem Grad Gefälle und ohne Mulden aus.
- Verwenden Sie frostsichere Materialien, die „für den Außenbereich geeignet“ sind.
- Wählen Sie Flexkleber mit hohem Kunststoffanteil.
- Entscheiden Sie sich für rutschsichere Fliesen für den Außenbereich.
- Verkleben Sie die Fliesen ausnahmslos hohlraumfrei nach dem „Floating-Buttering“-Verfahren (also zuerst Kleber glatt auf die Fliesenunterseite aufbringen, dann mit Zahnspachtel auf dem Boden auftragen und die Fliesen hohlraumfrei in den Kleber eindrücken).
- Achtung bei Randverblechungen: Prüfen Sie die Notwendigkeit von Schutzanstrichen.

Abb. 131: Fliesenbeläge im Terrassenbereich brauchen einen Fachplaner. Frostschäden können nicht gänzlich ausgeschlossen werden. Quelle: Triflex.com

Abb. 132: Türschwelle sitzt viel zu niedrig und die offene Rinne – Rigol – zu weit vorne, Wasser kann in den Bodenaufbau laufen.

Fliesen im Kiesbett? Eigentlich gibt es keine Fliesen im Kiesbett. Fliesen sind per definitionem zu dünn, um auftretende Lasten im Kiesbett zu verteilen. Aber es gibt sie doch. Der deutsche Hersteller Creaton hat mit der Zwei-Zentimeter-Fliesenplatte „Kerato“ eine Fliese für die Verlegung in Kiesbett herausgebracht. Sie ist vielfach erprobt und absolut empfehlenswert. Leider ist sie nur in vier

Farben erhältlich: beige, braun, schiefergrau und granitgrau. Das ist die einzig mir bekannte Möglichkeit, Fliesen ohne Frostschäden zu erhalten.

Bei einem festen und geraden Untergrund auf einer Warmdachkonstruktion könnte man auch Kunststoffstelzen statt Kies unterlegen.

Abb. 133: Pilzbefall an der Balkonkonstruktion eines Laubenganges, der Spengler wurde eingespart und Kunststoffprofile wurden eingebaut.

Abb. 134: Die Tropfnasenprofile wurden bei den Holzstehern nur ausgeschnitten, die Konstruktion ist undicht, das Holz kaputt.

Plattenbeläge

Platten im Kiesbett

Plattenbeläge aus Beton- oder Kunststein sind die technisch beste Variante eines Außenbelages und hübsch anzusehen. Neben den Standard-Waschbetonplatten gibt es unzählige Oberflächenmuster und Farben zur Auswahl. Als Verlegemuster sollten Sie sich auf eine geradlinige Verlegung beschränken, denn durch das Kiesbett würden kleine Schnittteile oder Ziersteine bei Belastung sofort kippen. Im Gegensatz zur Fliesenverlegung brauchen Platten im Kiesbett an der Oberfläche kein Gefälle. Das Wasser läuft ja sofort in den Fugen ab. Ein Gefälle muss erst wieder an der Abdichtung vorhanden sein.

Oberflächenwasser sollte immer auf schnellstem Wege zur Abdichtung verschwinden. Deshalb legt man die Platten in ein vier bis sechs Zentimeter hohes Kiesbett. Aber Vorsicht: Scharfkantiger Splitt mit geringer Korngröße ist nicht zulässig, dieser verdichtet sich zu stark und kann die Wasserabfuhr gänzlich behindern. Außerdem kann der scharfkantige Splitt das darunter liegende Vlies und die Abdichtung beschädigen. Man nimmt also besser ein Rundkorn mit der Größe von vier bis acht Millimetern und unter dem Kiesbett ein zugelassenes Textilvlies zum Schutz der Abdichtung und Dämmung.

Achten Sie darauf, dass ein Vlies verwendet und dieses auch bei allen An- und Abschlüssen wirksam hochgezogen wird. Das Schutzvlies bringt nichts, wenn die Steinchen seitlich zur Abdichtung fallen.

Die Fugen zwischen den Platten sind in der Regel nach einigen Monaten nachzufüllen, weil sich der Kies setzen kann. Manchmal können Setzungen auf Fehler bei der Vlieslage hinweisen, aber ganz zu vermeiden sind sie auf jeden Fall nicht. Beim Reinigen der Platten mit einem Hochdruckreiniger wird es teilweise den Kies auswaschen. Heben Sie sich je nach Größe ein paar Säcke Kies zum Fugennachfüllen auf. Wen die losen Kieselsteine nerven, kann beispielsweise *nur* die Fugen mit weißem Marmorsplitt füllen und mit Kiesfestiger vorsichtig verfestigen.

UND NOCH EIN TIPP

Entfernen Sie das Unkraut zwischen den Fugen regelmäßig, denn tiefe Wurzeln könnten die Abdichtung beschädigen. Prüfen Sie das Unkrautvernichtungsmittel auf Materialverträglichkeiten, sonst entstehen womöglich Korrosionsschäden an der Verblechung oder Probleme mit der Abdichtung.

Platten im Mörtelbett

Dränmörtel: Wenn Sie keine Lust haben, mit Kies zu leben, aber auch das Frostrisiko bei Fliesen nicht mögen, gibt es eine Alternative. Man kann die Steinplatten in ein Mörtelbett verlegen. Wichtig ist, dass der Wasserabfluss zur Abdichtung nicht gänzlich behindert wird. Also verwendet man in diesem Fall einen „Dränmörtel“. Das ist ein besonders leichter, porenbildender Mörtel, bei dem das Wasser durchsickern kann.

Mörtelsäcke: Eine alte Variante ist das Verlegen in Mörtelsäcke. Unter jedem Kreuzungspunkt wird ein mit Mörtel gefüllter Plastiksack auf die Abdichtung gesetzt. Solange der Mörtel weich ist, können Unebenheiten ausgeglichen werden. Dann wird der Mörtel hart und er bildet einen festen Lagerpunkt.

Kunststofffüße – fix oder höhenverstellbar: Ähnlich wie eine Lagerung auf Mörtelsäcken wirkt das Auflegen auf Kunststoffstelzen. Es gibt nicht-höhenverstellbare Elemente, die bei nur geringen Unebenheiten verwendbar sind. Für große Unebenheiten hat man auch höhenverstellbare Stelzlager erfunden, aber diese sind sehr teuer, auf jeden Fall deutlich teurer als Kies.

Abb. 135: Höhenverstellbare Beläge sind im Schadensfall leicht zu demontieren. Quelle: Dapek.com

Holzbeläge

Holzbeläge liegen voll im Trend und es gibt sie in nahezu unzähligen Varianten. Von Holzfliesen bis zu Dielen, direkt verschraubt oder „unsichtbar" mittels Klammern. Vereinbaren Sie jedenfalls eine „barfußtaugliche" Qualität und Verarbeitung. Wenn bei einer direkten Verschraubung nicht mit einem Senkkopfbohrer vorgebohrt wird, splittert der Befestigungsbereich. Und eine schlechte Lärchenholzqualität ist sowieso anfällig für Splitter und scharfkantige Holzfehler. Auf eine „Barfuß-Tauglichkeit" des Terrassenbelages besteht möglicherweise nicht automatisch ein Rechtsanspruch. Ich empfehle daher die erhöhte Anforderung unbedingt vertraglich zu vereinbaren. Es dürfen dann nur ausgesuchte Holzqualitäten und vorgebohrte oder indirekte Befestigungssysteme verwendet werden. Die Befestigungsmittel müssen unabhängig davon aus Niro bestehen. Entwässerungssysteme wie Gullys und Rigole müssen jederzeit für Wartungszwecke frei zugänglich bleiben.

WPC-Belag

Gute Erfahrungen habe ich mit hellen Holzkunststoffdielen gemacht (Wood-Plastic-Composite). WPC-Dielen bestehen zumindest zu 20 Prozent, in der Regel zu 50 Prozent aus Holz, Jute oder Flachs. Sie sind splitterfrei und maßhaltig. Aufpassen muss man bei dunklen Dielen, die dehnen sich temperaturbedingt stark aus und so kann es bei fixer Befestigung auf dem Untergrund zu Zwängungsschäden kommen. Kaufen Sie auch hier nur zertifizierte Produkte die zu 100 Prozent aus nachweislich FSC- oder PEFC-zertifizierter Forstwirtschaft stammen. Das verwendete Polymer oder Polymergemisch muss zur Gänze aus erstmals verarbeitetem Kunststoff bestehen.

Abb. 136: Ein Holzbelag auf der Terrasse darf keine Verletzungen verursachen können. Absplitterungen sind unzulässig.

Fazit

Eine abschließende Empfehlung wage ich hier nicht, denn zu unterschiedlich sind die konstruktiven und bauphysikalischen Anforderungen. Richtig ist alles, was richtig geplant und ausgeführt wird!

Abb. 137: Bodenebenes Glas ist eine Sonderkonstruktion, hier muss ein Fachplaner her.

Abb. 138: Am Ende dürfen Sie Ihre Terrasse in vollen Zügen genießen.
Quelle: Triflex.com

Weiterführende Informationen und Anbieter:
www.bauherrenhilfe.org/fachbuch_flachdach bzw.
www.bauherrenhilfe.org/fachbuch_terassen

Kapitel 10

Lüften überflüssig - Fenster und Türen

Holzfenster und -türen

Holzfenster haben mit uralten Vorurteilen und professionellen Forumsschreibern im Internet zu kämpfen. Und auch Kunststofffenster werden vielfach falsch beurteilt. Das Vorurteil bezüglich Holz lautet, dass es schnell fault und viel Pflege braucht. Über Kunststofffenster meint man, dass diese, so wie Plastiksackerl, die hunderte Jahre halten, auch ewig Bestand hätten.

Beides stimmt nicht. Kunststofffenster haben eine wesentlich geringere Haltbarkeit als Holzfenster. Als Luftdichtheitsprüfer und Thermograf erlebe ich oft, dass es bei 15 bis 20 Jahre alten Kunststofffenstern aus allen Ecken und Enden pfeift. Reparieren geht da kaum mehr. Kiefernholzfenster hingegen halten bei entsprechender Pflege – sogar ohne Aluschale, die lebensverlängernd wirkt – 80 bis 100 Jahre, Eichenholzfenster 100 bis 120 Jahre und länger.

Die gute alte Holzkonstruktion hat also noch lange nicht ausgedient. Gerade moderne, speziell hochwärmegedämmte Konstruktionen lassen sich mit dem Baustoff Holz bestens umsetzen. Die Anforderungen an Haltbarkeit und Gebrauchstauglichkeit lassen sich weder mit Metall noch mit Kunststoff gleichermaßen erfüllen.

Die Vorteile von Holzfenstern im Vergleich zu Kunststofffenstern sind:

- Holz weist eine bessere Ökobilanz auf; je nach Beschichtungssystem ist es CO_2-neutral.
- Holz ist ein nachwachsender Rohstoff.
- Die Fenster sind stabiler und sicherer im Brandfall.

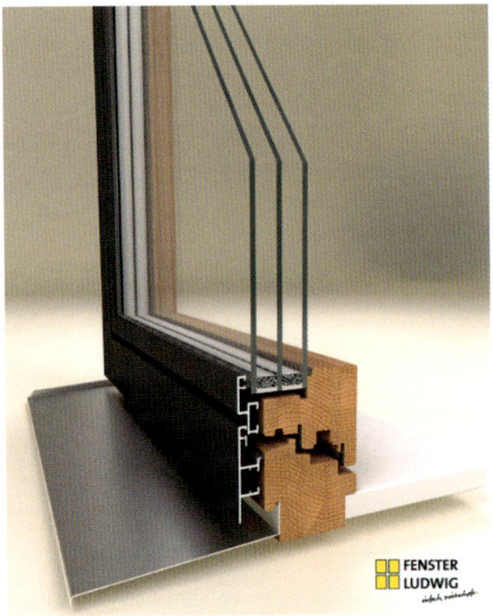

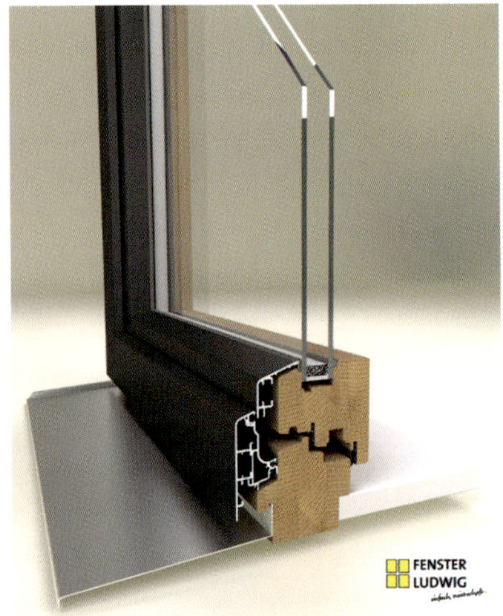

Abb. 139 links: Glashersteller schreiben eine Belüftung des Glasfalzrandes vor, der äußere Glasrand ist hier frei. Quelle: Fenster-Ludwig.at
Abb. 140 rechts: Achten Sie auf die thermische Qualität im Glasfalzrand. Hier ist die Glasscheibe von dämmendem Holz umschlossen. Quelle: Fenster-Ludwig.at

- Holzfenster verfügen über beste Haltbarkeit und Funktionalität.
- Sie sind maßhaltig und verzugsfrei auch bei hohen Temperaturdifferenzen sowie bei größeren Fensterdimensionen.
- Durch die Holzauswahl gibt es flexible Gestaltungsmöglichkeiten und jederzeit die Möglichkeit eines Neuanstrichs.
- Da es nahezu keine temperaturbedingten Längenänderungen gibt, sind die Fenster lange dicht.
- Holz-Alu-Konstruktionen garantieren den höchsten Wiederverkaufswert.

Die Nachteile von Holzfenstern sind:

- Es kommt zu einem höheren Instandhaltungsaufwand, abhängig von Holzart und Beschichtungstechnik (ausgenommen Holz-Alu-Fenster).
- Die Anfangsinvestitionen sind höher.
- Holz ist empfindlich bei Kondenswasseranfall im Winter (Lüften, Heizen).
- Holz quillt und schwindet bei Feuchtigkeitsbelastung.

Abb. 141: Das 30 Jahre alte Holz-Alu-Fenster blieb ohne Wartung und ist immer noch voll funktionsfähig, beste Tischlerarbeit!

Für Fenster und Türen finden viele Holzarten Verwendung. Die gängigsten von billig bis teuer sind:

Kiefer ist ein gutes und zugleich das günstigste Fensterholz. Es gibt auch innerhalb dieser Holzart noch Qualitätsunterschiede. Wer seinen Vertragspartner zu billigen Preisen treibt, bekommt vielleicht minderwertiges Kieferholz mit grober Faserstruktur und hohem Harz- und Splintholzanteil. Beim Kauf vom renommierten Fensterhersteller sind solche Qualitätssprünge in der Regel nicht zu erwarten.

Fichte ist materialmäßig rund 20 Prozent teurer, hat aber eine feinjährigere Struktur. Von feinjährig gewachsenem Holz spricht man, wenn die schmalen Jahresringe möglichst eng und gleichmäßig aneinander liegen.

Lärche führt zu einem Materialaufpreis von fast 100 Prozent, wird aber genau deshalb fast immer harz- und splintfrei mit feinjähriger Struktur verarbeitet. Lärche liegt endpreislich in der Mitte, gehört aber qualitätsmäßig bereits mit zum Besten, was man in Sachen Fenster erwerben kann. Bei einem kürzlich durchgeführten Immobilientest stieß ich auf 30 Jahre alte Lärchenfenster mit Aluschale, die nahezu neuwertig waren.

Eiche und Robinie: Sollten Sie sich ein Fensterdenkmal setzen wollen, dann kombinieren Sie Eiche oder Robinie mit Alu-Außenschale. Realistisch gesehen hängt die maximale Haltbarkeit dann nicht mehr vom Holz, sondern von den Beschlägen ab. Häufig benutzte Fensterbeschläge – wie etwa in öffentlichen Gebäuden – geben durchaus nach 25 Jahren den Geist auf. Da kann das Holz noch jungfräulich sein.

Abb. 142: Manche Fenster sind schlecht konstruiert, Wasser läuft an allen Dichtebenen die Fräsungen entlang zurück in den Raum.

Achtung geboten ist bei Instandhaltungsarbeiten: Der Schleifstaub von Eiche und Robinie wirkt krebserregend. Allerdings sollte man ohnehin nur mit geeigneter Absaugung und Atemschutzmaske schleifen.

Als Fazit empfehle ich die wirtschaftliche Variante Lärchenholzfenster mit Aluschale.

Kunststofffenster und -türen

Kunststofffenster liste ich auf, weil nicht jeder das Budget für Holz-Alu-Fenster zur Verfügung hat. Aber man muss wissen, dass „Plastikfenster" längst nicht die Haltbarkeit haben, die man ihnen zutraut. Der Grund dafür liegt unter anderem in den temperaturbedingten Längenänderungen. Während das praktisch unverrottbare Plastiksackerl auf dem Müllberg ungehindert in der Sonne länger und kürzer wird, darf dies ein Fensterrahmen nicht. Das weiß der Kunststoff jedoch nicht und dehnt sich trotzdem. Klar, dass die Haltbarkeit der Konstruktion darunter leidet.

Es macht übrigens einen Unterschied, welche Farbe Sie für Ihre Fenster wählen. Dunkel gefärbte Materialien dehnen sich noch mehr als helle. So können Fenster mit der sehr beliebten Farbe Moosgrün in der prallen Sonne um 30 bis 40 °C heißer werden als weiße. Damit ergibt sich eine zusätzliche Längenänderung von 3,2 Millimeter pro Meter, insgesamt sind es also 6,4 Millimeter pro Meter.

Abb. 143: Thermografie während Luftdichtheitsprüfung mit Unterdruck: Kalte Luft bläst aus Bauanschlussfugen und der Konstruktion.

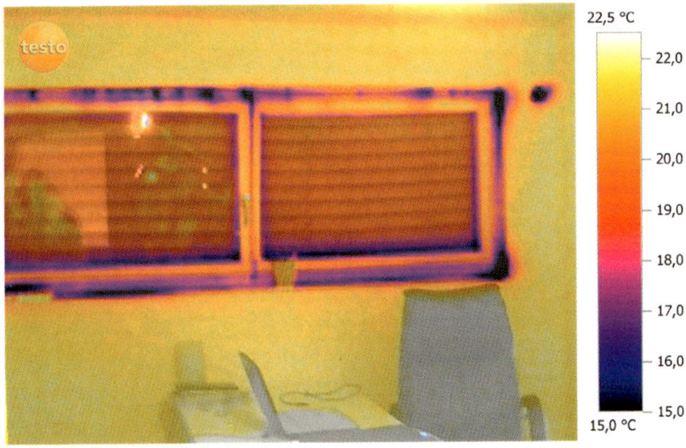

Wenn Sie schon Kunststoff wählen, dann sollte es wenigstens PVC sein. Ich kenne eine Wohnhausanlage, in der andere Kunststoffe zum Einsatz kamen. Zehn Jahre nach Errichtung mussten massenweise Fenster und Türen getauscht werden. (Der Fairness halber muss aber gesagt werden, dass dies auch bei schlechter Holzqualität schon vorgekommen ist.) Verabsäumen Sie daher nie, entsprechende Qualitätsnachweise zu verlangen.

Die Vorteile von Kunststofffenstern sind:

- günstigere Anschaffungskosten;
- geringere Pflegeintervalle im Vergleich zu Holz (*ohne* Aluschale);
- einfache Reinigung;
- Formenvielfalt durch leicht formbares PVC.

Die Nachteile von Kunststofffenstern sind dagegen:

- geringere Lebensdauer gegenüber Holzfenstern;
- geringe Steifigkeit der Rahmenprofile, Problem bei Drei-Scheibengläsern;
- Stahlarmierungen verstärken das Profil und verschlechtern den Dämmwert;
- PVC neigt zum irreversiblen Kriechen, dadurch manifestieren sich temperatur- und belastungsbedingte Verformungen;
- im Brandfall entsteht unter anderem krebserregendes Dioxin;
- Verschmutzung mit Staub, Rauch aufgrund statischer Aufladung;
- geringeres Wohlfühlambiente verglichen mit Holzfenstern;
- temperaturbedingte Längenänderung von rund 3,2 Millimetern pro Meter bei einer Einbautemperatur von 0 °C und weißem Kunststoff;
- eventuell Ausschlussgrund bei landesspezifischen Förderungen.

REISEWARNUNG! – FENSTER UND TÜREN AUS OSTEUROPÄISCHEN LÄNDERN

In letzter Zeit häufen sich die Schadensfälle bei Produkten von osteuropäischen Türen- und Fensterherstellern. Da wellen sich die Türblätter schon kurz nach dem Einbau, Trockendichtungen verkürzen sich und werden undicht und der Einbau durch die im Schlepptau befindlichen Firmen entspricht dem Stand vor dem Jahr 2000, in dem die Erstfassung der ÖNORM B5320 (Vornorm – Bauanschlussfugen Fenster, Türen) herausgegeben wurde. Ich kann Ihnen nur raten, genau zu hinterfragen, wer Ihr Vertragspartner ist. Verlangen Sie Nachweise zum CE-Prüfzeichen und Gleichwertigkeitsnachweise zu heimischen Herstellern sowie immer einen normgerechten Einbau – frei nach dem Motto: Es ist nicht alles schlecht, was von weither kommt, aber Fragen schadet nicht.

Aluminiumfenster und -türen

Aluminium leitet Wärme rund 1.200-Mal besser als Holz. Daher müssen aufwändige Entkoppelungen und Hohlkammerprofile für hochwärmedämmende Konstruktionen eingebaut werden. Im Wesentlichen gibt es zwei Fensterqualitäten, die sich dadurch unterscheiden, wie die Elemente miteinander verbunden werden:

- teurere und haltbarere geschweißte Stoßverbindungen sowie
- gesteckte Verbindungen mit Sicke (Vertiefungen), die man am offenen Gehrungsspalt erkennt.

Die Vorteile von Alukonstruktionen sind:

- Formenvielfalt durch Aluminiumformen
- sehr pflegeleicht, keine Wartungsanstriche nötig
- hohe Stabilität auch bei größeren Formen

Die Nachteile sind:

- hohe Umweltbelastung bei der Produktion
- hohe temperaturbedingte Längenänderung
- hohe Investitionskosten
- ohne aufwändige Zusatzmaßnahmen schlechter Dämmwert
- Pulverbeschichtungen können mit der Zeit verblassen

Glasränder

Was zwar leider immer wieder vorkommt, aber baupraktisch nicht sein darf, sind Luftundichtheiten an den Rändern der Glasscheiben.

Das Glas wird in den Glasfalz vom Fensterelement eingesetzt und mit Klötzen distanziert. Dabei entstehen ein umlaufender Spalt und ein Hohlraum zum Dampfdruckausgleich. Damit allenfalls anfallendes Kondenswasser auch abgeführt werden kann, steht dieser Spalt zur Entwässerung mit der Außenluft in Verbindung. Der Spalt darf aber niemals mit der Raumluft in Verbindung stehen, der kalte Glasrand würde nämlich literweise Kondenswasser aus der feuchtwarmen Raumluft entstehen lassen.

Die Glasscheibe wird daher raumseitig mit den Glashalteleisten oder mit einer gefrästen Nut gehalten und luftdicht abgedichtet. Damit meine ich luft*dicht*, da gibt es keine prüftechnisch zulässigen Grenzwerte. Bei Luftundichtheiten bläst der kalte Außenwind an dem dann sinnbefreiten Wärmeschutzglas vorbei.

Generell ist es schwer erklärbar, dass wir hochwärmedämmende Glasscheiben in Fenster einbauen, die am Glasrand mit der Außenluft belüftet werden. Dieser Unsinn der Glasfalzbelüftung hat ihren Ursprung in den Gewährleistungsausschlüssen der Glashersteller. Eine Mehrfachscheibenverglasung besteht – wie der Name schon sagt – aus zwei bis drei Glasscheiben, die im Randbereich dauerhaft dicht verklebt werden müssen. Es dürfte schon vorgekommen sein, dass Kondenswasser deren Dichtmittel geschädigt hat. Gott sei Dank gibt es schon Hersteller von guten Passivhausfenstern, die dazu übergehen, den Glasrand hermetisch abzuriegeln. Eine gute gedämmte und dichte Konstruktion lässt auch kein Kondenswasser entstehen.

Wartung und Reinigung

Hier einige Empfehlungen zur Wartung von Fenstern und Türen:

- Außen alle zwei Jahre Holzschutzanstrich kontrollieren, gegebenenfalls Schäden ausbessern;
- außen alle vier Jahre Holzschutzlasur überarbeiten bzw. erneuern;
- außen alle drei Jahre Holzversiegelung mit Wachs oder Öl erneuern;
- außen alle zehn bis 15 Jahre Holzschutzlack erneuern;
- innen die obigen Intervalle verdoppeln;
- Pflegereinigung mit sauberem Schwamm und lauwarmem schwachem Seifenwasser;

- Intensivreinigung mit Schwamm, Bürste, starkem Seifenwasser und Spülung;
- Glasreinigung mit nicht alkalischem Mittel, mit einem pH-Wert von 5 bis 8 (aggressive Reinigungsmittel schädigen die Dichtungen);
- Dichtungen bei Reinigung und Holzschutz nicht beanspruchen;
- Pflegereinigung einmal jährlich für eloxierte Bauteile mit schwachem Seifenwasser: pH-Wert 5 bis 8;
- Reinigung nicht mit Säuren, alkalischen oder scheuernden Mitteln;
- alle zwei Jahre bewegliche Fensterbeschläge säubern, ölen, schmieren;
- Fensterbeschläge mit säure- und harzfreiem Fett, Staufferfett und technischer Vaseline reinigen;
- alle vier Jahre Schrauben der Fenstergriffe nachziehen;
- offene Fensterflügel nicht belasten, nicht darauf abstützen.

Zwei- oder Dreischeibenverglasung

Die Frage nach Zwei- oder Dreischeibenverglasungen sollte sich nicht mehr stellen. Die Preisdifferenzen schwinden von Jahr zu Jahr, preisgleiche Angebote sind keine Seltenheit mehr. Vergewissern Sie sich, dass der sogenannte U-Wert eines Fensters (der angibt, wie viel Watt Wärme durch ein Fenster verloren gehen) passivhaustaugliche 0,8 Watt/m^{2}K nicht überschreitet. Moderne Drei-Scheibengläser erreichen 0,5 Watt/m^{2}K.

U-Wert der Fenster

Der Wärmedurchgangskoeffizient am Fenster ist der Uw-Wert, wobei das „w" für „window" steht. Zur Ermittlung des Gesamtwertes wird das Fenster in dessen Bauteile zerlegt:

Einheit: W/m^{2}K

Ein großes Fenster wird einen geringeren Randverlust haben als ein kleines, aber die U-Wert-Angaben sind in der Regel gleich. Das erklärt sich dadurch, dass die Berechnung immer zu einer vordefinierten Normgröße angegeben wird. Bei der Berechnung von Gebäudeverlusten ist auch der eingebaute Zustand maßgeblich, außerdem wird noch eine weitere Wärmebrücke entlang der Bauanschlussfuge (Außenumfang des Rahmens) berücksichtigt.

Aus diesen Komponenten wird der Uw-Wert gemäß der Norm EN 10077-1 und nach folgender Formel berechnet:

$$Uw = (Ag \times Ug + Af \times Uf + lg \times \psi g) / Aw$$

Uw: U-Wert des Fensters [m^2] (w = Window, engl. Fenster)
Aw: Fläche des gesamten Fensters inkl. Rahmen
Ag: sichtbare Verglasungsfläche [m^2] (g = glas, engl. Verglasung)
Ug: ungestörter Glas-U-Wert [W/m^2K]
Af: Fläche des Rahmens [m^2] (f=Frame, engl. Rahmen)
Uf: U-Wert des Rahmens [W/m^2K]
lg : Umfang der Verglasung (Länge des Glasrandverbunds)
ψg (sprich: psi): Wärmebrückenverlustkoeffizient des Glasrandes in W/mK

NOCH EIN TIPP

Lassen Sie sich das Zertifikat für die Beanspruchungsklasse (Wind und Wetter) und den Nachweis zur U-Wertberechnung geben. Der U-Wert wird immer für eine Normfenstergröße berechnet. Bei kleineren Fenstern mit einem höheren Rahmenanteil ist real mit schlechteren Werten zu rechnen. Außerdem benötigen Sie für die spätere Ersatzteilbeschaffung die Information, wer das Fenster hergestellt hat. Prüfen Sie immer die Fenster- und Türenherkunft und akzeptieren Sie keine Elemente ausländischer Firmen ohne hiesige Niederlassung. Vergleichen Sie vor einer Beauftragung.

Wetterfeste Eingangstüren

Meine persönliche Statistik zu diesem Thema ist erstaunlich. Im Schnitt stolpere ich bei jedem fünften Haus über eine Türe, die dem Wetter ausgesetzt, aber für diesen Zweck überhaupt nicht geeignet ist.

Oft sehe ich Haupteingangstüren, die technisch eigentlich als „Nebeneingangstüre für den überdachten Einbau“ konstruiert sind. Ich sehe Terrassentüren, die keine Schwellenentwässerung haben und damit eigentlich nur für „witterungsgeschützte Nischen“ taugen.

Manchmal findet sich eine plausible Begründung dafür. Wenn etwa an dieser Stelle ein Terrassenvordach geplant war, das dem Sparstift zum Opfer fiel, kann auch der Lieferant nichts dafür. Der Bauherr hätte ihn rechtzeitig darüber informieren müssen, dass eine höhere Beanspruchung vorliegen wird.

Keine Türe ist absolut wind- und regendicht, die untere Schwelle muss daher geeignet sein, eindringendes Wasser über eine „Wasserrinne“ und Schlitze abzuführen.

Prüfen Sie selbst: Ist im Schwellenbereich eine Entwässerungsschiene vorhanden? Diese sollte bei frei bewitterten Türen die gesamte Schwellentiefe umfassen. Schließen Sie die Türe, sperren Sie ab und füllen Sie eine Gießkanne mit einem Liter Leitungswasser (besser wäre Regenwasser, das ist wesentlich weicher). Leeren Sie das Wasser auf der Seite des Türdrückers auf die lotrechte Dichtung zwischen Flügel und Stock. Trocknen Sie den Probebereich und öffnen Sie die Türe. Hat die untere Entwässerung alles eindringende Wasser aufgefangen? Oder läuft auch Wasser in den Raum? Wenn ja, dann wird diese Türe vermutlich keine Normprüfung überstehen und ist sie für eine freie Bewitterung nicht geeignet.

Abb. 144 links: Kellerwasserschaden! Doch nicht der Keller ist undicht, sondern alle drei Türschwellen, und das Wasser hat sich verteilt.
Abb. 145 rechts: Wasser ist bei geschlossener Terrassentüre auf das Parkett geronnen, die Türe ist für eine freie Bewitterung nicht geeignet.

Türschwellenabdichtung

Bei den eben besprochenen Undichtheiten geht es um Regen, der direkt oder über eine Spritzwasserbeaufschlagung auf die Türe prasselt. Gefährlicher ist Wasser, das unterhalb der Schwelle anstaut und über eine nicht rückstausichere

Anbindung lange unbemerkt in das Gebäude eindringt. Ein Wasseranstau kann durch die Schneeschmelze, aber auch bei Starkregen und verstopftem Terrassengully entstehen. Deswegen mussten bis vor kurzem Türschwellen zu Freibereichen 15 Zentimeter über dem Außenbodenniveau liegen, um zu verhindern, dass Wasser über den „rückstauundichten" Schwellenanschluss in das Gebäude gelangt. Dadurch entsteht aber eine „unsympathische" Stolperschwelle, sodass von barrierefrei oder behindertengerecht keine Rede sein kann.

Die Bautechnik erfand daher Zusatzmaßnahmen, mit denen die Schwellenhöhe auf fünf und teilweise sogar auf barrierefreie drei Zentimeter schrumpft:

- Fünf Zentimeter weniger erreicht man durch den Einbau einer 20 Zentimeter tiefen Bodenrinne mit Gitterabdeckung, die direkt vor der Türe verlegt wird;
- weitere fünf Zentimeter weniger erreicht man durch die Montage eines Vordaches, das mindestens 1,2 Meter über der Türe als Witterungsschutz auskragt.

Bei drei Zentimeter Schwellenhöhe sind besondere Anforderungen an die Rückstausicherheit zu stellen. Ihr Handwerker muss also entweder die Abdichtung mit Klemmleiste am Türrahmen, einem Metallprofil mit Dichtband oder mittels Flüssigkunststoff (Triflex.at) herstellen. Lassen Sie sich am besten von ihm *vor* Arbeitsbeginn eine Skizze zeichnen.

Abb. 146: Diese Türschwelle ist nicht für eine freie Bewitterung geeignet, und die Türstockabdichtung fehlt gänzlich.

Abb. 147: Besonders die Schneeschmelze führt immer wieder zu Wasserschäden. Wasser kann plötzlich hochstauen.

Abb. 148: Wer führt die Türschwelle aus? Ohne Türschwelle sollte nicht montiert werden. Purenit als Konstruktionswerkstoff wäre ein perfekter Unterbau.

Bauanschlussfuge

Dabei handelt es sich um die Fuge zwischen Wand und Fenster oder zwischen Wand und Türe. Wenn der Baumeister eine Wand für den Fenster- und Türeinbau errichtet hat, klafft darin ein großes Loch, die Rohbaulichte. Hier wird das Fenster zuerst mit Keilen eingerichtet und dann mit Hartholz- oder Kunststoffklötzen die Lastabtragung in die Rohbaulaibung ermöglicht. Befestigt wird dann entweder direkt mit Schrauben oder mit Konsolen. Die Keile fliegen raus, die Klötze bleiben. Der Spalt wird mit Dämmstoff gefüllt und innen luftdicht und außen winddicht verklebt.

Soweit die Theorie. In der Praxis zeigt sich jedoch: Die Bauanschlussfuge ist Katastrophengebiet.

Die Bauanschlussfuge stellt die Klimagrenze zwischen Innen- und Außenklima dar. Ebenso wie für Fenster und Wände gilt auch für sie der Grundsatz: „Innen gegen Wasserdampf dichter als außen".

Die Verhältniszahl hat sich mittlerweile geändert. Während man früher 5:1, also innen fünfmal dichter als außen, vorgab, nähern wir uns heute einem Verhältnis von 1,25:1. Also innen nur mehr knapp dichter als außen. Damit zollen wir der Dampfdiffusionsumkehr im Sommer Respekt. Das bedingt aber eine schon grundsätzlich diffusionsoffene Konstruktion.

Was passiert nun, wenn wir die Bauanschlussfuge zwar dämmen, aber weder innen noch außen normgerecht verkleben?

- Kalter Wind strömt in die Fuge und unterkühlt diese;
- es entstehen Luftschallbrücken durch die Strömungsundichtheiten;
- feucht-warme Raumluft strömt in die Fuge und kondensiert;
- Undichtheiten an der Fassade führen zur Durchfeuchtung.

Um das zu verhindern, muss die Bauanschlussfuge ordentlich verklebt werden.

Glattstrich

Ein Glattstrich hat nur den Zweck, einen sauberen und klebefähigen Untergrund für die raum- und außenseitige Verklebung herzustellen. Bei sauberem Betonuntergrund oder einer Holzbauweise ist dieser natürlich nicht nötig. Auf ein rohes Ziegelmauerwerk lässt sich ein Klebeband nicht sauber aufbringen, deshalb muss vor dem Fenstereinbau ein Glattstrich, also eine Feinputzlage, aufgebracht werden.

Überputzbare Klebebänder

In der Regel kommen Klebebänder zur Anwendung. Um die Innenwand nach der Verklebung der Bauanschlussfuge verputzen zu können, werden überputzbare Klebebänder verwendet.

Aber Achtung: Diese müssen *vollflächig* mit einer kleinen Zahnspachtel auf den Untergrund verklebt werden. Sonst entstehen im Putzgrund unzulässige Luftbläschen und hohle Stellen.

Alternativen zu den technischen Einbaunormen

Die neue Einbaunorm aus 2015 (ÖNORM B 5320) lässt ausreichend Spielraum für eine fachgerechte Fenstermontage. Aber es ist und bleibt eine lästige Detailarbeit in mehreren Schritten, die Zeit kostet. Deshalb versucht die Industrie immer wieder, Produkte auf den Markt zu bringen, die den einen oder anderen Arbeitsgang ersparen sollen. Doch schon so mancher Hersteller musste von seiner Schaumdose den Zusatz „Ersetzt die Ö-Norm“ entfernen lassen. An der Physik führt kein Weg vorbei. Es ist keine Seltenheit, dass tatsächlich ein Zertifikat vorliegt und das System dennoch baupraktisch nicht funktioniert. Hier wird auch viel zu viel „geschummelt“. Ich entdeckte zum Beispiel einen Weichzellschaum, sogar mit Prüfzertifikat, der angeblich den Glattstrich und die Verklebung ersetzen sollte. Und was steht in den Tiefen des Prüfzertifikats? Die Prüfanordnung war ein sauberer Betonrahmen. Der Schaum mag also für Stahlbetonwände geeignet sein, aber sonst nicht.

Innovationen sind grundsätzlich zu begrüßen. Kritisches Hinterfragen sollte man sich jedoch nicht nehmen lassen, es sei denn, man wurde als Versuchskaninchen geboren.

Abb. 149: Anputzprofile ersetzen die luft-, wind- und schlagregendichte Ausführung zur Bauanschlussfuge nicht.

Abb. 150: Es zieht nicht nur über die Bauanschlussfuge, hier ist auch die Fensterkonstruktion am Glasrand strömungsundicht.

Abb. 151: Kondensatschaden bei der undichten Bauanschlussfuge nach zwölf Jahren. Das Holzfenster ist vermorscht.

Abb. 152: Thermografie während Luftdichtheitsprüfung mit Unterdruck. Die Bauanschlussfuge ist extrem undicht.

Abb. 153: Beim richtigen Fenstereinbau wird die Bauanschlussfuge innen und auch außen strömungsdicht ausgeführt. Quelle: Fenster-Ludwig.at

Sicherheitsverglasungen

Wer ist schon einmal in einen Spiegel oder eine Glastüre gefallen? Ich kann zwei Narben aus Kindheitstagen vorweisen. Ich versichere Ihnen, ich finde die baurechtliche Vorschrift, in gefährdeten Bereichen nur Sicherheitsglas einbauen zu dürfen, äußerst sinnvoll. Das gilt zum Beispiel für

- ➜ Ganzglastüren,
- ➜ Verglasungen in Türen bis 1,5 Meter über Bodenhöhe,
- ➜ Glaswände und Fixverglasung entlang begehbarer Flächen bis 85 Zentimeter über Bodenhöhe,
- ➜ Fenster in der Falllinie einer Innenstiege.

Es gibt wahlweise Einscheibensicherheitsglas (ESG), das in tausend kleine Stücke zerbröselt, oder Verbundsicherheitsglas (VSG), das eine Folie zwischen den Scheiben aufweist. Natürlich gibt es auch Alternativen wie beispielsweise Gitter oder ähnliche Schutzvorrichtungen vor dem Glas.

Bei der in Splitter zerfallenden ESG-Scheibe müssen Sie darauf achten, dass der Einfallende nicht zum Durchfallenden wird. Es nützt ja nichts, wenn der Einfallende nicht vom Glas verletzt wird, dafür aber acht Meter in die Tiefe stürzt. Und damit man nicht erst durch die Scheibe läuft, gilt für beidseitig zugängliche Glasflächen und Glastüren mit einer Rahmenbreite von unter zehn Zentimetern (die man schwer als Türe erkennt) eine Markierungspflicht.

Die Außenfensterbank oder Sohlbank

Zu guter Letzt kommen wir zur Sohlbank. Und zuletzt ist auch genau der Zeitpunkt, zu dem sie eingebaut werden soll. Wenn die Fassade – egal, ob eine mineralische oder eine Wärmedämmverbundsystemfassade – fertig verputzt ist, ist die Sohlbank an der Reihe.

Es gibt im Wesentlichen drei verschiedene Sohlbankarten:

Die Traditionelle: Die Spenglersohlbank wird aus Dünnblechen in einem Stück gebogen

Die Vorteile dieser Sohlbank sind, dass sie auch im Bereich der Seitenkante absolut wasserdicht ist und daher nur ein Mindestgefälle von drei Grad benötigt. Praktisch ist auch, dass die Dünnbleche exakt nach Maß auch in Sonderformen gebogen und gelötet werden können. Als nachteilig wird empfunden, dass

Abb. 154: Die Sohlbank ist undicht, die Sonnenschutzschiene ohne Dichtprofil ebenfalls.

Dünnbleche rasch Dellen und Beulen abbekommen und dann nicht sonderlich wertig aussehen.

Alle unter Kapitel 7 beschriebenen Bleche kommen technisch infrage. Aus optischen Gründen ist jedoch Kupferblech nicht empfehlenswert, dunkelgrüne Ablaufspuren würden die Wand verschmutzen.

Die Moderne: stranggepresstes Aluminium oder beschichtetes Stahlblech mit seitlich aufgesteckten Abschlüssen

Mit den Gleitabschlüssen „SlidePal-L" und „SlidePal-U" hat Helopal seine Außenfensterbank – hinsichtlich der Dichtheit – auf Spenglerniveau gebracht. Optik und Technik finden damit auf eine wunderbare Art zusammen. Wer wie ich weiß, wie viele hunderte Bauschäden von undichten Außensohlbänken herrühren, kann meine Begeisterung wohl nachvollziehen. Helopal bietet hier sogar Systemzubehör für Fassadensprünge und die Einbindung von in die Fassade integrierten Sonnenschutzführungsschienen – bis heute ein Stiefkind bei nahezu allen Fensteranschlüssen.

Die Alu-Sohlbank hat die handgefertigte vom Bauspengler schon vor langer Zeit verdrängt, doch erst jetzt liegt aus meiner Sicht eine uneingeschränkt empfehlenswerte Ausführung vor. Sie hat außerdem die bessere Optik und ist materialbedingt zumindest theoretisch auch begehbar.

Abb. 155: Der Gleitabschluss hält dicht und lässt Spielraum. Quelle: Helopal.at

Abb. 156: Neu! Anschlussteile für die Sonnenschutz-Führungsschienen. Quelle: Helopal.at

Fensterbank – Betreten verboten

Baupraktisch wird die Unterkonstruktion für die Sohlbank fast ausnahmslos aus dem Material der Wanddämmstoffe hergestellt, also meist aus Styropor (EPS). Auch die 5-Grad-Mindestneigung muss bereits im Untergrund vorhanden sein. Die Fassadenfirma schneidet daher die Dämmung in die entsprechende Neigung und bringt seinen Unter- und Oberputz mit der entsprechenden Bewehrung (Textilglasgitter) an. Das Dünnputzsystem weist damit eine Gesamtdicke von rund fünf Millimetern auf. Eine Begehbarkeit im Sinne von „Fensterwartung und Reinigung" ist da nicht empfehlenswert.

Aber es gibt auch hier bereits eine Lösung, die seinen Weg auf die Baustelle sucht: TFSPlus.at bietet Sohlbankkeile mittels hochdruckfester XPS-Platten und Dämmstoffplatten an! Diese können auf die horizontale Laibungsdämmung einfach aufgeklebt werden. Der Untergrund sollte dann nach Fertigstellung der

Fassade zumindest vorsichtig „betretbar sein". Achten Sie jedoch darauf, dass die Sohlbankkeile *nicht* unter dem Fenster oder unter der Türe durchlaufen – da habe ich meine Bedenken wegen der thermischen Wärmeausleitung und allfälliger Erschütterungen in Richtung Innenputz. Sie können aber die Keile ab der Fensterebene nur im Außenbereich montieren lassen – dazu rate ich unbedingt.

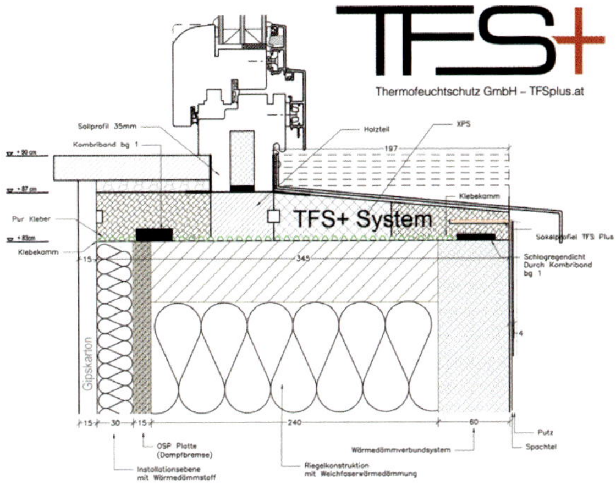

Abb. 157: Das TFS-System ist bestechend gut: Der Stock, die innere und die äußere Sohlbank können getrennt geliefert werden, je nach Einsatzzweck. Quelle: TFSPlus.at

Vor allem bei Terrassentüren stellt sich immer wieder die Frage, ob die Außensohlbank überhaupt betreten werden darf. Einige Fertighausanbieter liefern die Antwort bereits in Ihren Vertragsbedingungen: „Das Betreten der Sohlbank bei der Terrassentüre ist nicht zulässig. Wir haften nicht für Schäden, wenn diese betreten werden."

Abb. 158: Fensterbank vorschriftsmäßig und dauerhaft mit Dichtband abgedichtet. Beachten Sie beim Einbau die Herstellerrichtlinien! Quelle: Helopal.at

Vermutlich ist diese Frage noch nicht ausjudiziert, aus meiner rechtslaienhaften Sicht kann so eine Vereinbarung jedoch keine Gültigkeit haben. Die Sohlbank liegt im Gehbereich, sie muss also gebrauchstauglich sein, kann ein Betreten praktisch doch nicht verhindert werden. Oder sollen Sie jeden Gast speziell einschulen? Bei Fensterbänken lass ich mir das noch einreden. Zum Putzen muss man in der Regel nicht außen auf die Sohlbank steigen, sollte man aus Sicherheitsgründen auch gar nicht.

Der Klassiker: die Steinfensterbank aus Natur- oder Kunststein

Diese Sohlbank hat im Unterschied zu den anderen keinerlei Hochkantungen und wirksame Abschlüsse, weder seitlich noch hinten, aufzuweisen. Sie setzt eine Mindestneigung von fünf Grad voraus. Sie sieht zwar gut aus, ist aber nur bei einer unter der Fensterbank ausgeführten Abdichtung empfehlenswert. Speziell der hintere Anschluss an das Fenster wird vorwiegend mit Dichtmassen ausgeführt, und hier liegt das Problem, denn dauerhaft dicht wird das ohne regelmäßige Wartung nicht.

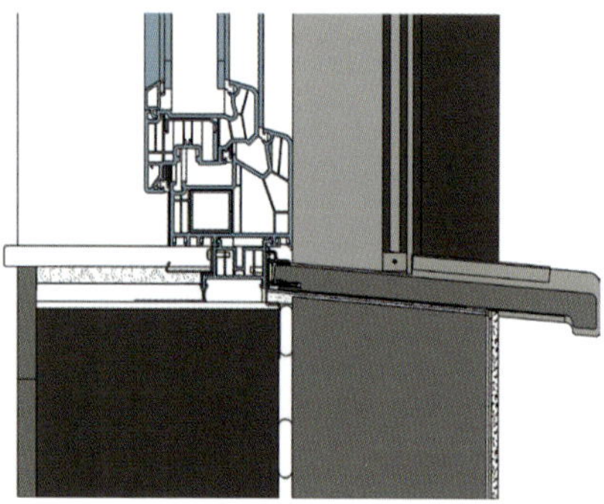

Abb. 159: Die Mindestneigung beträgt fünf Grad, der Anschluss muss wartungsfrei an den Fensterstock erfolgen. Quelle: Helopal.at

Die heute verwendeten „vorkomprimierten Dichtbänder“ sind in der Regel auch alles, nur nicht wirksam dicht. Zumindest nicht, wenn man sie waagerecht verwendet, was bei Fensterbänken zwangsläufig der Fall ist. Warum sie dennoch eine immer breitere Verwendung finden, erschließt sich mir nicht. Vermutlich liegt es daran, dass die Hersteller dieser „Dichtbänder“ eine Prüfung vorweisen können, wonach Wasser mit 600 Pascal Druck auf eine Dichtfuge aufgebracht wurde. Die Fuge bleibt dabei auch dicht, nur hat die Sache einen Haken: Die Laborprüfung erfolgt bei einer lotrecht stehenden Anschlussfuge am Modell. In der liegenden Fuge genügen ein paar Tropfen, um den Wasserdurchtritt nachzuweisen.

Die ertappten Montagefirmen sind um eine Ausrede nicht verlegen: „Ist eh der Putz unter der Sohlbank". Meine immer gleiche Antwort: „Ja eh, aber der ist nicht als Abdichtung geeignet, reißt im Eckbereich gerne, und hinten zum Fenster ist gar kein Putz."

Daher empfehle ich dringend, die Fensterbank erst dann einzubauen, wenn der Putz fertiggestellt und eine Abdichtungsschichte zusätzlich ausgeführt ist. Das entspricht mittlerweile auch der „Richtlinie für den Einbau von Fensterbänken bei WDVS- und Putzfassaden" der „Österreichischen Arbeitsgruppe Fensterbank".

Es ist aber immer noch zulässig, die Fensterbank vor dem Verputzen *in* das Fassadensystem zu integrieren. Das hat aber Nachteile:

- Bei Undichtheiten gelangt das Wasser ohne Umwege in die Wand;
- temperaturbedingte Längenänderungen schieben in den Putz;
- der Sohlbanktausch beschädigt die Fassade irreversibel und
- die starke Belastung (Fensterputzen) beschädigt die Fassade und die Dichtung.

Helopal bietet auch hier eine Lösung an: das SlidePal-U-Gleitabschlusssystem, wobei das „U" für den Einbau *in* die Fassade steht. Das System „Slide" hat Helopal unter anderem mit dem Ziel entwickelt, ein System für alle Fensterbankmaterialien auf den Markt zu bringen. Daher gibt es SlidePal für die Gussmarmor-/Helopal-Fensterbänke, SlideAlu für die stranggepressten Aluminiumfensterbänke und SlideGranit für Steinfensterbänke.

Abb. 160: Ein Holzrahmen in ein WDVS eingebettet ist bautechnischer Unsinn, die Ausführung ist nicht schlagregensicher.

Abb. 161: Der seitliche „Vorkopf“ braucht ein wirksames Dichtband (Butyl, EPDM) oder ein Vorlegeband plus Dichtmasse. Dichtmasse alleine reicht nicht.

Wenn Sie trotz allem auf eine Steinfensterbank bestehen, beachten Sie folgende Einbauhinweise:

- Die Mindestneigung muss am Untergrund vorhanden sein.
- Der Untergrund muss stabil und mit 50 Kilogramm Punktlast belastbar sein.
- Unter- und Oberputz mit Zusatzbewehrung sind in den Ecken auszuführen.
- Dichtspachtelung oder Flüssigabdichtung ist wannenförmig mit zwei Zentimetern Hochzug seitlich links-rechts sowie hinten zum Fensterstock auszuführen. Es darf keine Verklebungen mit Klebebändern geben (nicht dicht im Hochzugsbereich!)
- Der Vorkopf ist seitlich mit elastoplastischem Dichtband abzudichten. Variante 1: Kompriband als Vorlegeband mit Dichtmasse (Wartungsfuge); Variante 2: EPDM-Dichtband als voll wirksames Dichtband oder etwas Gleichwertiges.
- Die Fensterbank ist mit ausreichendem Bewegungsabstand zur Laibung vollflächig am Untergrund zu verkleben.

Abb. 162: Bitte keine einfachen Steinbänke ohne Abschluss einbauen, hier fehlt auch das Dichtband, Wassereintritt ist die Folge.

Die vollflächige Verklebung hat im Vergleich zur hohllagigen Verklebung deutliche Vorteile:

- eine geringere Geräuschbelästigung bei Regen (Trommeleffekt);
- keine Unterseitenkorrosion bei vollflächiger Verklebung;
- kein mikrobieller und Insektenbefall, da keine Hohlräume;
- keine Leckwasserverschleppung, Kleber dient als „dritte Dichtebene“.

Ich finde es ja bemerkenswert, dass alleine hinsichtlich der Verklebungsart bei Sohlbänken großer Aufklärungsbedarf besteht. Das mag daran liegen, dass diese früher ausschließlich vom Spengler eingebaut wurden und der Einbau professionalisiert war. Die Verarbeitungsrichtlinien der Metallkleber waren so ausgereift, dass sogar die Arbeitsrichtung der Zahnspachtel vorgeschrieben war. Dahinter stehen über 100 Jahre Erfahrung. Das Know-how im Umgang mit Sohlbänken wurde dem Wunsch nach Vorfertigung geopfert. Sohlbänke bauen heute überwiegend ungelernte Fenstermonteure ein, den Spenglern bleibt die Verwunderung über den Qualitätsverfall bei der Klebetechnik.

Abb. 163: Die Folgeschäden aus undichten Fensteranschlüssen zeigen sich jedes Jahr: Schimmel und Pilzbefall an Holzkonstruktionen.

Weiterführende Informationen und Anbieter:
www.bauherrenhilfe.org/fachbuch_fenster_tueren

Kapitel 11

Heizen erlaubt, aber vergeblich - Heizung und Elektrik

Die Amortisationslüge

Dieses Kapitel kann nur ansatzweise einen Überblick über das beinahe unüberschaubare Thema Haustechnik liefern, das jedes Jahr um Neuerungen bereichert wird.

Das Zeitalter der flammen- und emissionslosen Warmwasserbereitung ist längst angebrochen, auch wenn viele das noch nicht glauben wollen. Es macht in vielerlei Hinsicht Sinn, die Sonne zur Warmwasser- oder Stromgewinnung zu nutzen. Denn erneuerbare Energien machen nicht nur stolz und unabhängig, bei richtiger Auslegung rechnen sie sich auch, was bei Brennstoff-Heizanlagen nicht behauptet werden kann. Heizungen basierend auf fossilen Wärmequellen bleiben eine ewige Sparkasse.

Frustrierend dabei ist der Umstand, dass Sie sicher schneller einen Installateur für Ihre Gas- oder Ölheizung finden als einen, der mit erneuerbaren Energien umgehen kann.

Fragt man dazu einen Gasinstallateur, erhält man oft die Antwort: „Eine Solaranlage rechnet sich, wenn überhaupt, dann erst in 15 Jahren.“ Ich stelle die Gegenfrage: „Herr Installateur, wann rechnet sich denn eine Ölheizung?“ Die Antwort lautet: „Gar nicht.“ Nicht nur das, für die Energieträger Öl, Gas, Holz oder Pellets werden Sie immer mehr bezahlen müssen.

Der Solarteur® kann sich als Fachkraft für erneuerbare Energien bezeichnen. Er ist speziell dafür ausgebildet, darf aber aus gewerberechtlichen Gründen nicht selbst montieren, nur planen. Unter diesem Licht erklärt sich meine Erfahrung, dass wohl mehr als jede zweite Solaranlage gar nicht richtig funktioniert.

Der folgende Dialog zwischen einem Solarteur® (Wolfgang Gurnhofer) und einem stolzen Besitzer einer Solaranlage wiederholt sich leider zu oft:

„Sie werden es nicht glauben, aber was ich hier gesehen habe, ist das Bauschadenalphabet einer Edel-Solarheizung.“

„Wie bitte?“

„Also“, Herr Gurnhofer holt tief Luft: „A) Solarleitungsdämmung nicht ‚bissfest‘ und hitzeresistent, B) Microblasen-Entlüfter am Dach nicht temperaturbeständig und C) im Dampfbereich der Kollektoren versetzt, D) Wärmeträgermedium Propyläenglykol ungeeignet, E) Anlagendruck mit 1,65 Bar bei 65 °C viel zu niedrig, F) Durchflussmesser wegen Ablagerungen nicht mehr lesbar, G) Frostsicherheit und Mischung der Wärmeträgerflüssigkeit nicht bestimmbar, H) wegen C) ist die Wärmeträgerflüssigkeit nur noch hochkonzentriertes Propylenglykol, was Anlageschäden zur Folge hat, I) vertraglich vereinbarter Solarschichtspeicher wurde nicht verbaut, J) vorhandener Pufferspeicher ungeeignet, K) Kesselanschlüsse am Speicher nicht korrekt eingebaut, L) Schwimmbadheizung funktioniert nicht, weil Kühlung über Kollektor und Betonkernaktivierung läuft, M) Pelletskessel kann die Anlage nicht steuern, N) Regelung fehlt generell, O) Kollektorfühler wurde an die falsche Stelle gesetzt, P) Solarregler hat einen Ausgang zu wenig, Q) Solarregler wurde nicht parametriert, R) Durchmesser der Wellrohrverbindungen zwischen Kollektoren sind drastisch unterdimensioniert, S) Membranausdehnungsgefäß (MAG) zu klein dimensioniert, T) MAG nicht für Solaranlagen geeignet, U) MAG verkehrt montiert, V) MAG überhaupt nicht befestigt, W) MAG zu nahe an der Solarstation, zu hohe Temperaturen, X) Kollektoren falsch miteinander verschaltet, Y) die Kollektoren waren nicht ausreichend gegen Sturm gesichert, und Z) muss ich Ihnen sagen, dass eine Sanierung unwirtschaftlich erscheint.“

Abb. 164: Schema Solaranlage mit Brennwert-Hybridsystem. Quelle: Buderus

Abb. 165: Die Solarleitungsdämmung ist hier nicht hitzebeständig und „bissfest“. Die Dämmung muss auf „mineralisch“ getauscht werden.

Verlangen und prüfen Sie daher die Referenzen, bevor Sie ein Unternehmen mit der Errichtung einer Solaranlage beauftragen. Lassen Sie sich eine Anlagenberechnung vorlegen oder engagieren Sie gleich einen Installateur mit Solarteur®-Ausbildung!

Vergleichen wir nun die CO_2-Emissionen verschiedener Energiequellen:
- Kraftwerksstrom belastet die Umwelt für 1 kWh Strom mit 630 Gramm CO_2,
- Heizöl mit 300 Gramm,
- Erdgas nur mehr mit 240 Gramm und
- die Heizanlage mit einem Mix aus Wärmepumpe, Solarthermie und Photovoltaik mit nahezu null Gramm.

Im Vergleich dazu zahlen Sie jährlich folgende Energiekosten. Als Basis dient die Statistik von 2011 bei einem Durchschnittsverbrauch von 18.000 kWh pro Jahr:
- Öl- und Gasheizung: 8 ct./kWh = 1.440 Euro pro Jahr
- Pelletsanlage: 5,8 ct./kWh = 1.044 Euro pro Jahr
- Luft-Wärmepumpe: 4,7 ct./kWh = 846 Euro pro Jahr
- Erdreich-Wärmepumpe: 3,7 ct./kWh = 666 Euro pro Jahr
- Grundwasser-Wärmepumpe: 3,1 ct./kWh = 558 Euro pro Jahr

Eine Wattstunde (Wh) entspricht einer erbrachten Leistung von einem Watt (W) über den Zeitraum von einer Stunde (h). Das 1000-Fache davon ist die Kilowattstunde. Zum Vergleich liste ich nachfolgend den Brennwert einiger fossiler Energieträger auf:

- Erdgas: 9,77 bis 11,48 kWh/m³
- Flüssiggas: 13,98 kWh/kg
- Heizöl EL: 10,57 kWh/Liter
- Holzpellet: 4,9 kWh/kg
- Buche Scheitholz 20Prozent Feuchtigkeit 4,08 kWh/kg
- Buche Scheitholz 45Prozent Feuchtigkeit 2,61 kWh/kg
  (Quelle: Andreas Berger, SVHaustechnik.at)

Für einen Neubau empfehle ich immer eine Wärmepumpe als Ergänzung zur Solaranlage (oder umgekehrt). Übrigens gilt auch hier: Lassen Sie nur zertifizierte Wärmepumpen-Installateure an Ihre Wärmepumpenanlage ran.

Es gibt Luft-Luft-, Luft-Wasser- und Wasser-Wasser-Wärmepumpen. Entscheidend ist, dass eine Heizung für jedes Haus berechnet und der richtige Mix der einzelnen Komponenten passgenau zusammengestellt wird. Leider geschieht oft das Gegenteil: Weil es für den Ausführenden leichter ist, wird ein vom Hersteller zur Verfügung gestelltes „Paket“ angeboten. Der Hersteller liefert eine „Berechnung“ gleich mit, aber eine individuelle, bedürfnisorientierte Auslegung erfolgt nicht. Damit steigt die Anzahl der Problemanlagen, am Ende heißt es wieder: „Das Zeug rechnet sich nicht.“

Lebensqualität durch Solarwärme

Der Weg zu einer höheren Lebensqualität führt über erneuerbare Energien, heute schon. Einer Studie nach könnten wir uns eine 4-Tage-Arbeitswoche leisten, vorausgesetzt, wir nutzen regenerative statt fossile Energien, aber das nur nebenbei. Bleiben wir beim Hausbau. Wenn Sie in eine hochwärmegedämmte Gebäudehülle mit Wohnraumlüftung, eine Solaranlage, ein paar Photovoltaikkollektoren und eine Wärmepumpe investieren, erreichen Sie das Ziel, möglichst wenig Geld für Energie auszugeben. Ob Sie ein Passivhaus bauen oder nicht, spielt dabei sogar eine untergeordnete Rolle. Hauptsache super gedämmt und inklusive Wohnraumlüftung.

Ähnliches gilt für Wohnhausanlagen. Nur kümmert die Bauträger in der Regel kaum, wie hoch der spätere Energieverbrauch ist oder wie viel Wohnkomfort geboten wird. Unter dem Diktat der Profitoptimierung wird nur gebaut, was baurechtlich oder normativ gefordert ist. Eine Wohnhausanlage mit dazugehörigem Flachdach könnte bestens für ein Solarkraftwerk genutzt werden, wieder in Kombination mit Wärmepumpen und einer hochwärmegedämmten Gebäudehülle – natürlich mit Wohnraumlüftung –, und kein Bewohner bräuchte sich mehr Sorgen um Schimmel oder Energieverteuerungen zu machen.

Mein Traum einer großflächigen Verteilung von PV-Anlagen und Stromtankstellen auf den Bürgersteigen wird aber noch lange unerfüllt bleiben. Die Lobby der Gas- und Mineralölindustrie ist politisch gut verteilt, doch Veränderungen können auch den demokratischen Weg gehen: Schreiben Sie an den Bürgerservice des Lebensministeriums: service@bmlfuw.gv.at mit dem Betreff „Förderungen für erneuerbare Energien".

Mit dem Elektroauto nach Güssing

Wie tief die Kluft zwischen den technischen Möglichkeiten einerseits und den praktizierten Gewohnheiten andererseits ist, sieht man an einem anderen Energiefresser und Krankmacher, dem Auto. Elektrofahrzeuge wurden um 1900 erfunden und dominierten die Anfänge der automobilen Industrie. Nur wurden diese, weil sie schwere Akkus hatten, bald von Verbrennungsmotoren verdrängt. 110 Jahre später haben es die Hersteller von Akkumulatoren nicht geschafft, serienreife Akkus mit Energiespeichermaterial zu entwickeln? Der Staat ist gefordert, die Solar-Infrastruktur im gleichen Maße zu fördern, wie er es in den letzten 100 Jahren für die Erdölindustrie getan hat.

100 Kilometer Auto fahren mit Ökostrom kostet weniger als vier Euro. Wenn man aus der eigenen Photovoltaikanlage tankt, sogar nur mehr rund einen Euro. 15.000 gefahrene Kilometer pro Jahr kosten dann 150 Euro! Im Vergleich dazu schluckt mein Diesel-VW-Bus 2.520 Euro, und der gilt schon als sparsam für seine Größe. Auf 25 Jahre Lebensdauer gerechnet spart mir die hauseigene Photovoltaikanlage 59.250 Euro. Den Hausstrom noch gar nicht eingerechnet!

Die Modellstadt Güssing zeigt, dass ein Ausstieg aus der fossilen Energieversorgung auch unter den derzeit schwierigen Bedingungen möglich ist. Wien kontert in Aspern mit einer echten Geothermieanlage. 150 °C heißes Wasser werden aus 5.000 Meter Tiefe in das Fernwärmenetz gepumpt, der Strom für die Pumpen wird vor Ort produziert. Das bedeutet, kein Lärm, keine Abgase und kein erhöhtes Verkehrsaufkommen durch den Transport von Brennstoffen. So soll die hydrothermale Anlage satte 40 Megawatt an thermischer Energie in 40.000 Wohnungen liefern! In Simmering ging bereits 2006 ein Wald-Biomassekraftwerk vom Probe- in den Vollbetrieb. Damit werden rund 48.000 Haushalte mit Strom und 12.000 Haushalte mit Fernwärme versorgt. Im Vergleich zum fossilen Kraftwerk werden rund 144.000 Tonnen Kohlendioxid eingespart.

Warmwasser und Heizung

Es geht nicht nur darum, die Wärme möglichst gut im Haus zu behalten. Es geht vielmehr auch darum, wie man sie erzeugt. Ein Passivhaus mit Gas-Brennwertgerät wäre immer noch ein Passivhaus, ein Haus aus Beton und Styropordämmstoffen ebenso. Wir müssen einen Schritt weitergehen und auf die Art der Energiegewinnung und auf die Schadstoffemissionen achten, mit einem Passivhaus als Grundlage. Holz- und Biomasseheizungen werden als CO_2-neutral bezeichnet, benötigen aber ähnlich große Primärenergieanteile wie Öl- und Gasheizungen. Außerdem entsteht eine hohe Feinstaubbelastung. Das Ziel sollte eine flammenlose Heizung sein, die noch dazu kühlen kann. Deshalb ist Strom sinnvoller, besonders dann, wenn der Strom von der eigenen Photovoltaikanlage kommt. Tages- und jahreszeitliche Schwankungen im Energieangebot müssen und können durch Speicher ausgeglichen werden. „Passiv" zu bauen liefert die perfekte Grundlage für erneuerbare Wärmequellen. Im Passivhaus darf der Heizwärmebedarf (HWB) 15 kWh/m^{2}a nicht übersteigen.

GUT ZU WISSEN

Dieser Wert, berechnet nach PHPP (Passivhausprojektierungspaket), entspricht in der Berechnung nach OIB-Richtlinie 6 etwa 10 kWh/m^{2}a.

Der HWB oder die EKZ (Energiekennzahl) gibt an, wie viel Energie ich einem Haus zuführen muss, um eine Norm-Raumtemperatur aufrechtzuerhalten. Die genaue Berechnung ist kompliziert und das Ergebnis je nach Berechnungsmethode unterschiedlich. Es berücksichtigt, vereinfacht gesagt, die Wärmeverluste durch Transmission (Wärme, die durch die Gebäudehülle verloren geht) und Lüftung (Wärme, die durch unkontrollierte Fensterlüftung oder die kontrollierte Wohnraumlüftung entweicht). Beim Passivhaus wird viel genauer gerechnet, es werden auch interne Wärmegewinne (Geräteabwärme, solare Einstrahlungsgewinne, Personenwärme etc.) und sogar die Beschattung berücksichtigt.

In Zahlen ausgedrückt versteht man unter einem Passivhaus ein Gebäude,

- dessen Jahresheizwärmebedarf 15 kWh/m^{2}a (das entspricht etwa 1,5 Liter Heizöl pro m^2 und Jahr) und
- dessen Primärenergiekennzahl für Restheizung, Warmwasserbereitung, Lüftung und Haushaltsstrom 120 kWh/m^{2}a nicht überschreitet und
- dessen Infiltrationsluftwechsel bei 50 pa kleiner 0,6/h ist.

Womit Sie bei Ihrem Bauvorhaben die Energie für Heizung, Warmwasser und Strom erzeugen, hängt von vielen Umständen ab. Meiden Sie aber eher „das Heizungspaket“ aus dem Katalog, denn jedes Haus braucht eine individuelle Berechnung, wieder gilt: Wer hier in der Planung spart, zahlt sein Hausleben lang Mehrkosten. Während im Altbau und bei vorhandenem Gasanschluss auch ein Gas-Brennwertgerät Sinn machen kann, kann ich Öl gar nicht mehr empfehlen. Für den Neubau wiederum sollte die Wärmepumpe immer eine zentrale Rolle spielen. Ob die Umweltwärme dabei aus Boden, Wasser oder Luft geholt wird, hängt von Grund und Boden und vielen weiteren Umständen ab.

redwell INFRAROT HEIZUNGEN

Kalkulationsbeispiel - Einfamilienhaus

Leistungsberechnung für 136m² Einfamilienhaus, Neubau

NR. (siehe Bild)	Raum	Erfasste Leistung (in Watt)	Redwell Infrarot-Heizpaneel	UVP in € ab Werk (inkl. 20% MwSt.)
(1)	Wohn-/Esszimmer	1.650	WE800 Eigenmotiv (830 Watt)	890 €
(2)			R800 Email weiß (830 Watt)	806 €
(3)	Schlafzimmer	1.250	WE600 Bildmotiv (630 Watt)	778 €
			WE600 weiß (630 Watt)	705 €
(4)	Kinderzimmer 1	650	R900 Tafel (890 Watt)	907 €
	Kinderzimmer 2	600	WE600 (630 Watt)	705 €
(5)	Badezimmer	650	R800 Spiegel (830 Watt)	942 €
(6)	Küche	700	R900 Tafel (890 Watt)	907 €
	WC	300	WE250 (250 Watt)	338 €
	Flur	600	R600 Spiegel (630 Watt)	836 €
		6.400 Watt	**10 Heizpaneele zu 7.040 Watt Gesamtleistung**	**Preis der Investition 7.814 €**

Der Investitionspreis in der Standardausführung - WE-Line, Oberfläche: Stahl weiß - würde bei 7.390€ liegen (*lt. UVP Österreich ab 01.04.2015).

Dieses Beispiel zeigt wie ein Haus bzw. eine Wohnung grundsätzlich ausgestattet werden kann und dient lediglich zur Orientierung. Die Kosten sind von verschiedenen Faktoren abhängig, wie zum Beispiel der Lage, der Bauweise und der gewünschten Ausstattung. Weitere Referenz- und Umsetzungsbeispiele können bei einem Redwell-Partner erfragt werden.

Abb. 166: Schöne Heizkörper und dennoch günstig. Quelle: Redwell.com

Heizwärmebedarf

Auch das von mir empfohlene Passivhaus verliert Wärme: Bei einem durchschnittlichen U-Wert von 0,13 W/m²K (Dach, Wände, Boden) verliert das 100-Quadratmeter-Haus mit 300 Quadratmetern Hüllfläche und einer Temperaturdifferenz zum Außenklima von 20 Kelvin rund 780 Watt.

Mit der Heizung ist aber nicht nur der Heizwärmebedarf auszugleichen, es muss auch der Warmwasserbedarf gedeckt werden, grob gerechnet mit einer benötigten Wassertemperatur von 50 °C:

- Küche 10 Liter/Tag
- Hygiene 40 Liter/Tag
- Total 50 Liter/Tag

Der Warmwasserbedarf ist stark nutzerabhängig. Duschen ist nicht gleich Duschen und ein Wannenbad braucht noch mehr Energie (Wh = Wattstunden):

- 5.820 Wh/Entnahme für ein Wannenbad
- Dusche mit Sparbrause 1.630 Wh
- Dusche mit Luxusbrause 7.320 Wh

Aber rechnen wir mit 0,30 kWh pro Person und Tag beim 3-Personen-Haushalt, mit einem Aufschlag für Leitungs- (Zirkulationsleitung) und Bereitstellungsverlusten (Speicher):

- In etwa 1,5 kW für den Warmwasserbedarf

Das Passivhaus benötigt demnach und bei 2 kW Heizwärmebedarf einen Wärmeerzeuger („die Heizung") mit einer Nennleistung von nur rund 3,5 kW. Zum Vergleich dazu der Heizwärmebedarf (ohne Warmwasserbedarf) unterschiedlicher Baustandards:

- Unsanierter Altbau: 360 bis 440 kWh/m^{2}a
- Bis 1977: 280 bis 360 kWh/m^{2}a
- 1977 bis 1983: 200 bis 260 kWh/m^{2}a
- 1984 bis 1994: 140 bis 180 kWh/m^{2}a
- 1995 bis 2001: 100 bis 120 kWh/m^{2}a
- 2001 bis heute: 80 bis 25 kWh/m^{2}a

Sie müssen kein Passivhaus haben, aber mehr als 25 kWh pro Quadratmeter und Jahr Heizwärmebedarf sollten Sie nicht haben.

Wärmepumpe für die Warmwassererzeugung

Eine Wärmepumpenanlage besteht aus vier Komponenten:

- Wärmequelle (Luft, Erde oder Wasser)
- Wärmepumpe (verdichtet und entspannt das Kältemittel)
- Wärmeverteilung (idealerweise eine Fußboden- oder Wandheizung)
- Wärmespeicherung (im Verteilsystem oder Pufferspeicher)

Im geschlossenen Kreislauf der Wärmepumpe übernimmt das Kältemittel die Aufgabe, Wärme aus der Wärmequelle aufzunehmen und zu transportieren. Der Umweltwärmegewinn findet im Verdampfer der Wärmepumpe statt. Das Kältemittel kocht und verdampft schon bei geringen Temperaturen, es wird gasförmig und wird im Verdichter komprimiert. So wie die Luft in der Fahrradpumpe erwärmt sich das Kältemittel, es wird im Verflüssiger über einen Wärmetauscher an das Wärmeverteilsystem übertragen. Durch die Wärmeabgabe kann das Kältemittel zur Wärmequelle zurückgeschickt werden, um wieder Wärme aufzunehmen.

Die Temperaturdifferenz (der „Hub“)

Der Stromverbrauch der Anlage hängt wesentlich von der Temperaturdifferenz zwischen Wärmequelle (Boden, Wasser oder Luft) und Wärmesenke (Estrich-Niedertemperaturheizung, Warm- oder Brauchwasser) ab. Je kleiner die Differenz ist, desto effektiver läuft die Wärmepumpe. Wird als Wärmequelle der Boden verwendet, so ist auch im tiefsten Winter mit einer Temperatur von 5 bis 10 °C zu rechnen. Bei einer Vorlauftemperatur von 35 °C ergibt sich eine Differenz zur Wärmequelle von 25 bis 30 °C.

Im Vergleich dazu die Luft-Wasserpumpe mit der Außenluft als Wärmequelle: Bei 20 °C Wintertemperatur ergibt sich eine Differenztemperatur (der „Hub“) zum Heizungsvorlauf von 55 °C. Also muss die Wärmepumpe mehr Leistung bringen, und die Effizienz sinkt. Damit steigen auch die Geräuschentwicklung und die Gefahr einer Vereisung bei einer Luft-Wasser-Anlage. Hier ist eine Kombination mit einer solarthermischen Solaranlage ideal, selbst im Winter ist am Kollektor mit Temperaturen über dem Nullpunkt zu rechnen! Wird die Solaranlage in den Kreislauf eingebunden, kann eine Vereisung ohne Zusatzkosten verhindert und der „Hub“ bei beispielsweise 10 °C warmer Kollektorflüssigkeit auf 25 °C reduziert werden!

GUT ZU WISSEN

Im physikalischen Sinn ist jede Temperatur über dem absoluten Nullpunkt von −273,15 °C Wärme. 1 Kelvin ist die technisch gültige Temperaturmaßzahl, als Differenzzahl ist 1 Kelvin ident mit 1 °C. Die Temperatureinheit Kelvin beginnt beim absoluten Nullpunkt => 0K = −273,15 °C.

Die Leistungszahl

Das Verhältnis von Heizleistung zu aufgenommener elektrischer Leistung nennt man Leistungszahl (engl.: COP, Coefficient of Performance). So geben Hersteller beispielsweise die Zahlen W10W35, B0W35, A2W35 an. W = Water, B = Brine (Sole), A = Air. Die Zahlen geben die Temperatur von Wärmequelle und Wärmesenke an. Beispielsweise beschreibt „Leistungszahl 4 mit A2W35“ eine Luft-Wasser-Wärmepumpe, die bei einer Lufttemperatur von 2 °C arbeitet

(A2) und das Kältemittel auf ein Niveau von 35 °C (W35) zum Verteilersystem bringt.

Die Leistungszahlen dienen vor allem dem Vergleich von Wärmepumpenaggregaten.

Die Jahresarbeitszahl (JAZ)

Wesentlich wichtiger für die Anlageneffizienz ist die Jahresarbeitszahl. Sie beschreibt das Verhältnis zwischen der Wärmemenge, die man aus der Anlage erhält, und der Strommenge, die man dafür einsetzt. Bei Verwendung von Kraftwerksstrom (hohe Verluste) sollte die JAZ größer als 2,6 sein, sonst liegt im Sinne der Umwelt eine reine Stromheizung vor. Eine gute Wärmepumpe hat eine JAZ von über 3,5. Das bedeutet, dass aus 1 kWh Strom und 2,5 kWh Umweltwärme (Wasser, Boden, Luft) insgesamt 3,5 kWh Wärme für Heizung und Warmwasser zur Verfügung gestellt werden.

Vom Hersteller versprochene JAZ von 4 und mehr werden meist nicht erreicht. Bei einer JAZ von 4 müssen für 10 kWh Umweltwärme nur 2,5 kWh Kraftwerksstrom zugekauft werden. Wer sich den benötigten Strom von der eigenen Photovoltaikanlage holt, ist energieunabhängig! Wichtig für die Anlagenbewertung ist der tatsächliche Stromverbrauch der gesamten Anlage inklusive aller Pumpen und Komponenten. Daher sollte immer ein Wärmemengenzähler installiert werden, der Stromverbrauch wird am Wärmepumpenstromzähler abgelesen.

TIPP

Um die Planungs- und Ausführungsqualität zu verbessern, empfiehlt es sich, mit dem Installateur oder Bauträger eine Mindestjahresarbeitszahl zu vereinbaren. Um Streit zu vermeiden, sind dazu die Rahmenbedingungen zu klären. Ein Musterformular finden Sie auf der buchbegleitenden Website (www.bauherrenhilfe.org/fachbuch).

Betriebsarten Wärmepumpe

Monovalente Wärmepumpenanlagen versorgen das Haus alleine mit Warmwasser; einen zusätzlichen Elektroheizstab gibt es nicht. Bivalente Anlagen haben einen zweiten Energieversorger.

Mit der Wärmepumpe lassen sich Wassertemperaturen von bis zu 60 °C bereitstellen. Bei der üblichen Berechnung muss der Warmwasserspeicher pro Person und Tag rund 50 Liter Warmwasser mit 50 °C bereitstellen.

Zirkulationsleitung

Sie können das Warmwasser in einer Zirkulationsleitung ständig zirkulieren lassen, dann haben Sie es, sobald Sie den Wasserhahn aufdrehen, zur Verfügung. Aber ich rate Ihnen davon ab, denn dies verursacht hohe Energieverluste. Nehmen Sie eine kleine Komforteinbuße in Kauf: Das Warmwasser wird nach Öffnen des Wasserhahns erst zum Hahn gepumpt, das dauert etwas, aber Sie sparen dabei.

Abb. 167: Die Heizleitungen hier sind im Estrich „aufgeschwommen". Die Heizleitungen müssen vor Estricheinbringung gefüllt sein.

Abb. 168: Kanalstranglüftungssysteme mit raumseitigen Entlüftungsventilen sind nur für Neben- und Sekundärfallleitungen empfehlenswert, sonst würde der Kanal nicht mehr entlüftet werden. Quelle: Hutterer-Lechner.com

Wärmequelle Luft

Anders als bei der Grundwasser- oder Erdwärmenutzung bleibt die Temperatur der Wärmequelle Luft nicht konstant. Im Winter tritt eine gegenläufige Entwicklung der Quellentemperatur zur benötigten Heizwärme auf. Deswegen werden Luft-Wasser-Wärmepumpen in der Regel bivalent parallel betrieben, da bei Außentemperaturen von weniger als –5 °C die Heizwärme nicht mehr ausreicht.

Meist wird ein Elektroheizstab dazugeschaltet. Da beide mit Strom arbeiten, nennt man diese Betriebsart monoenergetisch. Anders ist es bei der empfohlenen Unterstützung durch eine Solaranlage.

Die Wärmequelle Außenluft bietet den Vorteil der geringeren Aufwände und Kosten. Nötige Genehmigungen wie beim Grundwasser fallen nicht an. Dafür ist die Wärmekapazität der Luft wesentlich kleiner als bei Wasser oder Erdreich. Es werden große Luftmengen bewegt, was zu Geräuschproblemen führen kann. Und für zehn Kilowatt Entzugsleistung werden rund 4.000 Kubikmeter Luft pro Stunde benötigt! Die Energiekosten sind im Vergleich zur Wärmequelle Erdreich oder Grundwasser um rund 20 Prozent höher. Beim Passivhaus mit Photovoltaikanlage kann diese Betriebsart jedoch durchaus eine Lösung darstellen.

TIPP

Stellen Sie das Außengerät nicht im Eingangsbereich oder zum Nachbargrund hin auf.

Die Kombination einer Heizungswärmepumpe und einer Wohnraumlüftung ist für ein Passivhaus oft ausreichend. Über eine im Lüftungsgerät integrierte Luft-Wasser-Wärmepumpe wird die in der Abluft enthaltene Abwärme zur Warmwasserbereitung eingesetzt. Kombinieren Sie eine Luft-Wasser-Anlage mit einer Solaranlage. Dazu wird die Solaranlage in den Vorlauf der Wärmepumpe eingebunden.

Abb. 169: Schema Luft-Wasser-Wärmepumpe
Quelle: Junkers.at

Abb. 170: Schema Luft-Wasser-Wärmepumpe mit Innengerät. Quelle: Buderus

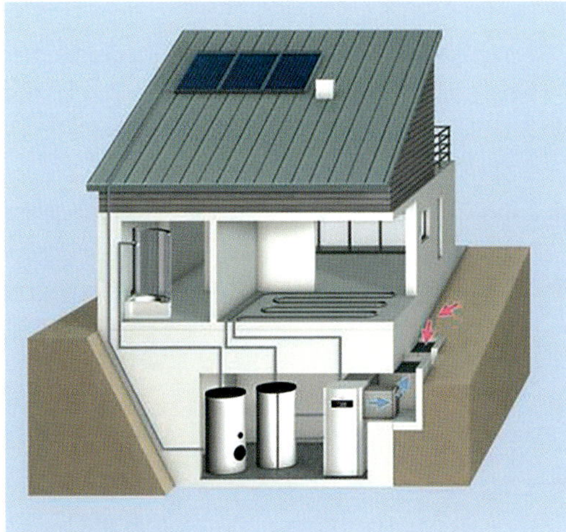

Abb. 171: Wer die kalte Fortluft der Luft-Luft-Wärmepumpe in den Lichtschacht bläst, erntet Schimmelbefall!

TIPPS ZUR LUFT-WASSER-WÄRMEPUMPE

Folgende Richtlinien sollten eingehalten werden:

- Außenöffnungen der Luftkanäle sind mit Lamellen (Regenschutz) und Gittern gegen das Eindringen von Fremdkörpern oder Kleintieren zu verschließen.
- Bei Luftführung von Zu- und Ablauf ist auf einer Kellerseite mindestens ein Drei-Meter-Abstand einzuhalten.
- Lässt sich der Zu- und Abluftkanal nur über einen Kellerschacht führen, muss mittels Leitblechen und Trennwand ein thermischer Kurzschluss verhindert werden.

- Kalter Abluftstrom und Schall sollen nicht auf die Hauswände oder das Nachbarhaus, sondern zur Straßenseite hin gerichtet werden. Die Aufstellung sollte jedoch nicht bei der Eingangstüre erfolgen.
- Zur Schallminderung sollten Mauern, Sträucher oder Zäune angebracht werden.
- Eine Abstandsverdopplung zur Schallquelle verringert den Schalldruck um sechs Dezibel.
- Im Gerätefundament ist auf einen frostsicheren Kondensatablauf zu achten, am besten mit Kanalanschluss oder Versickerungsmöglichkeit – bis zu 30 Liter pro Stunde!
- Heizungs- und Stromanschlusspläne sind beim Fundamentbau zu berücksichtigen.
- Zu groß dimensionierte Wärmepumpen kosten mehr und weisen schlechtere JAZ und erhöhten Verschleiß auf.
- Bei Außenaufstellung müssen die Heizkreisrohre gut gedämmt und meist unterirdisch verlegt werden; energetisch günstiger ist die Innenaufstellung.
- Bei der Innenaufstellung sollte die Gesamtlänge aus Ansaug- und Ausblaskanal acht Meter nicht überschreiten.
- Luftkanäle sollen ausreichend gegen Wärmeverluste und Kondensatbildung dampfdicht verklebt gedämmt werden.
- Die Luftkanäle müssen ausreichend luftdicht ausgeführt werden, andernfalls entsteht Über- oder Unterdruck.

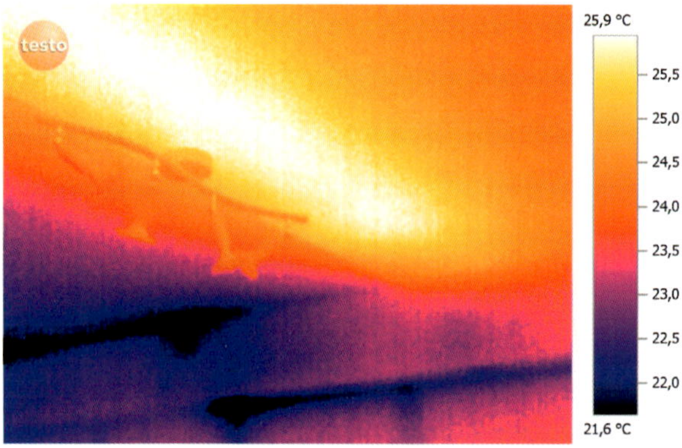

Abb. 172: Unkontrollierte Wärmeabgabe: Thermografie einer schlecht gedämmten Heizleitung im Boden der oberen Wohnung. Quelle: Nussbaum

Wärmequelle Erdreich

Grundwasser- und Sole-Wärmepumpen sind nahezu gleich aufgebaut, mit Ausnahme der Regelungstechnik. Dem Erdreich kann die Wärme mit Flächenkollektoren in 1,2 bis 1,5 Meter Tiefe oder mit vertikalen Erdsonden, die zwischen 30 und 120 Meter Tiefe liegen, entzogen werden. Erdwärmekörbe sind aufgrund der möglichen Vereisung problematisch, können aber bei Platzproblemen eine Lösung bringen.

Dem Erdreich können je nach Bodenverhältnissen zwischen zehn und 30 Watt pro Quadratmeter Fläche entnommen werden. Die benötigte Gesamtfläche beträgt als Faustregel das Ein- bis Zweifache der beheizten Wohnfläche. Beim Passivhaus kann auch die einfache Fläche genügen. Feuchte Böden eignen sich aufgrund der besseren Wärmeübertragung besser als sandige. Bei Erdwärmesonden kann eine Entzugsleistung von 30 bis 50 Watt pro Meter angenommen werden. Bei sechs Kilowatt (6.000 Watt) Entzugsleistung und angenommenen 50 W/m braucht man zwei Bohrungen je 60 Meter oder eine Bohrung mit einer Gesamttiefe von 120 Metern.

Abb. 173: Die Erdkollektoren sind hier bereits verlegt.
Quelle: Schnauer.at/Watterkotte.de

Abb. 174: Vorbereitungen zur Verlegung der Flächenkollektoren. Quelle: Schnauer.at/Watterkotte.de

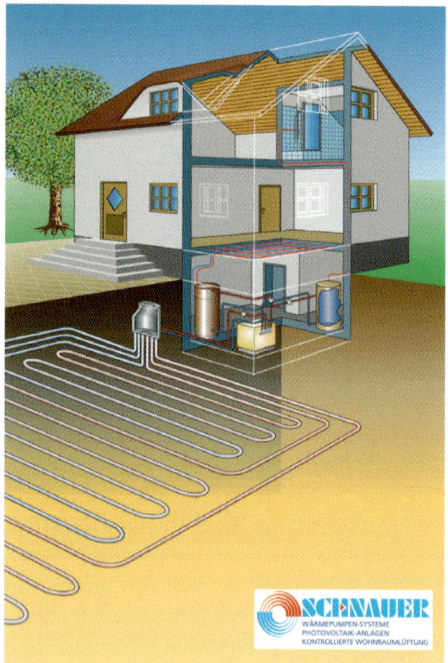

Abb. 175: Schema einer Sole-Wärmepumpenanlage.
Quelle: Schnauer.at/Watterkotte.de

TIPP

Holen Sie vor der Bohrung Erkundigungen bei der Gemeinde und beim Geotechniker ein, oft haben auch die Bohrunternehmen Daten über den Boden vorliegen. Beim Angebot sollten Sie darauf achten, für welche Bodenklasse kalkuliert wurde. Bei schwierigerem Boden kann es zu beträchtlichen Mehrkosten kommen. Eine wasserrechtliche Genehmigung sollte vor der Einreichung vorliegen.

Wie viel Leistung die Wärmepumpe aus dem Boden herausbekommt, hängt auch von der Bodenart ab. Dazu ein paar Beispiele zu Flächenkollektoren:

- Trockener, sandiger Boden: 10 bis 15 W/m^2
- Feuchter, sandiger Boden: 15 bis 20 W/m^2
- Trockener, lehmiger Boden: 20 bis 25 W/m^2
- Feuchter, lehmiger Boden: 25 bis 30 W/m^2
- Grundwasserführender Boden: 30 bis 35 W/m^2

Die Entzugsleistung beim Vertikalkollektor, also der Erdsonde, ist aufgrund der höheren Erdwärme besser, die Anlagenkosten sind aber höher:

- Durchschnittlicher Bodenaufbau: 60 W/m
- Sand und trockene Sedimente: 30 W/m
- Gestein und lehmige Erde: 55 W/m
- Gestein mit guter Wärmeleitung: 80 W/m
- Gestein mit Grundwasserdurchfluss: 100 W/m

Bei beiden Systemen liegt im Gegensatz zur nachfolgend beschriebenen direkten Wasserentnahme ein geschlossener Kreislauf vor.

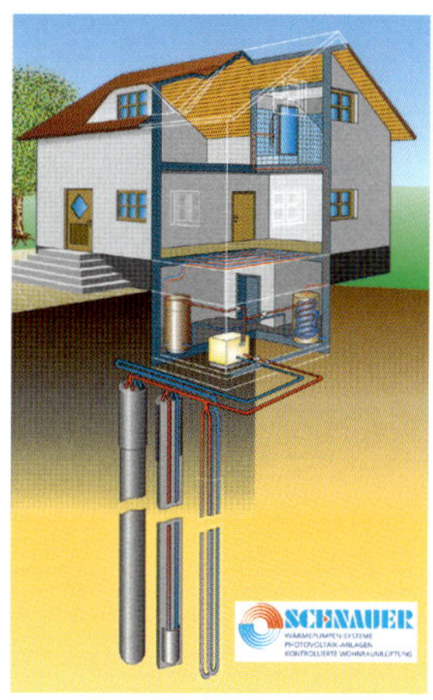

Abb. 176 links: Tiefenbohrung Teramex. Quelle: Schnauer.at/Watterkotte.de
Abb. 177 rechts: Schema Tiefensonde, Wasser-Wasser-Wärmepumpe mit geschlossenem Kreislauf. Quelle: Schnauer.at/Watterkotte.de

Wärmequelle Wasser

Ab einer Tiefe von zehn Metern liegt ganzjährig eine Grundwassertemperatur von 8 bis 10 °C vor. Man benötigt einen Förder- und einen Schluckbrunnen und abhängig von der Grundwasserfließrichtung einen Mindestabstand von zehn Metern. Bei falscher Planung kann das in den Grundwasserstrom zurückgeschickte, gekühlte Wasser wieder angesaugt werden. Heute werden statt Saugpumpen nur noch Tauchdruckpumpen eingesetzt, damit entsteht kein Unterdruck, bei dem der Sauerstoff Schäden am Rohrsystem verursachen kann.

Bei Niedrigstenergie- (Energiekennzahl kleiner 25) und Passivhäusern (Energiekennzahl kleiner 15) werden die benötigten Jahresarbeitszahlen bereits von einer Erdreich-Wärmepumpe erreicht oder sogar übertroffen. Die Stromkosten für die Grundwasser-Förderpumpen liegen höher, daher rechnet sich eine solche Anlage nur bei höherem Energieverbrauch. Der Strombedarf zum Betrieb der Grundwasserpumpe liegt im Vergleich zur Wärmepumpe selbst bei rund 50 Prozent.

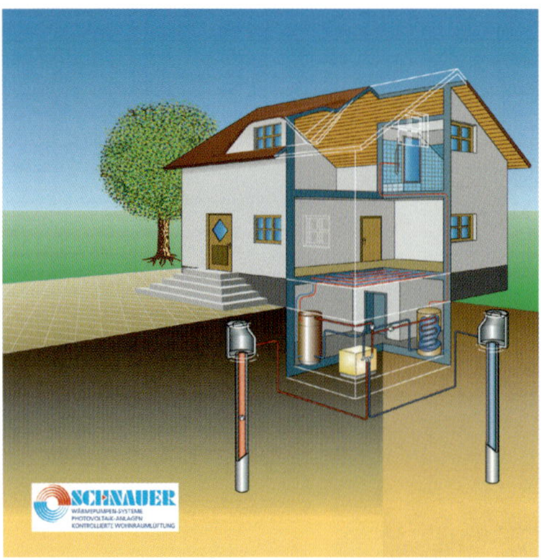

Abb. 178: Schema Solebrunnen, Wasser-Wasser-Wärmepumpe mit offenem Kreislauf. Quelle: Schnauer.at/Watterkotte.de

GUT ZU WISSEN

Je kleiner der Temperaturhub, also die Differenz zwischen benötigter Wärme und der Wärmequelle, ist, desto effizienter arbeitet die Wärmepumpe. Jedes Grad Celsius weniger Hub spart 2,5 Prozent Strom ein.

Für eine Entzugsleistung von zehn Kilowatt benötigt man rund zwei Kubikmeter Grundwasser pro Stunde. Man benötigt ebenfalls eine wasserrechtliche Genehmigung, und eine Wasseranalyse in der Planungsphase wird empfohlen. Bei einem zu hohen Eisengehalt ist die Wärmeentnahme aus dem Grundwasser nicht zu empfehlen.

TIPPS ZUR WÄRMEPUMPENHEIZUNG - ALLGEMEIN

- Verlegen Sie die Erdkollektoren in Sand; bei Erdkollektoren sollten alle Kreise getrennt abgesperrt werden, dadurch werden Fehlersuche und Entlüftung erleichtert.
- Wenn bei Flächenheizungen 50 Prozent der Heizkreise offen bleiben, kann auf ein Überströmventil und einen Reihenspeicher verzichtet werden.
- Kombispeicher sind ungeeignet, da die Wärmepumpe ständig den Vorlauf auf Trinkwassertemperatur halten muss.
- In allen Heizkreisen muss ein hydraulischer Abgleich durchgeführt und an die Pumpenleistung angepasst werden.

Solaranlage und Solarthermie für die Warmwassererzeugung

Während bei der oben beschriebenen oberflächennahen Geothermie (Erdwärmekollektoren) die Erdwärme durch die Sonne und den Regen immer wieder „nachgefüllt" werden kann, ist dies bei Erdwärmesonden nicht der Fall. Deswegen zählt die Geothermie auch nur bedingt zu den erneuerbaren Energien. Bei falscher Auslegung kann es zudem bei der Erdwärmenutzung auch zu ökologischen Nachteilen kommen. Es sollte in beiden Fällen darauf geachtet werden, dass sich der Boden wieder regenerieren kann. Und hier kommt die Solaranlage ins Spiel.

Auch im Winter liefert eine Solaranlage bei Sonnenschein zumindest 5 °C-Warmwasser. Während herkömmliche Solaranlagen nur bei höheren Kollektortemperaturen aktiv den Pufferspeicher versorgen, werden mit modernen Solar-Wärmepumpen auch die niedrigeren Kollektortemperaturen nutzbar gemacht und an die Erdsonden weitergeleitet. Die so gewonnene Kollektorwärme wird ins Erdreich zurückgeführt und übernimmt die Regeneration des Bodens. Umgekehrt kann der Wirkungsgrad des Kollektors gesteigert werden, wenn die Kollektortemperaturen durch den „Pufferspeicher Erdreich" der Umgebungstemperaturen angenähert werden können. Wie der Temperaturhub bei der

Wärmepumpenanlage ist ein Kollektor auch nur dann effizient, wenn die Kollektortemperaturen nicht zu hoch sind. Herr und Frau Häuslbauer sollten sich daher über hohe Anlagentemperaturen nicht freuen: Denn je höher die Kollektortemperatur ist, desto höher sind die Abstrahlungsverluste an die Umgebung. Die Anlage funktioniert dann am besten, wenn die gewonnene Wärme in die Anlage geschickt und umgesetzt wird.

Wirkungsgrade oder „wirkt gerade"?

Auch die beste Wärmepumpenanlage hat einen geringeren Wirkungsgrad als ein Sonnenkollektor. Aus 1.000 Watt Einstrahlungsenergie holt der solare Warmwasserkollektor der Solaranlage 850 Watt heraus, das sind 85 Prozent Wirkungsgrad. Der gesamte solare Anlagenwirkungsgrad hängt aber nicht nur von den Kollektoren ab. Die heute weit verbreiteten Ringwellschläuche erhöhen durch die gewellte Innenoberfläche den Strömungswiderstand und müssen daher um eine Dimension höher ausgelegt werden.

Die Strömungsverluste werden in der Regel mit stromfressenden Pumpen kompensiert. So haben für meine Anlage drei Firmen Pumpen mit 150 Watt Leistung angeboten, aber zum Glück fand ich einen Solarteur, der mir eine WILO-Hocheffizienz-Energiesparpumpe mit 5,8 bis 25 Watt besorgen konnte. Die Ersparnis bei rund 2.000 Stunden Betriebstemperatur ist da schon enorm. Übrigens, statt Ringwellschläuchen wurden Kupferleitungen verlegt. Und nachdem alle Anbieter das Ausdehnungsgefäß für eine Heizanlage berechnet haben, hat mein Solarteur die Berechnungen wieder korrigiert.

Der bei Solaranlagen entstehende Wasserdampf dehnt sich gegenüber Wasser tausendfach aus. Das Ausdehnungsgefäß muss also größer als bei normalen Heizanlagen ausfallen. Noch immer gilt Luft in der Anlage als Hauptursache für Betriebsstörungen. Die weit verbreiteten Automatikentlüfter entlüften, wenn die Anlage in Dampf geht. Stillstandstemperaturen von bis zu 300 °C sind bei Röhrenkollektoren möglich, das halten die billigeren Entlüfter mit ihren Plastikteilen nicht lange aus. Zudem können Mikroluftbläschen damit nicht abgeführt werden. Bei mir wurde ein Spirovent mit Autoclose-Funktion eingebaut, das ist ein metallisch-mechanisches Ventil, das ab 90 °C nicht mehr entlüftet.

Flach- gegen Röhrenkollektor

In der Regel arbeitet der Flachkollektor bei Niedertemperaturheizungen effizienter, der Wirkungsgrad ist höher und die Schadensanfälligkeit geringer. Werden höhere Temperaturen benötigt, ist der Röhrenkollektor im Vorteil, ebenso für circa zwei bis vier Wochen im Winter. Aber auch von Flachkollektor zu Flachkollektor gibt es große Unterschiede. Wird die Wärme von dünnen Kupferabsorbern auf die Solarflüssigkeit übertragen oder von massiveren Alu-Absorbern? Je massiver der Absorber ist, desto mehr Wärme wird auch bei bewölktem Himmel übertragen, denn dieser Absorber kühlt nicht so schnell aus.

Solartechnik sucht hocheffiziente Speichertechnik

Die Sonne scheint nicht immer, gerade im Winter. Da spielt die Speichertechnik eine große Rolle. Bei meinem Plusenergie-Passiv-Dachboden habe ich Latentwärmespeicher eingesetzt. Die sogenannten Powertanks speichern Wärme mit Paraffin (Wachs) fast viermal besser als Wasser. Ein Tag Sonne reicht da schon einmal für eine Woche Warmwasser und das noch platzsparend.

Abb. 179: Wohnraumlüftung: vorbildliche Leitungsführung mit Wickelfalzrohren und „echten" Schalldämpfern.

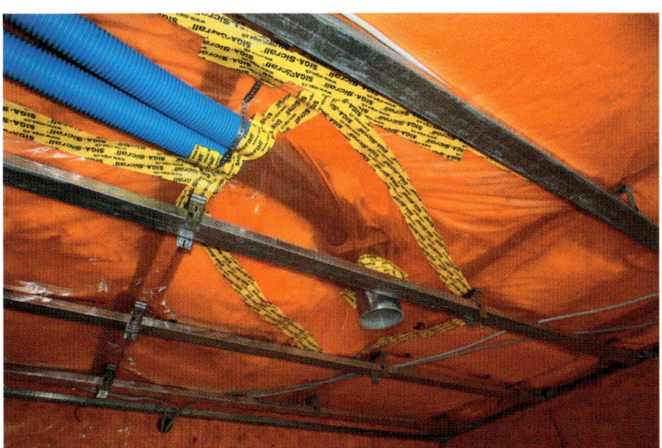

Abb. 180: Wohnraumlüftung: willkürliche Leitungsführung mit Kunststoffrohren und zerstörter Dampfbremse.

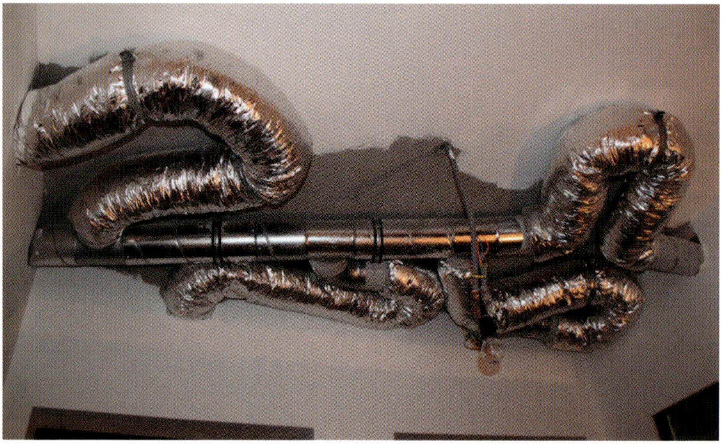

Abb. 181: Wohnraumlüftung: katastrophale Luftleitungsführung mit engen Radien, eine Reinigung ist unmöglich.

Drei Solartechniken – Hybridkollektor und Wärmepumpe
Beim Wirkungsgrad schneidet die Photovoltaik eher schlecht ab, von 1.000 Watt (1 kW) können 100 bis 150 Watt in elektrische Energie umgewandelt werden. Das ergibt einen Wirkungsgrad von zehn bis 15 Prozent. Würde man die Module kühlen, könnte man den Wirkungsgrad auf 25 bis 30 Prozent steigern. In diese Richtung geht die aktuelle Entwicklung der Hybridkollektoren. Diese liefern mit Solarzellen Strom und gleich darunter mit dem Kollektorteil warmes Wasser. Isoliert ließe sich dabei immer nur eine Technik optimal nutzen. Wenn man einen Hybridkollektor mit einer Wärmepumpe verbindet, entsteht aus der Kombination dieser drei Solartechniken eine optimierte Energieanlage. Der im Vergleich zu den Solarzellen kühle Solarkreislauf kühlt den Kollektor, und durch die Kondensation könnte man für Gebiete mit Wassermangel sogar noch Trinkwasser produzieren. Da sollte man sich aber Garantien der Hybridhersteller geben lassen oder eben noch ein paar Jahre abwarten.

Top-Empfehlung für das Heizsystem

Beim Passivhaus: Eine kleine Wärmepumpe auf den Warmwasserbedarf abgestimmt, dazu eine Photovoltaikanlage mit Stromspeicher, elektrische Heizflächen mit Infrarotplatten (für schlechte Zeiten): Für die paar Wochen, in denen geheizt werden muss, ist das völlig ausreichend und rasch zur Verfügung.

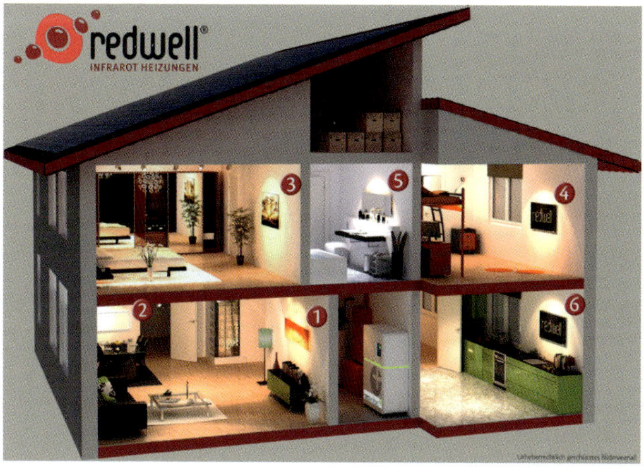

Abb. 182: Beim gut gedämmten Haus ist die Infrarotheizung die komfortabelste Art, es warm zu haben. Quelle: Redwell.com

Beim Niedrigstenergiehaus: Bis zu einem HWB von 25 kWh/m^2a ist meine Empfehlung die gleiche. Bei ungünstiger Sonneneinstrahlung und wenn Sie keine Photovoltaikanlage möchten, dimensionieren Sie die Wärmepumpe größer und verlegen Flächenheizungen in den Fußboden (Bad) oder an die Wände. Wenn möglich, verlegen Sie die Heizflächen im Falle einer Wandheizung an die Zwischenwände. Davon haben dann beide an die Wand angrenzenden Räume etwas und es geht nicht so viel Wärme verloren. Wenn Sie die Wandheizung an die Außenwand verlegen, führt jede Bauteiltemperatur über der Lufttemperatur zu erhöhten Wärmeverlusten.

Warmwasseraufbereitung aus dem Durchlaufer

Egal, mit welchem Heizsystem das Warmwasser erzeugt wird (Solaranlage, Wärmepumpe oder Heizkessel), es sollte immer eine hygienische Variante gewählt werden. Das heißt, die Entnahme aus dem Warmwasserbereiter sollte im Durchlaufprinzip erfolgen. Jedenfalls sollte so wenig wie möglich erwärmtes Duschwasser (Brauchwasser) gelagert werden, vor allem bei Wärmepumpen ist darauf besonders zu achten. Diese arbeiten ja bekanntlich mit niedrigen, aber für den Gebrauch völlig ausreichenden Temperaturen. Dazu der Sachverständige Erich Mathä (Installationsprofi GmbH): „Jegliche Warmwasserspeicherung sollte aus hygienischen Gründen vermieden werden." (Siehe dazu auch die Ausführungen zu den „Legionellen" im Unterkapitel „Wasserleitungen".)

Abb. 183: Immer öfter verschwinden Duschschläuche unter der Badewanne. Schimmelpilze sind die Folge.

Wasserleitungen

Bei der Wahl der Wasserleitung handelt es sich sicher um eine der schwierigsten Fragen. Es ist jedenfalls nach den Herstellerangaben und geltenden Normen zu arbeiten. Die Rohrleitungsdämmung kann und sollte höher als in den OIB-Richtlinien gefordert ausgelegt werden. Abhängig von der Aufbauhöhe sollte maximal gedämmt werden. Es herrscht oft der Irrglaube, dass bei Warmwasserleitungen eine Dämmstärke von vier Millimetern ausreichend ist. Das ist aber nicht so! Es müssen oft sogar (nicht nur in der Fußbodenkonstruktion verlaufend) die Kaltwasserleitungen in konditionierten (beheizten) Bereichen mehr Dämmung bekommen als die Warmwasserleitungen.

Die Wasserleitungen sollten außerdem ausreichend dimensioniert, jedoch nicht überdimensioniert werden. In zu großen Leitungsquerschnitten kommt es zu keiner laminaren, das heißt geradlinigen Strömung mehr, das Wasser verwirbelt. Überdimensionierte Leitungen verursachen genauso wie sogenannte Totleitungen schnell eine Verkeimung. Jedenfalls sollten Wasserleitungen niemals für spätere Ausbauten (Dachbodenausbau, Bäder im Keller etc.) und ohne dichte Absperrung am Leitungsnetz hängen. Sonst freuen sich die Keime über Ihr Leitungsnetz, das sie als Spielplatz nutzen!

Installationsmaterial

Der Trend zum Kunststoff ist nicht zu übersehen, dagegen werden Materialien wie verzinkter Stahl oder Kupfer in der Sanitärtechnik eher selten verwendet. Zumindest nicht für Wasserleitungen. In der Heizungstechnik liegen unlegierte Stähle und Kupfer sehr wohl noch im Trend und sind auch in Ordnung, so sind Reparaturen an Kupferleitungsrohrsystemen sehr einfach ausführbar und Erweiterungen stellen kein Problem dar.

Die Verbindungen in der Hausinneninstallation werden bei Kunststoffen meist verpresst und immer öfter nur gesteckt (!). Damit möchte man dem Handwerk ein schnell und einfach zu verarbeitendes Leitungssystem in die Hand geben. Ich bemerke aber in den letzten Jahren verstärkt Schäden durch undichte Druckwasserleitungen zu derartigen Verbindungen.

Betreffend die Qualität stehen Metall-Verbundrohre sicherlich sehr weit oben. Obwohl die rein chemisch vernetzten Rohre in den letzten Jahren ihre Qualität ständig verbessert haben, kann ich sie nicht unbedingt empfehlen. Um beispielsweise die Polyethylenrohre thermisch stabiler und härter zu machen, werden die Rohre physikalisch oder chemisch (PE-Xa- oder PE-Xb-Rohre) vernetzt. Hier gibt es Hinweise darauf, dass durch die chemische Vernetzung Schadstoffe (Methyltertiär-Butylether [MTBE] in das Trinkwasser gelangen. Kunststoffrohre dagegen, die mit „beschleunigten Elektronen“ vernetzt werden, sollen laut Hersteller unbedenklich sein (PE-Xc-Rohre).

Dazu testete Dr. Andreas Koch (Hygiene-Institut Gelsenkirchen) im Jahr 2007 verschiedene Kunststoffleitungen. Neun der 13 Rohre erfüllten im Kaltwasserversuch die Richtwertempfehlungen. Bei entmineralisiertem, gechlortem und vor allem bei Warmwasser stiegen die Werte teilweise auf das Zehnfache (!) an. Bei praktisch allen Leitungen waren Stoffe feststellbar, die man besser nicht in erhöhter Konzentration im Wasser haben möchte.

Aber auch bei Kupferleitungen kann es zu Problemen kommen. Für Kupferleitungen ist betreffend das Trinkwasser ein ph-Wert von über 7 vorgeschrieben. Es kam schon zu Leberschäden, weil saures Brunnenwasser über Kupferleitungen in den Haushalt geführt wurde. Kupfer bildet in der Nutzung eine schützende Oxidschichte, bis zur Bildung dieser Schichte ist allenfalls mit erhöhtem Kupfereintrag in das Trinkwasser zu rechnen. Daher gilt: Im ersten Jahr der Nutzung das Wasser zuerst laufen lassen, dann erst trinken. Darüber hinaus soll Kupfer völlig unbedenklich sein.

Ich kenne den aktuellen Stand der Wissenschaft nicht, bin bei Grenzwerten grundsätzlich misstrauisch, speziell bei den relativ neuen Kunststoffleitungen. Es gilt daher hier eher das Prinzip der Vermeidung. Bei der Trinkwasserleitung soll stagnierendes Wasser verhindert werden.

TIPP

Achten Sie darauf, dass Rohr und Formstück von ein und demselben Hersteller kommen. Erlauben Sie keine Vermischung von Systemkomponenten!

Achten Sie auch darauf, dass Produkte bekannter Systemhersteller wie beispielsweise Geberit, Rehau, Herz, Sanipex, Uponor oder eben Kupferleitungen verwendet werden.

Legionellen (Legionärskrankheit)

2013 endete in Österreich die Infektion mit Legionellen in rund 14 Prozent der Fälle tödlich, bei Menschen mit Vorerkrankungen waren es sogar bis zu 70 Prozent. In der Regel ist es nicht gefährlich, Wasser zu trinken, gefährlich sind jedoch verseuchte Aerosole, die tief in die Lunge eindringen.

Die Legionellose (Legionärskrankheit) verläuft als schwere Lungenentzündung. In Österreich wurden im Jahr 2013 100 Fälle gemeldet, die Dunkelziffer liegt bei 1.500 bis 3.000 Fällen.

Ein Infektionsrisiko besteht überall dort, wo sich feine Wasserpartikel (Tröpfchen) bilden können:

- Duschen und Wasserhähne
- Sprudelbäder (Jacuzzis, Whirlpools)
- Türkische Bäder und Saunen
- Kühltürme, auch wenn diese auf dem Dach oder in Bodennähe lokalisiert sind
- Klima- und Belüftungsanlagen
- Zierbrunnen, insbesondere im Gebäudeinnern

Legionellen vermehren sich vor allem

- in Behältern für Kalt- oder Warmwasser,
- in Leitungen mit geringer oder fehlender Wassererneuerung (Achtung bei nicht benutzten Zimmern),
- im Biofilm, der sich in Wasserreservoirs und Leitungen von Duschen und Hähnen bildet,
- auf Dichtungen aus Gummi oder natürlichen Fasern,
- in Verkalkungen von Leitungen, Duschköpfen und Hähnen.

Wie vermehren sich Legionellen?

Legionellen vermehren sich bei Temperaturen zwischen 25 °C und 45 °C (Optimum um 37 °C) und bei einem neutralen oder leicht sauren pH-Wert. Sie können aber auch zwischen 5 °C und 63 °C sowie einem pH-Wert zwischen 5,5 und 8,1 überleben. Alle diese Eigenheiten erklären ihre Widerstandsfähigkeit gegenüber üblichen Desinfektionsmaßnahmen. Die für die Trinkwasserdesinfektion erlaubte Konzentration von Chlor (≤ 0,1 mg/L freies Chlor) genügt nicht, um Legionellen abzutöten.

Die vollständige Elimination in einem kontaminierten Leitungsnetz ist nur selten möglich. Meist muss man sich damit begnügen, die Besiedlung auf ein akzeptables Niveau zu reduzieren und die Situation unter Kontrolle zu halten.

Tipps zur Vermeidung:

- Toträume sind zu vermeiden. Nicht benötigte Leitungen sind vom Trinkwasserversorgungsnetz zu trennen. Stagnierendes Wasser begünstigt die Entstehung von Kalkablagerungen und von Biofilm, in dem sich Legionellen gerne einnisten.
- Den Wasserdurchlauf vermindernde Maßnahmen erhöhen das Risiko (Wassersparmaßnahmen).
- Richtig dimensionierte Leitungsnetze mit kurzen Leitungen sind Installationen mit langen Leitungen vorzuziehen.
- Die Wasserentnahmestellen sollen auf ein notwendiges Minimum beschränkt werden. Nicht regelmäßig benützte Entnahmestellen sollen regelmäßig gespült werden.
- Die Planung eines Leitungssystems verlangt auch Überlegungen zu den Materialien von Rohren, Verbindungsstücken, Abstellarmaturen usw. Materialien wie Kupfer können mittelfristig die Bildung von Biofilm vermindern, während Kunststoffe seine Bildung begünstigen können. Schließlich können Materialien aus natürlichem Kautschuk, Fasern wie etwa Hanf sowie Kunststoffe generell die Vermehrung von Bakterien allgemein begünstigen.
- Rost, Verkrustungen und Ablagerungen sind für die Vermehrung der Legionellen günstig, da sie Nährstoffe liefern und Schutz gegenüber Desinfektionsmaßnahmen bieten.
- Apparate mit geschlossenen Wasserkreisläufen (z.B. Zierbrunnen) erfordern einen regelmäßigen Unterhalt und eventuell die Zugabe eines Desinfektionsmittels.
- Bei Ferienhäusern oder Wohnungen, die länger als ein Monat nicht bewohnt werden, muss das System komplett gespült werden, indem reichlich Kalt- und Warmwasser aus allen Hähnen laufen gelassen wird, gleichzeitig aber die Bildung und das Einatmen von Aerosolen vermieden werden soll.
- Vor der Inbetriebnahme einer neuen Installation oder nach Arbeiten an einem Leitungsnetz sollten zur Vorsicht eine vollständige Spülung und eventuell eine Desinfektion durchgeführt werden, Letztere nochmals gefolgt von gründlichem Spülen.

Abwasserleitungen

Grundsätzlich sind zwei Varianten erhältlich. Zum einen das allseits bekannte Stecksystem der verschiedenen Hersteller und zum anderen das geschweißte Abflussrohrprogramm von Geberit. Im privaten Hausbau ist das Stecksystem (Polokal etc.) sicherlich das am meisten verwendete. Dieses System ist aus Kostengründen zu empfehlen und sicherlich ausreichend.

Auf den Schallschutz wird bei Abwasserleitungen im Privatbau normalerweise kein besonderes Augenmerk gerichtet, es sei denn, die Abflüsse laufen durch Wohn- oder Schlafräume. In diesem Fall sollten sogenannte „Silentrohre" verwendet werden, diese haben mehr Raumgewicht. Das beste Schallschutzrohr ist aber nur so gut wir seine Verarbeitung. Daher sollte dort, wo Augenmerk auf den Schallschutz gelegt wird, noch ein Dämmschutzschlauch (vier Millimeter Dämmstärke sind ausreichend) oder eine Schachtdämmung ausgeführt werden.

Mindestgefälle Abwasserleitungen

Das Mindestgefälle von Grund- und Sammelleitungen für Schmutz- und Mischwasser beträgt bei einem anzunehmenden Füllungsgrad von 50 Prozent und einem:

- Durchmesser von 100 mm: 2 Prozent.
- Durchmesser von 125 mm: 1,5 Prozent.
- Durchmesser von 200 mm: 1 Prozent.

Diese Mindestgefälle dürfen bei Vorliegen eines rechnerischen Nachweises des Planers unterschritten werden.

Das Mindestgefälle von Grund- und Sammelleitungen für Regenwasser bei einem Füllungsgrad von 70 Prozent beträgt ein Prozent.

Richtungsänderungen in Grund- und Sammelleitungen sollen nur mit Einzelbögen mit Winkeln bis höchstens 45 Grad ausgeführt werden. In Grund- und Sammelleitungen können Abzweiger mit Winkeln von höchstens 45 Grad eingebaut werden.

Rückstausicherung

Rückstau tritt bei starken Regenfällen und Hochwasser auf, besonders gefährdet sind daher Mischkanäle. Außerdem kann eine Leitungsverstopfung oder das Spülen der Kanäle durch die Gemeinde zu Rückstau führen. Nach dem Prinzip der kommunizierenden Röhren besteht die Gefahr, dass Abwasser vom Kanal durch Sanitärgegenstände unterhalb der Rückstauebene ins Gebäude läuft und dadurch massive Schäden verursacht. Angeschlossene Sanitärgegenstände und alle Ablaufstellen unterhalb der Rückstauebene müssen durch eine Hebeanlage, Rückstausicherung oder andere Verschlüsse gegen Rückstau geschützt werden. Die maßgebliche Rückstauebene ist 15 cm über dem Niveau des gegen die Fließrichtung gesehenen nächsten Kanalschachts mit offenem Gerinne oder Einlaufgitter anzusetzen (ÖNORM B 2501, 5.6.1, Seite 18).

Abb. 184: Quelle: ACO.co.at

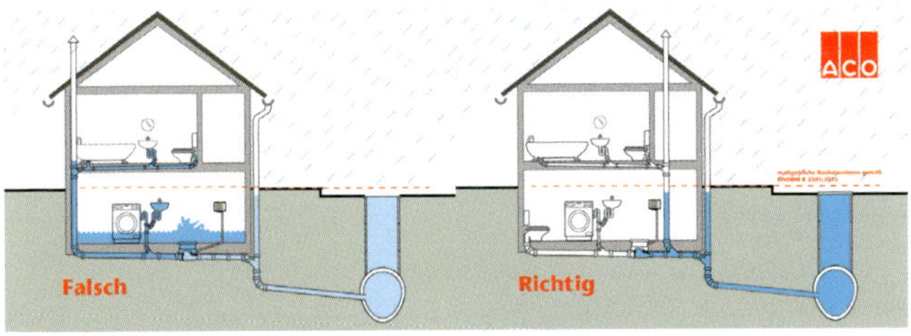

Entwässerungsgegenstände, die oberhalb der Rückstauebene liegen (Abbildung links), dürfen nicht über eine Rückstausicherung geführt werden. Hierbei könnte oberhalb der Rückstauebene anfallendes Abwasser im Rückstaufall nicht mehr abgeleitet werden. Das Abwasser würde gemäß dem Prinzip der kommunizierenden Röhren zuerst aus den am tiefsten gelegenen Ablaufstellen unterhalb der Rückstauebene austreten und den Keller überschwemmen.

Daher sind alle oberhalb der Rückstauebene installierten Entwässerungsgegenstände nach einem Rückstauverschluss anzuschließen (Abbildung rechts). Die Fallleitung füllt sich bei Rückstau höchstens bis zur Höhe der Rückstauebene, das Abwasser wird durch den Rückstauverschluss am Zurückdrücken in tiefer gelegene Entwässerungsgegenstände gehindert und tritt daher über die Kanaldeckel aus.

Die Rückstauebene ist die höchste Ebene, bis zu der das Abwasser in der Entwässerungsanlage ansteigen kann, in der Regel ist das die Gully- oder Straßenoberkante. Im Bereich besonderer örtlicher Gegebenheiten, in dem der mögliche Rückstau offensichtlich nicht durch die Straßenhöhe vorgegeben ist, wie bei Geländeanhöhen und Kuppen einerseits sowie Straßensenken, Unterführungen und Überschwemmungsgebieten andererseits, ist die maßgebliche Rückstauebene unter Berücksichtigung dieser Gegebenheiten anzunehmen.

Grundsätzlich kann ein Rückstau jederzeit entstehen. Aus ökonomischen Gründen legen Gemeinden das öffentliche Kanalsystem nur für mittlere Regenereignisse aus. Bei Starkregen, Reinigungsarbeiten, großen Verstopfungen oder Rohrbrüchen kann das Abwassersystem überlastet sein. Gemeinden haften in der Regel nicht für Schäden, die durch Rückstau entstehen. Somit sind Hauseigentümer selbst in der Pflicht, wenn es darum geht, sich vor einem Rückstau und dessen Folgen zu schützen.

Wirkungsvollen Schutz gegen die Überflutung von Kellerräumen bieten Rückstauverschlüsse. Sobald eine Strömung ins Innere des Gebäudes entsteht, verschließen ein bis zwei Klappen der Rückstausicherung die Rohrleitung automatisch und verhindern ein Eindringen von Schmutzwasser.

Bei der Wahl des passenden Rückstauverschlusses muss die Beschaffenheit des Wassers berücksichtigt werden. Für Abwasser aus Duschen oder Waschmaschinen, sogenanntes Grauwasser, wird eine andere Rückstausicherung benötigt als für fäkalienhaltiges Schwarzwasser aus Toiletten. Neben ihrer eigentlichen Aufgabe, Abwasser über die Rückstauebene in die Kanalisation zu pumpen, verhindern sie gleichzeitig auch den Rückfluss von Wasser in das Gebäude. Lichtschächte, die mit einem Ablauf an das Entwässerungsnetz angeschlossen sind, können ebenfalls mit einer speziellen Sicherung gegen Rückstau ausgerüstet werden. Darüber hinaus erzielt die Rückstauklappe noch einen anderen Nebeneffekt: Sie hält Ratten und andere ungebetene Nager fern. Rückstauverschlüsse müssen außer einem von Hand zu bedienenden Verschluss mindestens noch einen selbsttätig wirkenden Verschluss aufweisen.

Kriterien für den Einbau eines Rückstauverschlusses:

- Der Entwässerungsgegenstand hat ein Gefälle zum Kanal.
- Auf die Nutzung der Ablaufstelle muss bei Rückstau verzichtet werden können.
- Die zu sichernden Räume müssen von untergeordneter Nutzung sein.
- Eine Gesundheitsgefährdung von Bewohnern ist bei Überflutung nicht gegeben.
- Wesentliche Sachwerte sind bei einer Überflutung nicht gefährdet.
- Der Benutzerkreis muss klein sein und diesem muss ein WC oberhalb der Rückstauebene zur Verfügung stehen.
- Sollte eines dieser Kriterien nicht erfüllt sein, ist es zwingend notwendig, eine Hebeanlage einzubauen.

Die für die zu entwässernden Grundstücke und Objekte maßgebliche Rückstauebene ist von der zuständigen Behörde bzw. vom Planer festzulegen. Fehlt diese Angabe, ist als maßgebliche Rückstauebene die Straßenhöhe an der Anschlussstelle mit einem Zuschlag von 15 Zentimetern (ÖNORM B 2501) anzunehmen.

Abb. 185: Der Fäkalienrückstauautomat dient zur Sicherung von Ablaufstellen unterhalb der Rückstauebene gegen Rückstau aus dem Kanal. Quelle: ACO.co.at

Wohnraumlüftung

Eine Wohnraumlüftung ist aktuell nur beim Baustandard „Passivhaus“ Pflicht. Hier darf die Heizleistung auf einen sehr kleinen Restheizwärmebedarf (10 Watt/m^2) reduziert werden, und dieser kann theoretisch durch eine Erwärmung der Luft über die Lüftung zugeführt werden. Allerdings kann ich das „Hardcore-Passivhaus“ nur mit „Luftheizung“ eher nicht empfehlen. Ein aus welchen Gründen auch immer abgekühltes Passivhaus über die Luft zu erwärmen dauert eine halbe Ewigkeit.

Ganz allgemein wird das Thema Wohnraumlüftung sehr kontrovers diskutiert. Es geistern heute noch Vorurteile wie „Da darf man keine Fenster öffnen“ oder „Da bilden sich Keime in den Leitungen“ durch die Baulandschaft.

In Deutschland gibt es bereits Gerichtsurteile, wonach eine Wohnung ohne Komfortlüftung als „Mangel“ bewertet wurde. Es bleibt also die Hoffnung, dass die „Komfortlüftung“ bald gesetzlich vorgeschrieben wird – zumindest bei Mietshäusern und Wohnhausanlagen. Beim Einfamilienhaus ist die Problematik in der Ausprägung nicht vorhanden. Erstens aus bautechnischen Gründen und zweitens weil ein höheres Raumluftvolumen auch einen positiven Einfluss auf die Luftfeuchte hat.

„55 Qualitätskriterien für Komfortlüftungen - Einfamilienhaus“

Aus Luftleitungen kann schlechte Luft kommen, und zwar dann, wenn nicht ein, sondern gleich mehrere Planungs- und Ausführungsfehler zusammenkommen. Vereinbaren Sie daher nach Möglichkeit die „55 Qualitätskriterien für Komfortlüftungen – Einfamilienhaus“, zu finden unter Komfortlüftung.at. Bei fachgerechter Planung, Ausführung und Wartung sorgt die Komfortlüftung für ständig frische Luft, erhöhten Wohnkomfort und reduzierte Heizkosten.

Hier einige der Kriterien:

- Voraussetzung: Dichtheit der Gebäudehülle, maximale n50-Luftwechselzahl 1,0/h1
- Voraussetzung: schadstoffarme Bauweise, VOC-Summenparameter maximal 250 Mikrogramm/m^3
- Relative Luftfeuchte soll 20 Prozent nicht unterschreiten.
- Relative Luftfeuchte soll 55 Prozent nicht überschreiten.
- Betriebsluftvolumenstrom mindestens 30 m^3/h und Person
- Minimale Zulufttemperatur 17 °C bzw. maximal 3 °C unter der Raumtemperatur

- Verlegeplan mit Rohrquerschnitten, Luftmengen, Luftgeschwindigkeiten und verwendeten Materialien muss vorhanden sein.
- Anlage muss während der Bauphase vor Verschmutzung geschützt sein, Verlegung nur bei besenreiner Baustelle.
- Mindestens fünf Meter Abstand der Ansaugung von Parkplätzen, Kaminen, Mistplätzen etc.
- Ansaugluftfilter mindestens M5
- Stromverbrauch im „Stand-by-Betrieb" maximal 4W/Kelvin
- Möglichst runde Luftleitungen
- Mineralfaserfreie Schalldämpfer

Alle 55 Qualitätskriterien finden Sie zum Download auf Komfortlüftung.at. Besprechen Sie alle für Sie infrage kommenden Punkte und vereinbaren Sie diese verbindlich im Vertrag!

Weiterführende Informationen und Anbieter:
www.bauherrenhilfe.org/fachbuch_haustechnik

Elektrotechnik

Allgemeine Überlegungen

Planen Sie Ihre Elektroinstallation sehr sorgfältig. Am besten spazieren Sie gedanklich von Raum zu Raum und zeichnen in den Entwurfs- oder Einreichplan die geplante Einrichtung ein. Legen Sie im Detail fest, wo und wie Sie Strom benötigen. Denken Sie auch an den Garten, die Terrasse, die Garage, den Keller und den Dachboden. Vergessen Sie nicht den eventuellen Swimmingpool, die Außenbeleuchtung und das Gartenhaus. Sparen Sie außerdem nicht an Leerrohren, lassen Sie zusätzlich von jedem Geschoß mindestens zwei Leerrohre in den Elektroverteiler verlegen, dann können Sie später jederzeit erweitern, ohne aufstemmen zu müssen.

Zukunftsorientierte Planung bei kleinem Budget

Wenn das Budget zu Baubeginn für die Wunschinstallation nicht reicht, planen Sie voraus. Vielleicht wollen Sie später eine Wohnraumlüftung, sicherheitstechnische Anlagen, motorbetriebene Jalousien und Rollläden, Garteneinfahrten und Garagentore, Telefonschnittstellen, Antennen- und Lautsprecheranlagen und natürlich PC-Netzwerke nachrüsten. Der zusätzliche Planungs- und Ausführungsaufwand lohnt sich.

Planen Sie den Elektroverteiler dort ein, wo er immer zugänglich ist. Für die Garage, den Außenbereich, eine allfällige Werkstätte oder den Hausarbeitsraum lassen Sie Unterverteiler montieren. Damit schaffen Sie mehr Platz im Hauptverteiler, und die Kabelwege werden kürzer und einfacher, zudem wird der Weg zur Sicherung kürzer.

Im Installationsplan legen Sie bzw. der Elektroplaner die Anordnung der Lichtschalter und Schukosteckdosen, der Heizungsthermostate sowie der Taster für die motorbetriebenen Rollläden und Jalousien fest. Alle Höhen und Abstände sind in diesem Ausführungsplan so zu beschreiben, dass eine Kalkulation ebenso möglich wird wie die punktgenaue Ausführung auf der Baustelle. Das ist auch für verbundene Gewerke wichtig, zum Beispiel, wenn die Baufirma einen Innenputz im Bereich der Außenwand-Vorsatzschale anbringen muss (Luftdichtheit). Für elektrosmogempfindliche Personen empfehlen sich Schalter mit Infrarot- oder Funkfernbedienung. Leitungsstemmarbeiten sind dabei nicht mehr nötig. Damit wird der teure Funkschalter zur günstigen Lösung!

Mit Kindern im Haus planen Sie gleich Steckdosen mit Kinderschutz, ein nachträgliches Nachrüsten kostet Geld. Im Stiegenhaus und im Eingangsbereich sowie im Garagenbereich sind außerdem Bewegungsschalter sehr hilfreich.

Sparen Sie nicht bei den Stromkreisen, da geht es um Ihre Sicherheit und die Betriebsbelastbarkeit, lassen Sie sich vom Elektroinstallateur Ihres Vertrauens beraten.

Abb. 186: Ein aufgeräumter Sicherungskasten weist auf eine saubere Elektroinstallation hin. Quelle: ABB.at

Jede elektrische Anlage sollte in mehrere Stromkreise aufgeteilt werden, um:

- Gefahren zu vermeiden und mögliche Auswirkungen möglichst kleinzuhalten.
- bei einem Fehler in einem Stromkreis die anderen zu erhalten.
- die unerwünschte Auslösung von Fehlerstromschutzeinrichtungen aufgrund zu hoher Schutzleiterströme, die nicht durch Fehler verursacht sind, zu reduzieren.

Erdung

Die Ö-Norm legt Folgendes fest: *„Das Risiko und Schäden von Überspannungsschäden sind durch geeignete Maßnahmen wie Erdung, Potenzialausgleich, inneren und äußeren Blitzschutz, Nullung und entsprechende Leitungsführung auf ein Minimum zu beschränken.“*

Grundsätzlich wird eine Schutzmaßnahme aus einer geeigneten Kombination von zwei voneinander unabhängigen Schutzvorkehrungen verlangt. Eine wesentliche Schutzmaßnahme ist dabei die „automatische Abschaltung der Stromversorgung im Fehlerfalle“, die sich aus dem Schutz gegen direktes Berühren und dem Fehlerschutz gegen indirektes Berühren zusammensetzt. Der Schutzleiter ist dabei eine wesentliche Voraussetzung für die Maßnahmen „Schutzerdung und Potenzialausgleich“ sowie „automatische Abschaltung im Fehlerfall“. Seit 1965 darf ein gelb-grüner Draht als Schutzleiter, und für nichts anderes, verwendet werden. Dieser leitet den Fehlerstrom weg vom Menschen. Vorausgesetzt, die Anschlüsse überstehen die Baustelle.

Dazu gilt: Schutzleiteranschlüsse an Geräten und Steckdosen sind so auszuführen, dass bei einer zu hohen Zugbelastung an den Anschlussleitungen der Schutzleiter erst dann reißt, wenn alle stromführenden Leiter getrennt wurden. Dies wird zum Beispiel durch Leitungsüberlängen erreicht.

Kombinieren Sie unterschiedliche Fehlerstrom-Schutzeinrichtungen. Eine Installation mit nur einer Schutzeinrichtung entspricht nicht dem heutigen Installationsstandard!

FI-Schutzschalter schützen Leben

Achtung: Die neue Generation elektronischer Geräte wie Fernseh- und Haushaltsgeräte, Lampendimmer, Vorschaltgeräte, drehzahlgesteuerte Motoren und dergleichen kann die Auslösung eines falsch gewählten FI-Schalters verzögern bzw. vollständig verhindern. Kommt eine Person in einen Stromkreis, löst der FI-Schalter dann unter Umständen nicht oder zu spät aus und die betroffene Person kommt zu Schaden. Nur ein FI-Schalter, der an die auftretbare Form des Fehler- oder Ableitstromes richtig angepasst ist, bietet ausreichend Schutz.

Abb. 187: Achtung, Änderung!
Quelle: ABB.at

Entsprechend ÖVE/ÖNORM E 8015-2 ist für ein Wohngebäude sicherzustellen, dass bei Ausfall eines FI-Schalters nicht alle durch FI-Schalter geschützten Stromkreise ausfallen. Es sind also mindestens zwei FI-Schalter pro Anlage vorzusehen.

Sie sehen hier eine falsche und drei richtige Ausführungsvarianten:

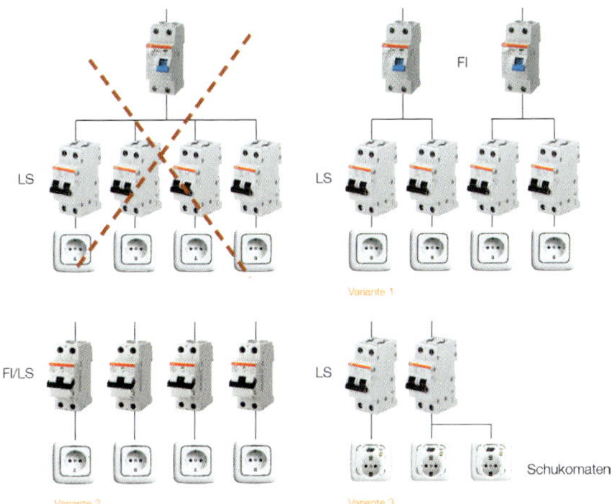

Abb. 188
Quelle: ABB.at

Nach der aktuellen Gesetzeslage müssen alle Steckdosen bis 16A-Nennstrom mit einer Fehlerstrom-Schutzeinrichtung mit einem Bemessungsdifferenzstrom von maximal 30 mA ausgerüstet sein. Die darin enthaltene und derzeit in Geltung stehende ÖVE/ÖNORM E 8001 besagt, dass ein Elektrotechniker für ausreichend Fehlerschutz sorgen muss. Dies ist bei der neuen Generation elektronischer Geräte nur noch mit wechsel- und pulsstromsensitiven Fehlerstrom-Schutzgeräten vom „Typ A“ gegeben. Ein rein wechselstromsensitiver Fehlerschutz „Typ

AC" ist in diesen Fällen nicht mehr sicher. (Quelle: Aus der Infokampagne von ABB und der „e-Marke Österreich")

Photovoltaikanlage für die Stromerzeugung

Genauso wie bei der solarthermischen Anlage müssen wir einsehen, dass nicht jedes Dach für die Aufstellung einer Photovoltaikanlage geeignet ist. Idealerweise zeigt das Dach genau in Richtung Süden, wobei Abweichungen von bis zu 45 Grad in westlicher oder östlicher Richtung noch wirtschaftlich sind und noch 90 bis 95 Prozent des Idealertrags erbringen. Die ideale vertikale Ausrichtung hängt von der Region ab; in nördlichen Regionen werden die Module steiler als in südlichen aufgestellt.

Achten Sie beim Kauf auf den Temperaturkoeffizienten, dieser gibt den Leistungsverlust bei hohen Temperaturen an. Im Gegensatz zu solarthermischen Anlagen mögen PV-Anlagen keine hohen Temperaturen, pro 1 °C Temperaturerhöhung gehen rund 0,5 Prozent Leistung verloren. Die Module werden deshalb in der Regel nicht in das Dach integriert, sondern mit Hinterlüftung vom Dach distanziert.

Stromspeicher

Bei Solarstromspeichern (Solarbatterie) dreht sich alles um die Frage der Amortisation. Und dazu gibt es unterschiedliche Meinungen und Berechnungen. Bei Blei- und Lithium-Ionen-Akkus spielt die Frage der Lebensdauer die Hauptrolle. Die Bleibatterie wird über einen Zeitraum von 20 Jahren zweieinhalb bis dreimal neu angeschafft werden müssen. Li-Ion-Akkus könnten 20 Jahre halten, was in der Praxis allerdings erst bewiesen werden muss. Wenn die Relationen bezüglich der Kosten und Ladezyklen stimmen, sind beide Technologien in etwa gleich rentabel. Hinsichtlich der steigenden Strompreise wird es auch immer günstiger werden, auf selbst produzierten Solarstrom zu setzen.

BEISPIEL

Verbraucht ein durchschnittlicher 4-Personen-Haushalt im Jahr für rund 1.700 Euro Strom und wird er durch den Einsatz einer Batterielösung autark, so hätten sich die geschätzten Kosten von 10.000 Euro in knapp sechs Jahren amortisiert.

Es gibt dazu aber auch andere Berechnungen: Die Kosten für die weitverbreiteten Lithium-Ionen-Akkus liegen heute bei rund 800 Euro pro 1 kWh Speicherkapazität. Für eine Speicherkapazität von 5 kWh, wie sie für eine typische Photovoltaikanlage angemessen sein könnte, betragen sie damit 4.000 Euro. Hinzu kommen weitere Kosten, vor allem für die Elektronik, die Steuerung und den Einbau, sodass sich Gesamtkosten von mindestens 10.000 Euro ergeben. Die spezifischen Kosten solcher Anlagen liegen also in der Größenordnung von 2.000 Euro pro Kilowattstunde, manchmal auch bei über 3.000 Euro/kWh. Wer dann noch den Anteil der „grauen Energie", also der Energie für die Herstellung der Solarspeicher, dazurechnet, erhält ein anderes Ergebnis.

Der Zyklenwirkungsgrad zeigt an, wie viel von der eingespeicherten Energie später wieder entnommen werden kann. Aber es gibt auch Verluste in der Elektronik, weswegen eher der Systemwirkungsgrad von Interesse ist. Oft wird die maximale Entladeleistung als eine „C-Rate" auf die Kapazität bezogen. „2 C" bedeutet, dass man pro Stunde die zweifache Kapazität entnehmen kann, man kann die gespeicherte Energie innerhalb einer halben Stunde entnehmen. Ein 2-C-Speicher mit 5 kWh nutzbarer Kapazität kann demnach maximal 10 kW für eine halbe Stunde liefern. Das ist wichtig, wenn man leistungsfähige Verbraucher aus dem Solarspeicher betreiben möchte.

ACHTUNG

Bei Blei-Akkus muss der Aufstellort gut belüftet werden, um den allenfalls entstehenden Wasserstoff und Säurenebel abzuführen, es sei denn, es werden hermetisch versiegelte Blei-Akkus verwendet.

Bei Lithium-Ionen-Akkus ist das in der Regel nicht nötig, dafür muss darauf geachtet werden, dass kein Wärmestau entstehen kann. Beachten Sie den Brandschutz und basteln Sie niemals selbst an Stromspeichern herum!

Kleinere Solarspeicher arbeiten oft einphasig, das heißt, sie sind nur an eine Phase des Drehstromsystems angeschlossen. Ein saldierender Einspeisezähler ist dann besonders wichtig. Im Inselbetrieb bei Stromausfall könnten nur die an die gleiche Phase angeschlossenen Verbraucher versorgt werden. Dreiphasige Systeme sind da besser.

Aus energiepolitischer Sicht sind Stromspeicher jedenfalls zu befürworten. Wenn solche Energiespeicher in großem Umfang vorhanden wären, könnte der PV-Anteil an der gesamten Stromerzeugung entsprechend ausgeweitet werden.

Solarstromspeicher würden dann die Stromnetze und andere Kraftwerkskapazitäten entlasten. Es ist somit klar, dass Solarstromspeicher einen nützlichen Beitrag erbringen könnten. Bisher sind – aus Sicht der Netzbetreiber – die mittäglichen Überschüsse jedoch noch so selten, dass sich keine besonderen energiepolitischen Maßnahmen zu ihrer Verwertung lohnen. Einen Solarstromspeicher muss man sich daher leisten *wollen*, auf finanzielle Vorteile würde ich mich derzeit nicht verlassen.

Dreiphasen-Wechselrichter

Der Wechselrichter als sogenannter Spannungswandler wandelt den erzeugten Gleichstrom in passenden Wechselstrom um, der dann von den Haushaltsgeräten genutzt werden kann. Der Drehstrom ist ein Wechselstrom mit drei Phasen (stromführende Leitungen). Der Begriff Drehstrom ist aus der Erzeugung abgeleitet. Es werden drei Spulen im 120°-Abstand rund um ein sich drehendes Magnetfeld angeordnet. Speisen PV-Anlagen Solarstrom einphasig in das Hausnetz ein, so kann dies zu Problemen führen. Denn ist die Anlagendichte hoch und werden die einzelnen Geräte ungleichmäßig auf die verschiedenen Netzphasen verteilt, so können Asymmetrien der Netzspannung entstehen. Dreiphasen-Wechselrichter hingegen verteilen den Strom immer gleichmäßig auf alle drei Phasen und sorgen so für eine sehr symmetrische Aufteilung.

Sturm gegen PV-Anlage

Voraussetzung ist jedenfalls eine professionelle Montage mit dauerhaft dichten und absolut sturmsicheren Dachanschlüssen. Bei einer schräg aufgestellten Zehn-Quadratmeter-Kollektorfläche wirken bei einer Windstärke von 10 Windgeschwindigkeiten von 89 bis 102 Stundenkilometer. Dabei kann – abhängig von weiteren Parametern – ein Winddruck von 57 Kilogramm pro Quadratmeter entstehen. Das sind immerhin knapp 600 Kilogramm, die auf die Zehn-Quadratmeter-Anlage einwirken.

Das Dachmaterial sollte entweder zugänglich oder unempfindlich im Hinblick auf Beschädigungen durch Schneedruck und Wind sein. Sonst müssen Sie nach einem schweren Schnee die Module abbauen, um das Dach wieder dicht zu bekommen.

Gegensprechanlage

Installieren Sie eine Videogegensprechanlage, so können Sie schon am Gartentor feststellen, wen Sie willkommen heißen und wen nicht.

TV, Telefon, Sicherheitssysteme

Hier gilt es, viele Fragen zu klären: Wie soll Ihre Musikanlage funktionieren, und vor allem, wo wollen Sie Lautsprecher haben – im Haus, im Gartenhaus, am Swimmingpool? Vorrangig ist sicher die Fernsehanlage. Ist es günstiger, über Satellitenschüssel oder Kabelfernsehen zu empfangen? Wollen Sie auch im Gartenhaus fernsehen? Soll die Telefonanlage mit dem Heimnetzwerk kommunizieren? All das sollten Sie schon im Vorhinein planen.

Lassen Sie sich zum Sicherheitssystem beraten, die Auswahl ist groß. Unter anderem können Sie Ihr Handy mit den Alarmanlagen in Ihrem Haus verbinden und so jederzeit verständigt werden.

Vergessen Sie auch nicht auf Rauchwarnmelder: Diese sind in jeder Wohnung und in jedem Haus Pflicht!

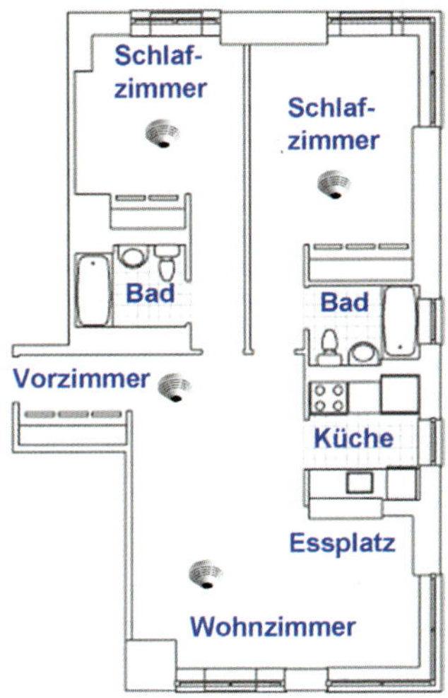

Abb. 189: Rauchwarner sind in jeder Wohnung Pflicht und Planungssache! Quelle: Sitas.at

Bussysteme - Regelungstechnik - Automatisierung

Für Technikenthusiasten gibt es intelligente Gebäudesysteme. Am Haus installierte Sensoren für Temperatur, Licht, Luftfeuchte, Regen und Wind oder auch Überwachungskameras und Glasbruchsensoren können automatisiert oder auch manuell vor Ort oder aus der Ferne gesteuert werden. Sie kennen vielleicht Dachfenster mit einem Regen- oder Windsensor. Vergisst man, das Fenster zu schließen, geschieht dies bei Wind und Regen wie von Geisterhand. Die erweiterte Version bilden die automatische Fensterverdunkelung, wenn der Globalstrahlungssensor zu viel Licht meldet, und die automatische Fensteröffnung, damit die frische Sommernacht kühle Luft in die Räume trägt.

Es gibt Alarmanlagen, die Sie via Handy über einer Störung informieren, oder auch unterhaltungstechnische Einstellungen, wie romantische Musik und gedämpftes Licht, wenn Sie mit dem neuen Partner nach Haus fahren. Praktisch alles ist möglich! Was für Sie sinnvoll ist, entscheiden nur Sie.

Blitzschutzanlage

Siehe dazu Kapitel 8.

Beleuchtungsanlage

Ein heißes Thema ist die Beleuchtung, wobei: Heiß sollte sie nicht sein. Vergessen Sie Energiesparlampen, planen Sie das gesamte Licht mit LED-Lampen. LEDs sind gleichermaßen stromsparend, aber wesentlich langlebiger. Gute LED-Lampen geben auch bereits glühbirnenartig warmes Licht.

Sowohl Energiesparlampen als auch LEDs ziehen aufgrund der Vorschaltelektronik einen extrem hohen „Einschaltstrom“, und Stromstoßrelais verschleißen besonders schnell bei Schaltung mehrerer Lampen gleichzeitig. Klären Sie das mit Ihrem Elektriker!

Mit in der Decke eingebauten Lampen sind Sie weniger flexibel bei späterem Stilwechsel. Für dimmendes Licht benötigen Sie geeignete Transformatoren.

Luft- und Winddichtheit

Immer wieder kommt es zu Wasserschäden an Wand und Dach. Nur, dass das Wasser nicht vom Himmel, sondern von der feuchtwarmen Raumluft kommt und durch Ihre Elektrik verursacht wird. Wie? Durch Kondensationswasser.

Nehmen Sie eine Bierflasche aus dem Eiskasten: Sofort beschlägt sich die feucht-warme Raumluft daran. Ihrem Haus geht es nicht anders. Stellen Sie sich die raumabschließende Gebäudehülle (Boden + Wand + Dach) wie eine Doppelglasscheibe vor, also ein Element, das Hohlstellen aufweist. Bohren Sie nur ein kleines Loch, wird die feucht-warme Raumluft einströmen und an der kalten Außenscheibe kondensieren. Die Scheibe würde sich bei winterlich kalten Außentemperaturen in kurzer Zeit wie ein Aquarium mit Kondenswasser füllen.

Genau dasselbe geschieht bei allen Außenbauteilen, wenn mehr Wasserdampf in den Hohlraum hineinkommt, als wieder raus kann. Warum hat sich das bei Elektrikern (und auch bei Installateuren) noch nicht herumgesprochen? Eine Hochlochziegelwand ist ein hohles Element, ebenso wie eine Holzständerwand, ganz gleich, ob und welche Dämmung eingelegt wurde. Bei der Holzständerwand wird die innere Luftdichtheit mit einer Dampfbremsfolie oder einer Holzplatte ausgeführt, bei den Ziegelwänden mit dem Innenputz. Dass die Dampfbremse bei der Holzständerbauweise nicht zerstört werden darf, hat sich schon herumgesprochen, aber dass jede Steckdose, jeder Schalter und auch jeder WC-Spülkasten den Putz und damit die Luftdichtheitsebene durchbricht, noch nicht so ganz. Gerade hier gilt wie für jedes Bauteil: Fotografieren Sie zur Beweissicherung jedes Detail!

Abb. 190 rechts: Für Mantelleitungen gibt es fertige Manschetten, die dauerhaft luftdicht halten. Quelle: Kaiser (siblik.com)

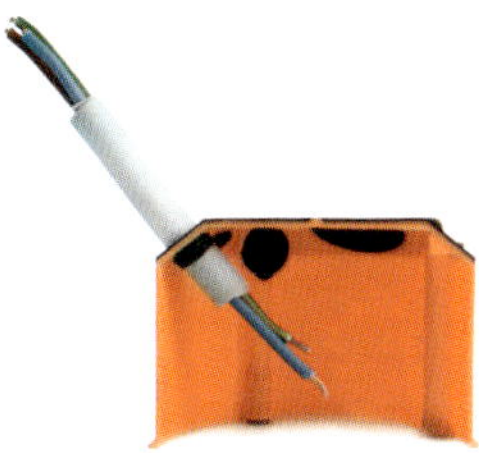

Abb. 191 oben: Luftdichte Unterputz- und Hohlwanddosen sind Standard, aber vielen Elektrikern unbekannt. Quelle: Kaiser (siblik.com)

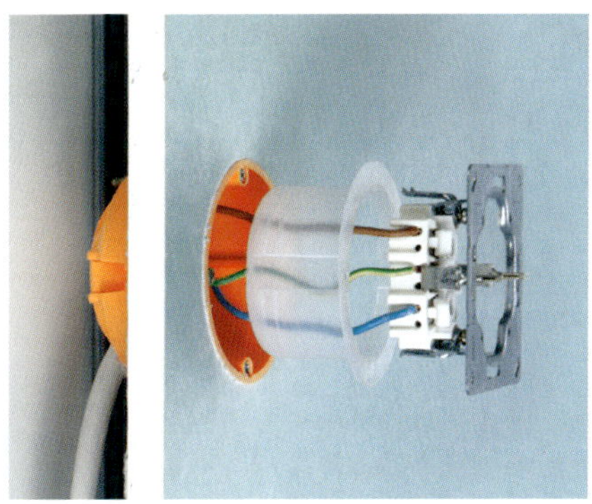

Abb. 192 rechts: Wurde auf die Luftdichtheit vergessen, kann nachträglich mit Spezialeinsätzen „saniert“ werden. Quelle: Kaiser (siblik.com)

Achten Sie auf folgende auszugsweisen Richtlinien bei allen *Außenbauteilen:*

- Installationsschlitze dürfen nur gefräst, nicht gestemmt werden.
- Mauerwerk: Installationen müssen bei allen Putzdurchdringungen dauerhaft luftdicht ausgeführt werden. Das gilt für Verteilerdosen, Steckdosen und Schalter. Entweder muss eine luftdichte Unterputzdose eingebaut oder die

Dose luftdicht in den Mauerschlitz eingeklebt werden, mit Gips bei Gipsputzen, mit Schnellzement bei Zementputzen.

- Mauerwerk: Installationen müssen bei allen Putzdurchdringungen dauerhaft luftdicht ausgeführt werden, das gilt auch für die Leitungseinführungen vom Boden in die Wand im Estrichbereich. Da kann in der Regel keine dichte Putzschichte angebracht werden. Es ist daher vor der Leitungsverlegung der Schlitz bis zum nächsten Ziegel mit einem Glattstrich zu versehen, die Leitung ist dann in diesem Bereich einzukleben.
- Mauerwerk: Der Innenputz ist satt bis zum Rohboden zu führen (Ausnahme Keller).
- Abflussrohre oder sonstige Installationsleitungen dürfen nicht direkt über ein Außeneck in den Dachboden geführt werden. Eine luftdichte Verklebung wäre da dauerhaft nicht herstellbar. Eine Verklebung wird erst bei einem Abstand von rund zehn Zentimetern handwerklich herstellbar.
- Mauerwerk: Führen Sie nicht mehrere Leitungen nebeneinander durch die luftdichte Gebäudehülle. Für eine dauerhafte Verklebung ist ein Abstand von zehn Zentimetern empfehlenswert, ausgenommen bei Ausführungen mit luftdichten Massen wie Brandschutzschaum, Pasten und dergleichen – da reicht ein Mindestabstand von einem Zentimeter.
- Mauerwerk: Eine WC-Spülung soll nur vor eine verputzte Außenwand montiert werden.
- Mauerwerk: Vorsatzschalen, Schächte und Kamine sollen nur vor eine verputzte Außenwand gestellt werden.
- Mauerwerk: Anschlüsse von Dampfbremsen auf Mauerwerk nur auf Glattstrich kleben.
- Holzständerwand: Verwenden Sie keine PE-Folien als Dampfbremse, eine dauerhafte Verklebung ist da nur schwer möglich.
- Holzständerwand: Verarbeiten Sie nur zugelassene Klebebänder und Dampfbremsen.
- Holzständerwand: Bauen Sie die Dampfbremse nicht zwischen Gipsplatten ein.
- Holzständerwand: Sehen Sie eine Installationsebene vor der Dampfbremslage vor.

Weiterführende Informationen und Anbieter:
www.bauherrenhilfe.org/fachbuch_elektrik

Kapitel 12

Immobilienkauf

Ob Sie eine gebrauchte Immobilie kaufen oder erben, spielt aus technischer Sicht keine Rolle. In beiden Fällen werden Sie Überlegungen zur weiteren Nutzung anstellen müssen. Beim geerbten Haus besteht jedoch die Möglichkeit, dass Sie in dem Haus aufgewachsen sind und die Bausubstanz gut kennen.

Die Urangst, die „Katze im Sack“ zu kaufen, besteht beim Gebrauchthaus zu Recht. Viel zu oft werden Problemhäuser vor dem Verkauf behübscht, feuchte Wände werden schnell einmal verkleidet, Wasserschäden verheimlicht, ein Siebenschläferbefall im Dach oder der Schädlingsbefall im Dachstuhl verschwiegen oder auch nur der x-te Schimmelbefall übermalt.

Abb. 193: Ein Fertighaus aus 1973 ist noch lange nicht am Ende. Quelle: Elk.at

Abb. 194: Ein Haus aus 1993 kann noch neuwertig sein, vorausgesetzt, es wurde mängelfrei errichtet. Quelle: Elk.at

Immobilien-Ankaufstest

Generell gilt die Empfehlung: Kaufen Sie ein Haus nie ohne sachverständige und anwaltliche Beratung. Mit diesem Ratschlag könnte man dieses Kapitel eigentlich schon wieder schließen, dennoch möchte ich hier auf einige wichtige Punkte beim Kauf eines Hauses eingehen.

Anders als wenn Sie „selber bauen", müssen Sie Ihre Wünsche beim Kauf eines Hauses dem Markt anpassen. Nicht jedes „Gebrauchthaus" wird Ihnen gefallen und nicht jedes Haus, welches Ihnen gefällt, wird in einem annehmbaren Zustand sein. Sie werden wohl einige Häuser besichtigen, bevor die Schnappatmung einsetzt und Sie ein Haus „unbedingt haben wollen". Und mit der Schnappatmung kommt Sigmund Freud ins Spiel. Er hat herausgefunden, dass nicht Tatsachen, sondern Gefühle den Menschen lenken. Die rechte Gehirnhälfte, zuständig für Gefühle und Bilder, dominiert also die linke, die für Zahlen, Daten und analytisches Denken zuständig ist.

In Sachen Gehirnvernebelung punktet Ihr Berater, oft auch Ihre Ehefrau oder Ihr Ehemann, beide sehen das Haus meist nur als das, was es ist. Vielleicht als ewige Sparkasse, vielleicht auch nicht. Die rechte Gehirnhälfte des Beraters wird erst bei der Bezahlung der Honorarnote aktiv, und diese Glücksgefühle vergönnen Sie ihm auch. Wenn der Berater 800 bis 1.200 Euro verlangt, ist der

Preis angemessen (ohne das meist entbehrliche Gutachten). Für eine Prüfung der Verträge legen Sie allenfalls noch zwei Anwaltsstunden drauf. Insgesamt sind 0,5 bis ein Prozent für die Berater zu veranschlagen.

Jedes fünfte Haus besser nicht kaufen

Bei meinen Ankauftests ist durchschnittlich jedes fünfte Haus unverkäuflich, sprich: im wirtschaftlichen Sinne ein Totalschaden, ein Abbruch wäre daher die wirtschaftlichste Lösung. Der Verkaufspreis wäre demnach wie folgt zu berechnen: Grundstückskosten minus Abbruch. Verkauft wird natürlich trotzdem.

Oft sind aber die Verkäufer und Makler selbst überrascht, wie schlecht es um ein Haus steht, dass etwa der Boden asbestbelastet oder das Dach von Schädlingen befallen ist. Hier ist auch seitens der Berater viel Feingefühl gefragt, gehen doch dem Verkäufer in dem Moment tausende Euro an Wert verloren.

Informationspflicht von Makler und Verkäufer

Stellt Ihr Berater tatsächlich massive, bis dahin nicht bekannte Schäden oder Mängel fest, müssen alle bisherigen und künftigen Kaufinteressenten informiert werden. Wer Mängel arglistig verschweigt, wird sich Haftungsfragen gefallen lassen müssen.

Was tun bei Schäden?

Ehrlich gesagt gibt es kein Haus ohne Mängel. Weder beim Neubau noch beim Gebrauchthaus. Beim gebrauchten hat man jedoch den Vorteil hat, dass sich auch die fehlerhaften Ausführungen meist schon jahrelang bewährt haben. Aus sachverständiger Sicht lernt man erst beim desolaten Altbestand, was geht und was nicht. Vieles wird beim Altbau nicht den heutigen Normen entsprechen, trotzdem werden die meisten alten Häuser noch 50 Jahre nutzbar bleiben. Hier muss auch der Sachverständige am Ende relativieren. Welche Schäden müssen behoben werden, welche dulden Aufschub und was kommt auf den Käufer in den nächsten fünf, zehn, 20 Jahren zu?

Ist eine Garage beispielsweise nicht baugenehmigt oder zeigt sich die Notwendigkeit unerwarteter Sanierungsarbeiten, so ist es oft geübte Praxis, die entsprechenden Behebungskosten vom Verkaufspreis abzuziehen, oder zumindest anteilig, weil das Haus nach der Behebung ja „verbessert“ wird. Verhandeln Sie hier freundlich, aber klar kalkuliert. Die hochwissenschaftliche „Halbe-Halbe-Regelung“ ist oft ein gangbarer Weg.

Über den Makler gekauft

Mir persönlich ist immer der Kontakt zum Verkäufer viel lieber, denn nur er kann mir Auskunft über die Handwerkerrechnungen, die Historie des Hauses, über eventuelle Vorschäden oder auch nur über die Nachbarn geben. Vom Makler höre ich dann meist nur: „Da muss ich selber nachfragen."

Haftet der Makler als Sachverständiger?

Die Tätigkeit des Maklers erschöpft sich nicht im bloßen Herstellen des Kontaktes zwischen den Vertragsparteien. Vielmehr ist ein Immobilienmakler, wie jede Person, die als „Berater" auftritt, Sachverständiger im Sinne des § 1299 ABGB und haftet dementsprechend für den „notwendigen Fleiß" und die erforderlichen fachlichen Kenntnisse. So hat er über einschlägige Probleme wie eine bekannte Hochwassergefährdung Bescheid zu wissen, richtige Informationen über die Bebauungsmöglichkeiten einer Liegenschaft zu erteilen und einen Flächenwidmungsplan ebenso zu kennen wie die Besonderheiten der Wohnbauförderungsgesetze, die allenfalls zur Anwendung gelangen.

Besonders wichtig: Der Makler haftet dafür, dass das Objekt für den vom Käufer angestrebten Zweck geeignet ist, also zum Beispiel dafür, dass bei einem für Wohnzwecke genutzten Gebäude die Bau- und Benützungsbewilligung vorliegen, dass der Zubau von vor zehn Jahren auch behördlich genehmigt ist etc.

Der Immobilienmakler hat über erkennbare Vor- und Nachteile des Objektes aufzuklären. Verletzt er seine Pflichten, kann es zu einer Herabsetzung der Maklerprovision kommen. So wurde etwa in einem Fall ein Makler zur Leistung von Schadenersatz verurteilt, weil er im feuchten Kellergeschoß die hohlen Wandverkleidungen übersehen hatte. Bei der Besichtigung sah alles wunderbar aus, der Makler hätte der Rechtsprechung nach jedoch darauf hinweisen müssen, dass Vorsatzschalen im Keller unüblich sind und eventuell feuchte Wände verdecken. Schlussendlich muss der Makler aber nicht das Wissen eines Bausachverständigen haben. Verlassen Sie sich daher lieber nicht zu sehr auf seine technischen Auskünfte zur Liegenschaft.

Die Angaben des Auftraggebers (Hausverkäufer) muss der Makler im Übrigen nur dann nachprüfen, wenn ihm die Unrichtigkeit auffällt oder auffallen müsste. Jedenfalls muss er aber die Eigentumsverhältnisse und Belastungen einer Liegenschaft im Grundbuch überprüfen.

Maklerprovision

Nach dem Maklergesetz (MaklerG) steht dem Makler, wenn über die Provisionshöhe nichts Besonderes vereinbart ist, die ortsübliche Provision zu. Ist diese nicht oder nur mit unverhältnismäßigen Schwierigkeiten festzustellen, steht eine angemessene Provision zu.

Üblicherweise liegt die Provision bei drei Prozent des Kaufpreises (sowohl für Käufer als auch Verkäufer). Dabei handelt es sich jedoch um Höchstgrenzen und kein Muss. Werden Maklerprovisionen „netto" angegeben, kommen noch 20 Prozent Umsatzsteuer (umgangssprachlich Mehrwertsteuer) dazu.

TIPP

Verhandeln Sie die Provisionshöhe. Wenn Ihnen ein Objekt gefällt, geben Sie den Wunsch nach einer reduzierten Provisionshöhe vor dem Termin bekannt.

Gewährleistung beim Gebrauchthaus

Generell gilt die Gewährleistung immer nur für Sach- und Rechtsmängel, die zum Zeitpunkt der Übergabe bereits vorhanden waren. Die Frist zur Geltendmachung beträgt drei Jahre.

Prüfen Sie den Kaufvertragsentwurf genau und unterfertigen Sie keine Klauseln wie „... für ein bestimmtes Ausmaß oder eine bestimmte Beschaffenheit oder Eigenschaft wird nicht gehaftet ..." Sie haben dann allenfalls nur mehr Ansprüche bei „versteckten Mängeln", und das auch nur, wenn das Haus den „üblichen Gebrauch" nicht erfüllen kann. Geht also ein Heizkessel drei Wochen nach Übergabe kaputt, haben Sie nur dann allenfalls einen Gewährleistungsanspruch, wenn der Verkäufer wusste – beispielsweise vom mit der Wartung beauftragten Installateur –, dass massive Probleme vorliegen.

TIPP

Sie können jedenfalls auch bei Klauseln „wie gesehen und besichtigt" zu Ihrem Recht kommen, wenn der Verkäufer Ihnen einen Mangel „arglistig verschwiegen" hat.

Häufig kommt es auch vor, dass ein feuchtes und nicht trockengelegtes Haus vor dem Verkauf behübscht oder eine Fassadensanierung durchgeführt wird. Kurz, nachdem Sie eingezogen sind, beginnt jedoch der Schimmel zu wuchern. Sie werden große Probleme haben, dem Verkäufer nachzuweisen, dass er von der Feuchtigkeit gewusst haben musste. Grundsätzlich dürfen Sie von einem Haus nur das erwarten, was dem einstigen „Stand der Technik" entsprochen hat. Feuchtigkeit an den Grundmauern bei einem 100 Jahre alten Altbau werden Sie nicht reklamieren können, weil eben davon auszugehen ist, dass ein derartiges Haus feuchte Grundmauern hat! Bei einem 20 Jahre alten Haus dürfen Sie sehr wohl ein trockenes Gebäude erwarten.

Der Verkäufer haftet dafür, dass die Sache die bedungenen oder gewöhnlich vorausgesetzten Eigenschaften hat, dass sie seiner Beschreibung, der Natur des Geschäftes oder der getroffenen Verabredung gemäß verwendet werden kann. Die gewöhnlich „vorausgesetzten Eigenschaften" hängen vom Baujahr, dem damaligen oder dem „Stand der Technik" einer erfolgten Sanierung und dem offensichtlichen Zustand der Liegenschaft ab! Im Streitfall bleibt die Beurteilung eine Sachverständigenfrage!

Das Grundbuch

Das Grundbuch wird von den Bezirksgerichten geführt. Jeder hat das Recht, Einsicht zu nehmen. Bei Notaren, bei Gericht, aber auch elektronisch. Prüfen Sie, ob das Grundstück belastet ist. Wichtig ist dabei die Rangordnung der Eintragung. Der Verkäufer muss Ihnen die Liegenschaft lastenfrei übergeben. Wenn im Grundbuch ein Pfandrecht (Hypothek) eingetragen ist und der Verkäufer die besicherten Schulden erst aus dem Verkaufserlös bezahlen möchte, muss ein Treuhänder bestellt werden. Dieser stellt die Löschung des Pfandrechtes für Sie sicher.

Hat der Verkäufer eine Wohnbauförderung in Anspruch genommen, ist im Regelfall und auf Laufzeit der Förderung ein gesetzliches Veräußerungsverbot im Grundbuch eingetragen. Dann kann das Objekt nur mit Zustimmung der Förderstelle verkauft werden. Hinterfragen Sie derartige Umstände *vor* Kaufvertragserrichtung.

Tipps zum Immobilienkauf

Hier finden Sie zusammenfassend einige Tipps für den Immobilienankauf:

- Prüfen Sie im Grundbuch, ob der Verkäufer tatsächlich der Eigentümer ist.
- Ist das Grundstück mit Dienstbarkeiten (siehe Kapitel 1) belastet?
- Ist das Grundbuch pfandrechtlich (mit einer Hypothek) belastet?
- Kein Kauf ohne gültige Behördenpläne (Einreichplan) – wurde das Haus so gebaut, wie es im Plan und damit von der Behörde genehmigt wurde? Sind der letzte Zu- oder Umbau, das Carport, die Garage, der Schuppen auch genehmigt worden?
- Wenn ein Behördenplan (Einreichplan) vorliegt: Wurde das Bauvorhaben der Behörde gegenüber als „fertiggestellt" gemeldet? Liegt eine Benützungsbewilligung vor? Die diesbezüglichen Bestimmungen sind von Bundesland zu Bundesland verschieden. Fragen Sie direkt bei der Baubehörde (nur mit Vollmacht).
- Achtung bei Formulierungen wie „Bastlerhaus" oder „renovierungsbedürftig"! Diese schließen, der Rechtsprechung nach, meist jegliche Gewährleistungsansprüche aus!
- Streichen oder hinterfragen Sie alle Vertragsformulierungen, die Sie nicht verstehen. Wenn Sie trockene Grundmauern haben möchten oder davon ausgehen, so schreiben Sie das in den Vertrag. Verschriftlichen Sie alles, was Ihnen wichtig ist.
- Wenn Sanierungsarbeiten durchgeführt wurden, fragen Sie nach Angeboten und Rechnungen. Oft stimmt die Rechnung nicht mit den durchgeführten Arbeiten überein. In diesem Fall lesen Sie im Angebot nach, was ausgeführt wurde. Oft besteht eine große Differenz zwischen dem, was Ihnen der Verkäufer erzählt, und dem, was tatsächlich gemacht wurde. So wird das „sanierte Haus" oft zum „optisch verschönerten".
- Liegt ein aktueller Elektrobefund vor? Gibt es ein Anlagenbuch, in dem die gesamte Anlage und alle eventuellen Störfälle dokumentiert wurden? (Es ist sicherzustellen, dass elektrische Anlagen, die für den Gebrauch durch Laien bestimmt sind und deren Errichtungszeitpunkt weiter als 30 Jahre zurückliegt, den sicherheitstechnischen Bestimmungen des § 3 ETG 1992 in Bezug auf einen wirksamen Fehlerschutz entsprechen.)
- Fragen Sie, ob noch Bleileitungen im Haus sind. Nach 1975 sollten keine Bleileitungen mehr verbaut worden sein. Aber auch davor gab es schon Alternativen. Es ist demnach nie klar, ob Bleileitungen eingebaut wurden.

→ Asbest ist nur gefährlich, wenn man die Faser einatmet. Von Asbestzementplatten auf Dächern und Fassaden geht im eingebauten Zustand keine Gefährdung aus. Gefährlich sind Sanierungsarbeiten. Asbestfasern wurden in tausenden Produkten bis in die 1990er-Jahre eingebaut (Dämmung von Nachtstromspeicheröfen, Akustikdeckenplatten, Kleber, Bodenbeläge etc.).

Gebrauchthaus ersteigern

Die Bezirksgerichte veröffentlichen Versteigerungen von Liegenschaften über die Ediktsdatei. Hier gelten grundsätzlich verschärfte Bedingungen. Die Eigentümer sind oft nicht mehr verfügbar, mussten das Haus aus finanziellen Gründen abgeben oder sind verstorben. Wird vor der Versteigerung ein „Gutachten" beigelegt, lesen Sie dieses genau. Es handelt sich meist um ein „Verkehrswertgutachten" eines Immobiliengutachters. Der ist zwar auch Sachverständiger im Sinne des § 1299 ABGB, aber eben normalerweise kein Bau- oder Haustechnikgutachter. Er wird zwar den Zustand und Verkehrswert recht gut schätzen, aber vor Überraschungen sind Sie dennoch nicht gefeit. Erst vor kurzem kam ich wieder zu einem Objekt, wo trotz Wertschätzung des Immobiliengutachters der Kaufpreis um rund 50.000 Euro korrigiert werden musste. Bei einem Schätzwert von rund 300.000 Euro. Das kann für den Käufer unter Umständen den Ruin bedeuten.

Kapitel 13

Sanierung und Altbestand

Zwei wesentliche Umstände unterscheiden die Altbausanierung vom Neubau. Erstens ist die Bauwirtschaft eher auf Neubau konditioniert, das heißt, die Richtlinien und Normen zielen vorwiegend auf den Neubau ab. Dies wiederum erschwert im Streitfall den Nachweis, was fachgerecht ist und was nicht. Und zweitens muss auf den Altbestand Rücksicht genommen werden. Bautechniken und Baustoffe aus verschiedenen Epochen mit immer anderen Anforderungen machen ein Spezialistentum erforderlich. Gute Firmen zu finden ist um einiges schwieriger.

Aus bautechnischer Sicht sind Gebäude nach der Art des Fundaments, der Wände und der Deckensysteme zu unterscheiden. Aus haustechnischer Sicht nach der Art der Heizanlage und der eingebauten Installationsmaterialien. Der Begriff „Altbau“ wird zwar oft verwendet, ist aber nicht genau definiert: Altbau bedeutet aus mietrechtlicher Sicht, dass die Baubewilligung vor Juli 1953 bzw. bei einer Eigentumswohnung vor Mai 1945 erteilt wurde. Demgegenüber bezeichnen andere das Ende der Gründerzeitära als das Ende der Altbauten, damit wären alle vor 1914 errichteten Gebäude „Altbauten“.

Feuchteschäden beim Altbestand

Wasser spielt beim „unbekannten“ Gebrauchthaus die größte Rolle. Achten Sie auf Witterungs- und Feuchtigkeitsschäden:

- **Witterungsschutz Fassade:** Häuser mit großen Dachvorsprüngen halten länger! Ein konstruktiver Witterungsschutz ist dauer- und vorteilhaft.
- **Witterungsschutz An- und Abschlüsse:** Anschlüsse zu Fenstern und Türen sowie Sohlbänke sind regensicher auszuführen.
- **Witterungsschutz Dach:** Dächer mit Hinterlüftung und Unterdach sind haltbarer. Das Dach braucht Pflege. Ein Unterdach erkennen Sie in der Regel

am Zuluftschlitz unter der Dachrinne und an den Haubenlüftern am First.

- **Bauphysikalischer Kondenswasserschutz:** Der Wandaufbau soll nach außen diffusionsoffen sein. Leckagen an der Dampfbremse sind zu vermeiden.
- **Oberflächenkondensation:** Der Wärmeschutz muss so bemessen sein, dass *bei* Normklima und üblicher Belüftung und Beheizung kein Kondenswasser und Schimmel *an* Wärmebrücken entstehen. Schauen Sie speziell hinter Kästen an Außenwänden und Gebäudeecken.
- **Gebäudeabdichtung Fundament und Keller:** Eine Abdichtung muss dauerhaft und gegen drückendes Wasser wirken, ausgenommen es wird sichergestellt, dass Wasser niemals am Bauwerk anstehen wird. Achten Sie auf frisch ausgemalte Wände und Vorsatzschalen im Keller, beides könnte Wasserschäden verdecken.
- **Fundamentunterspülung:** Das Fundament soll nicht unterspült werden können. Allenfalls sind Drainagen wichtig, diese können aber auch Wasser *zum* Fundament leiten, also nachteilig wirken. Prüfen Sie, wo die Dachwässer abgeleitet werden. Ist der Sickerschacht zugänglich, wurde der schon einmal gereinigt? Drainageleitungen am Fundament müssen ebenfalls regelmäßig gespült werden.
- **Frostschutz – Eislinsenbildung:** Eine ungedämmte Bodenplatte lässt eine Frostlinsenbildung erst gar nicht entstehen. Nachträgliche Dämmmaßnahmen können eine Hebung des Fundaments verursachen.
- **Druckwasserleitungen:** Geschweißte und hartgelötete Wasserleitungen sind zuverlässiger als gesteckte. Eisenleitungen können korrodieren, Bleileitungen werden undicht. (Bleileitungen: Siehe Kapitel 14 – Schadstoffe.)
- **Abwasserleitungen:** Unnötige Bögen und geringes Gefälle sind zu vermeiden. Wartungsschächte sind entsprechend vorzusehen. Eine Rohrkamera-Befahrung kann Senkungen und Beschädigungen aufzeigen.
- **Nassraumabdichtung:** Nicht nur Keller, Dächer oder Fundamente werden abgedichtet. Auch Badezimmer im häuslichen Bereich benötigen eine Verbundabdichtung. Vor 20 Jahren wurde meist nur ein Grundanstrich angebracht. Von einer Dauerhaftigkeit ist nicht auszugehen.

Gebäudelebensdauer

Die Sanierung eines „gebrauchten Hauses“ kann sich durchaus auszahlen. Man erspart sich die schwierige und langwierige Neubauphase, die Sanierungsarbeiten können oft im bewohnten Zustand ausgeführt werden und man kann in Etappen und je nach Budget arbeiten – vorausgesetzt das Haus ist bewohnbar.

Außerdem hat sich so ein altes Haus ja schon bewährt. Beim ungeprüften Neubau weiß man erst nach vielen Jahren, ob gut gearbeitet wurde.

In der Literatur werden Haltbarkeiten von 60 (Holzhaus) bis 150 Jahren (Massivbau) genannt. Das sind aber eher Bewertungsmaßstäbe für Sachverständige und Anwälte. Nach 100 Jahren sind zwar oftmals nur noch die Wände im Originalzustand, aber es gibt auch unzählige Holzhäuser, welche über 200 Jahre alt sind. Ich habe mir in Schweden das „Vindlausloftet" angeschaut. Es wurde 1170 erbaut und steht immer noch. Auch ein schönes Beispiel ist das im Jahr 1287 errichtete und noch immer genutzte Haus „Betlehem" in der Schweiz. Es ist im Erdgeschoß teilweise massiv und bis in den zweiten Stock als Blockhaus gebaut worden.

Der Archäologe Descoeudres erforschte diese alten Häuser und bestimmte das Holzalter mittels Dendrochronologie. Er bringt es auf den Punkt:

„Diese Häuser haben den Lauf der Zeit überlebt, weil sie immer bewohnt waren und gut genutzt wurden. Wenn ein Haus nicht mehr bewohnt ist, beginnt es zu verschwinden."

„Gut genutzt" bedeutet auch einen pfleglichen Umgang mit alter Bausubstanz, doch fachgerechte Umbau-, Zubau- und Sanierungsarbeiten sind leider keine Selbstverständlichkeit.

An dieser Stelle muss der massiven Bauweise ein fehlerverzeihender Aspekt zugesprochen werden, demgegenüber zählen leichte Holzrahmen- oder Holzriegelbauweisen aus meiner Sicht nicht zu den fehlerverzeihenden Bausystemen. Aber auch hier kann von Standzeiten zwischen 80 und 150 Jahren ausgegangen werden. Vorausgesetzt, es wurde ordentlich gebaut und die Nutzung war angemessen. Aber achten Sie – nicht nur – bei Fertighäusern aus den Jahren 1950 bis 1985 auf eine allfällige Schadstoffbelastung, Formaldehyd gast praktisch ewig aus und Asbest wurde auch gar nicht so selten eingebaut.

Damit sind wir beim Punkt: Die Grundlage jeder Kaufüberlegung und Baumaßnahme am Altbestand ist eine ordentliche Bestandsanalyse und eine Planung der durchzuführenden Arbeiten.

Bestandsveränderung nach 30 Jahren

Oft wird im Rahmen von umfangreichen Sanierungsarbeiten ein über Jahre bewährtes Baukonzept umgestoßen. Das 30 Jahre alte Fertighaus verträgt eine thermische Sanierung vielleicht nicht ohne Weiteres. Dazu muss man wissen, dass 1985 eine raumseitig luftdichte Gebäudehülle nicht Stand der Technik war. Dampfbremsen wurden nur überlappend verlegt, und über Leckagen eingedrungener Wasserdampf konnte über die auch außen offene Hülle problemlos wieder abtrocknen. Wer nun dick dämmt und verputzt, kann das System bauphysikalisch zum Kippen bringen. Nassfäulepilze finden so und erstmalig nach Jahrzehnten seinen Weg in die Wand. An dieser Stelle seien auch die ausführenden Firmen gewarnt: Wer ohne Planer umfangreiche Sanierungsarbeiten durchführt, wird selbst zum Planer. Was nicht bedeutet, dass man alte Leichtbauhäuser thermisch nicht verbessern kann. Das kann man, aber eben mit einem hinterlüftet-diffusionsoffenen Fassadensystem. Die Außenhaut darf jedenfalls nicht zu „dicht" werden.

Keller als Pufferzone

Der Keller hat früher die höherliegenden Wohnräume vor Feuchtigkeit geschützt, gelagert wurden dort nur unempfindliche Dinge. Das typisch feuchtkühle Kellerklima war durchaus erwünscht. Der Gebäudesockel dient auch heute noch als Verdunstungszone für aufsteigende Feuchtigkeit. Zumindest so lange, bis der Neubauprofi kommt und Dämmplatten auf den Sockel aufbringt. Aber es müssen ja nicht unbedingt Dämmplatten sein, die ein System wesentlich verändern. Es genügt das Aufbringen von Kunstharzputzen und Dispersionsfarben, um der Wand den Garaus zu machen. 1950 hat die Bauchemie Einzug gehalten, versuchen wir uns wieder an die Zeit davor zu erinnern. Schon 1883 schrieb G. K. Schrott in einem Buch:

„Das Bestreichen nasser Wände mit irgendwelchen chemischen Mitteln, das Bekleben mit wasserdichten Stoffen, wie Bleipapier etc., kann nie von Erfolg begleitet werden, sondern hilft gewöhnlich, das Übel zu verschlimmern (...) die in der Mauer enthaltene Grundfeuchte wird zwar anfangs durch obige Mittel gehindert, an die Oberfläche zu treten, dagegen aber gezwungen, in der Mauer in die Höhe zu steigen (...) nach kurzer Zeit ist auch die Wirksamkeit derartiger Mittel erschöpft und die Wand feuchter als zuvor. Dagegen ist zur Bekämpfung der Feuchtigkeit nachstehendes und einfaches sicheres Mittel anzuwenden. Zunächst lässt man den inneren Putz feuchter Wände sorgfältig abschlagen, so daß die Steine möglichst rein werden, (...) trägt man dann den ziemlich fetten, gehörig mit Kuhhaaren vermischten Mörtel auf (...)"

Wie lange hält die Abdichtung?

Heute bekannte Abdichtungsmaterialien auf bituminöser Basis werden erst seit Anfang der 1970er-Jahre verwendet. Bei fachgerechter Verarbeitung darf mit einer 20- bis 40-jährigen Haltbarkeit gerechnet werden, solange kein Wasser anstaut. Der Schutz gegen Erdfeuchte bedingt ja eigentlich nur eine Trennlage zwischen Erde und Außenbauteil. Gehen Sie daher immer der Frage nach den

Grundwasserständen nach. Bei Altbauten wird eine Sanierung der Abdichtung von außen nicht immer wirtschaftlich möglich sein. Vielleicht sind alternative Sanierungsvarianten eine Überlegung wert.

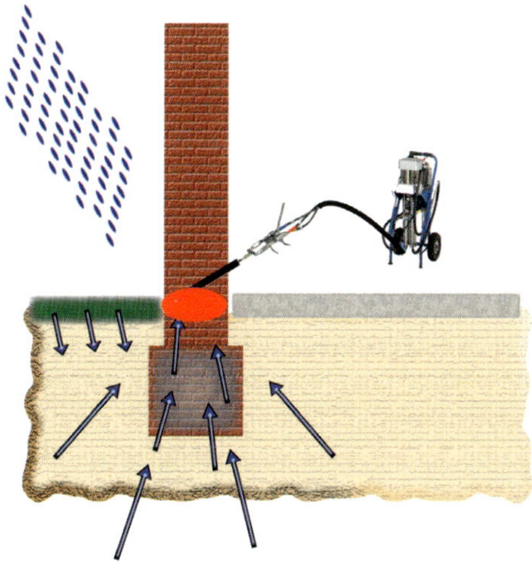

Abb. 195: Eine Abdichtung an der Außenseite reicht bei der feuchten Grundmauer nicht. Wasser wird von der Mauer auch von unten und innen hochgesogen. Quelle: Hausan.at

Eine Mauertrockenlegung ist nicht immer notwendig, mit „flankierenden Maßnahmen" kann sehr oft das Auslangen gefunden werden. Vermeintlich nasse Wände entpuppen sich nämlich bei näherer Betrachtung oft als trocken. Es ist dann nur der schadsalzbelastete Putz zu entfernen, denn dieser zieht schon aus der Luft das Wasser. Von aufsteigender Feuchte keine Spur. Aber Achtung: Bei hochwertiger Nutzung und Vermietung rate ich doch zur Trockenlegung. Dabei gibt es allerdings kein universales Mauertrockenlegungssystem, hier sind Sie wieder auf eine gute Beratung angewiesen. Von Trockenlegungssystemen zum „Selbermachen" oder aus dem Baumarkt rate ich dringend ab. Sie betreten quasi die Königsklasse der Altbausanierung. Folgende Systeme werden angeboten:

Trockenlegung und Irreführung durch Erdstrahlung

Lassen Sie jedenfalls die Finger von Firmen, die Ihnen „Zauberkugeln" oder eine „Entfeuchtung mittels Funk- oder Erdstrahlen" anbieten. Ein Nachweis zur Funktionsfähigkeit der sogenannten „elektrodenlosen Umkehrosmose“ ist bis heute nicht gelungen. Eine Mauerwerkstrocknung ohne Bauarbeiten wäre zwar schön, gelingt aber nicht. Die von den Anbietern gegebene „Geld-zurück-Garantie“ ist am Ende das Papier nicht wert.

➜ Nachteil: funktioniert nicht.
➜ Vorteil: für dekorative Zwecke bemalbar.

Trockenlegung durch elektrophysikalische Verfahren

1860 wurde begonnen, mittels Elektroosmose Torf zu entwässern. Der Schweizer Paul Ernst ließ sich 1940 ein Verfahren der passiven Elektroosmose patentieren. Dabei wird der Effekt der Elektrokinese ohne Fremdstrom, nur durch die von den Elektroden verschiedener Metalle herrührenden Eigenspannungen in Gang gesetzt. Die schwache Eigenspannung wird aber leicht durch Fremdströme überlagert, das System funktioniert dann nicht mehr. Durch den Stromfluss lösen sich die Elektroden langsam auf, auch dadurch geht die Wirkung verloren. Metallteile im Mauerwerk müssen isoliert werden, sonst bleiben diese Verfahren wirkungslos.

➜ Nachteile: Für Bauwerke nicht ausreichend wirksam, sehr fehleranfällig, nicht dauerhaft.

Bei der aktiven Elektroosmose wird an die Anode und Kathode eine schwache Gleichstromspannung angelegt. Es soll damit, wie beim passiven Verfahren, der negative Pol nach unten verlegt werden, damit kapillares Wasser nach unten aus der Wand gedrängt wird.

➜ Nachteile: funktioniert nur bei Erdfeuchte, Bauarbeiten, Wartungskosten.
➜ Vorteil: kaum Bauarbeiten.

Trockenlegung durch Horizontalsperren

Schon 1910 schreibt Architekt F. W. Fröde über das von einer Wiener Firma patentierte Verfahren:

„Wenn die Nässe im Mauerwerk von der aufsteigenden Grundfeuchte herrührt, (....) das auf Ärgste gefährdende Übel (...) muß eine vollkommene Isolierung der Obermauern von den durchnässten Grundmauern erfolgen. Mittels eigens konstruierter maschineller Vorrichtung werden die durchnässten Mauern stückweise über dem Fundament oder dem anschließenden Terrain durchsägt, so daß eine horizontale Fuge von 1 cm Dicke entsteht. In diesen Schlitz wird die in Asphaltfilz eingehüllte Bleiplatte quer durch die ganze Mauer gezogen...“

Mauersägeverfahren werden immer noch erfolgreich praktiziert, aber häufiger werden Edelstahlplatten direkt in das Mauerwerk eingerammt. Es kann auch schrittweise abgemauert und eine Abdichtungslage eingelegt werden. Die größten Gefahren: Die Horizontalsperre wird mit falschen Putzen überbrückt oder es wird auf eine mit der betroffenen Wand kommunizierende Zwischenwand „vergessen“. In beiden Fällen würden die „Feuchtebrücken“ den positiven Effekt bald wieder aufheben.

➜ Nachteile: hohe Kosten, Bauarbeiten.
➜ Vorteil: dauerhafte Abdichtung.

Trockenlegung durch Injektionen

1905 wurden Abdichtungsmörtel und Anstriche auf Bitumen- oder Teerbasis in die offenen Fugen und Öffnungen eines Mauerwerks als Horizontalsperre eingebracht. Erste Bohrlochinjektionen tauchten 1950 in England und 1960 auch in Österreich und Deutschland auf. Injiziert wurden Bitumenlösungen und Emulsionen, Aluminiumstearate und später auch Silikatlösungen und Siliconate. Diese Verfahren haben auch heute noch den größten Anteil am Markt. Die Bohrlochinjektion wird heute als Hohldochtverfahren (buschek-mauertrockenlegung.at) oder mittels Druckverfahren in die Wand eingebracht. Während Mauersägeverfahren sowie das Einrammen von Edelstahlplatten ausschließlich von Fachfirmen angeboten werden, ist es bei den Bohrlochinjektionen eine Glückssache, zu einer Fachfirma zu kommen.

➜ Nachteile: kein fehlerverzeihendes System, eine genaue Bestandsanalyse durch den Profi ist unabdingbar, je nach System muss vorgetrocknet werden, Markt unüberschaubar, rund 46 Produkte werden angeboten.
➜ Vorteile: von außen und innen sowie in unterschiedlichen Höhen einbringbar, bei unterschiedlichen Mauerwerksarten einsetzbar, bei fachgerechter Anwendung dauerhaft wirksam, einfache Bauarbeiten.

Vereinbaren Sie jedenfalls und in allen Fällen der Mauerwerkstrocknung einen Zielwert zur Mauerfeuchtigkeit nach der Sanierung. Vereinbaren Sie als Auftragsgrundlage die Einhaltung der Anforderungen aus der Normenreihe der ÖNORM B3355 *„Trockenlegung von feuchtem Mauerwerk“*, Teil 1, *„Bauwerksdiagnose und Planungsgrundlagen“*, und Teil 2, *„Verfahren gegen aufsteigende Feuchtigkeit im Mauerwerk“*.

Trockenlegung durch flankierende Maßnahmen nach ÖNORM B 3355

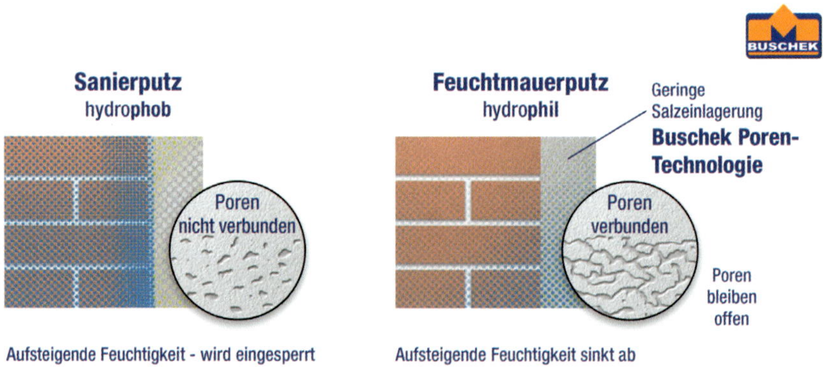

Abb. 196: Der österreichische Hersteller von Feuchtmauerputzen hat mit seinen „Buschek-Putzen“ beste Möglichkeiten geschaffen, leicht feuchte Mauern ohne aufwändige Trockenlegung zu sanieren. Quelle: Buschek.at

Die Auflistung von Normen liegt mir eigentlich nicht. Viel zu engstirnig und „national“ werden bautechnische Fragen darin oft behandelt und zu schnell ändern sich diese Normen. Aber die Normenreihe der ÖNORM B 3355 ist ein Unikat. Sie ist übrigens auch in Deutschland eine gebräuchliche Norm für Mauertrockenlegungen. Der Teil 3, „Flankierende Maßnahmen“, erklärt den Erfolg, wenn man davon überhaupt sprechen sollte, der wirkungs- und berührungslosen Umkehrosmose (siehe weiter oben). In den Geschäftsbedingungen der Anbieter wird meistens die Einhaltung „flankierender Maßnahmen“ empfohlen:

- Reduzierung des Feuchtigkeits- oder Wasserzustromes zum Mauerwerk → im Sinne von Drainagen und Abdichtungen
- Schaffung günstiger Umgebungsbedingungen für die Austrocknung des Mauerwerks → im Sinne einer Klimatisierung
- Fällen und Beschneiden von Bäumen → im Sinne einer geringeren Beschattung
- Entrümpeln → im Sinne der Schaffung hygienischer Maßnahmen und einer besseren Luftumspülung
- Abnahme von Verkleidungen → im Sinne einer verbesserten Verdunstung der Mauerfeuchtigkeit

- Zweitweise Belüftungs- und Beheizungsmaßnahmen → im Sinne der Verhinderung von Sommerkondensat oder Winterkondensat
- Nutzungsänderungen
- Materialbezogene Maßnahmen → im Sinne der Entfernung von die Verdunstung behindernden Beschichtungen und Aufbringen von Feuchtmauerputzen (Buschek.at) und mineralischen Farben (Sto.at)
- Salzbelastungen entfernen → im Sinne von Entfernen oder Neutralisieren salzbelasteter Putze und Mauern

Voilá: Das waren die neun Punkte, die in vielen Fällen eine technische Trockenlegung gar nicht erst nötig machen. Zumindest in den Fällen leichter Feuchtebelastung. Und die Vertreiber der Zauberkästchen wissen das genau. Leider wird dem Kunden die Information zu den wichtigen flankierenden Maßnahmen erst mit dem Kaufvertrag vorgelegt. Aber aufgepasst: Für Zauberkästchen zu einem Wohnhauskeller fallen schon mal 15.000 Euro an. Materialwert vielleicht 50 Euro. Manche Anbieter sprechen von 40.000 verkauften Einheiten. Was für ein Geschäft! Fragen Sie Ihren Bauberater, ob eine „Trockenlegung durch flankierende Maßnahmen" ausreicht oder ob ein ehrlicher Anbieter injizieren oder durchschneiden soll.

Das Massivhaus zeichnet sich zwar weitgehend durch seine Feuchtigkeitsunempfindlichkeit aus, aber der Zahn der Zeit nagt auch am mineralischen Mauerwerk. Mauermörtel verlieren ihre Festigkeit und der „Kristallisationsdruck" durch Salzeinwirkungen kann verheerendere Folgen haben als Frostschäden. Schließlich befindet sich nie reines Wasser im Mauerwerk, sondern eine Salzlösung!

Einige Tipps zum Massivhaus

- Keller vorhanden → vorteilhaft für die Standfestigkeit. Das Fundament steht dann meist auf gutem Boden. Auf Risse prüfen.
- Keller vorhanden → Abdichtungskonzept hinterfragen. Bei über 30 Jahre altem Gebäude ist im Zweifel nicht mehr von einer dauerhaft wirksamen Abdichtung auszugehen.
- Mauerwerk → Mauerwerksanalyse auf Feuchtigkeits- und Salzgehalt durchführen lassen.
- Mauerwerk → auf Rissbildungen achten, diese sind allenfalls durch eine Außenfassade verdeckt.
- Deckenkonstruktion → schwingt, kracht und knarrt die Decke übermäßig, dann liegt allenfalls eine Unterdimensionierung vor.

- Innenputz → Ausblühungen und Wasserflecken können auch auf eine hygroskopische Feuchtebelastung schließen lassen, oft ist die Mauer dahinter ausgleichstrocken. Der Putz wirkt als „Feuchtebrücke".
- Innenbeschichtungen → bei feuchtebelasteten Wänden soll die Austrocknung nicht behindert werden. Dispersionsfarben, Fliesen und Gipsputze sollten tabu sein. Verkleidungen wirken meist nachteilig oder verstecken Bauschäden.
- Außenputz → wie „Innenputz". Nur muss im Sockelbereich ein wasserabweisender Putz angebracht werden, besonders im Spritzwasserbereich und bei Salzbelastung (Streusalz, Hundeurin etc.).
- Sommerkondensation → massive Wände ohne Außendämmung sind durch „Sommerkondensation" gefährdet.
- Kellerdecken → Kappen- und Gewölbedecken wurden bis etwa 1930 ausgeführt. Die Stahlträger korrodieren im feuchten Mauerwerk.

Abb. 197: Baugrundsetzungen können auch durch Injektionen, im Sinne einer Baugrundhebung, saniert werden.
Quelle: Uretek.at

Haftung bei Arbeiten am Altbestand?

Bei Arbeiten am Gebäudealtbestand wird von Handwerkern oft versucht, die Gewährleistung auszuschließen. Dem Endverbraucher gegenüber geht das grundsätzlich nicht.

Klarerweise muss der Dachdecker bei einer kleinen Dachreparatur nicht für das gesamte Dach haften, sehr wohl aber dafür, dass er die Reparaturen nach „allgemein anerkannten Regeln der Technik" durchgeführt hat. Eine Norm für Dachreparaturen gibt es aber nicht, Sie sollten daher jedenfalls eine bestimmte Funktionalität oder Eigenschaft vereinbaren. Beispielsweise, dass die Dachhaut im Sinne der Normen „regensicher" sein muss. Wird dann das Dach oder auch nur ein Bestandteil davon komplett saniert, so gelten in der Regel wieder „Neubaunormen". Es macht ja umgekehrt keinen Unterschied, ob eine Dachhaut in eine alte oder in eine neue Lattung eingehängt wird.

Bauvorschriften für Sanierung gültig?

Die EU-Gebäuderichtlinie verlangt Mindestanforderungen an die Gesamtenergieeffizienz von Gebäuden, die verbindlich in der OIB-Richtlinie 6 umgesetzt werden. Diese Vorschriften gelten nicht nur für den Neubau, sondern auch für den Fall größerer Renovierungen. So schreibt die OIB-RL6 vor, dass vor Erneuerung eines Bauteils oder vor der „größeren" Renovierung auch nur von Gebäudeteilen ein Sanierungskonzept zu erstellen ist. Im Detail dazu Ziffer 4.5 (Ausgabe 2015):

„(b) Für Bauteile der (thermischen) Gebäudehülle sind die maximalen Wärmedurchgangskoeffizienten (U-Werte) gemäß 4.4.1 um mindestens 6 Prozent, ab 01.01.2017 um mindestens 12 Prozent zu unterschreiten."

Dämmpflicht bei „größerer" Sanierung

Was nun als „größere" Renovierung gilt, muss im Einzelfall betrachtet werden. Es ist aber davon auszugehen, dass wirtschaftliche Aspekte eine Rolle spielen. Wenn Sie die Abdichtung der Terrasse renovieren, muss der Belag entfernt werden. In der Regel werden dann auch die Blecheinfassungen erneuert. Nach der OIB-RL 6 und der nachfolgenden Tabelle wird die Terrasse rund 20 Zentimeter XPS-Dämmplatten benötigen (Hersteller: Austrotherm, bis 40 Zentimeter Dicke lieferbar) und dadurch werden wohl die Türanschlüsse und Geländerhöhen nicht mehr passen.

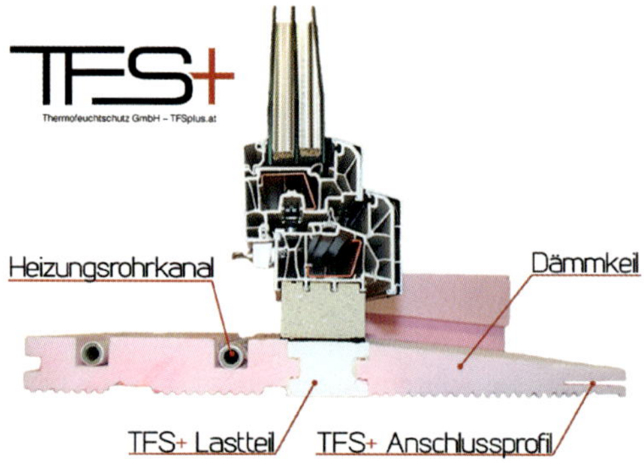

Abb. 198: Besonders bei älteren, nicht so gut gedämmten Fenstern oder bei tiefen Fensterlaibungen eine gute Idee: die direkte Beheizung der Fenster. Quelle: TFSPlus.at

4.4 Anforderungen an wärmeübertragende Bauteile

4.4.1 Beim Neubau eines Gebäudes oder Gebäudeteiles dürfen bei konditionierten Räumen folgende Wärmedurchgangskoeffizienten (U-Werte) nicht überschritten werden. Für Dachschrägen mit einer Neigung von mehr als 60° gegenüber der Horizontalen gelten die jeweiligen Anforderungen für Wände:

	Bauteil	U-Wert [W/m²K]
1	WÄNDE gegen Außenluft	0,35
2	WÄNDE gegen unbeheizte oder nicht ausgebaute Dachräume	0,35
3	WÄNDE gegen unbeheizte, frostfrei zu haltende Gebäudeteile (ausgenommen Dachräume) sowie gegen Garagen	0,60
4	WÄNDE erdberührt	0,40
5	WÄNDE (Trennwände) zwischen Wohn- oder Betriebseinheiten oder konditionierten Treppenhäusern	0,90
6	WÄNDE gegen andere Bauwerke an Grundstücks- bzw. Bauplatzgrenzen	0,50
7	WÄNDE kleinflächig gegen Außenluft (z.B. bei Gaupen), die 2 % der Wände des gesamten Gebäudes gegen Außenluft nicht überschreiten, sofern die ÖNORM B 8110-2 (Kondensatfreiheit) eingehalten wird	0,70
8	WÄNDE (Zwischenwände) innerhalb von Wohn- und Betriebseinheiten	–
9	FENSTER, FENSTERTÜREN, VERGLASTE TÜREN jeweils in Wohngebäuden (WG) gegen Außenluft (1)	1,40
10	FENSTER, FENSTERTÜREN, VERGLASTE TÜREN jeweils in Nicht-Wohngebäuden (NWG) gegen Außenluft (1)	1,70
11	sonstige TRANSPARENTE BAUTEILE vertikal gegen Außenluft (2)	1,70
12	sonstige TRANSPARENTE BAUTEILE horizontal oder in Schrägen gegen Außenluft (2)	2,00
13	sonstige TRANSPARENTE BAUTEILE vertikal gegen unbeheizte Gebäudeteile (2)	2,50
14	DACHFLÄCHENFENSTER gegen Außenluft (3)	1,70
15	TÜREN unverglast, gegen Außenluft (4)	1,70
16	TÜREN unverglast, gegen unbeheizte Gebäudeteile (4)	2,50
17	TORE Rolltore, Sektionaltore u. dgl. gegen Außenluft (5)	2,50
18	INNENTÜREN	–
19	DECKEN und DACHSCHRÄGEN jeweils gegen Außenluft und gegen Dachräume (durchlüftet oder ungedämmt) (6)	0,20
20	DECKEN gegen unbeheizte Gebäudeteile (6)	0,40
21	DECKEN gegen getrennte Wohn- und Betriebseinheiten (6)	0,90
22	DECKEN innerhalb von Wohn- und Betriebseinheiten (6)	–
23	DECKEN über Außenluft (z.B. über Durchfahrten, Parkdecks) (6)	0,20
24	DECKEN gegen Garagen (6)	0,30
25	BÖDEN erdberührt (6)	0,40

(1) … Für Fenster ist für den Nachweis des U-Wertes das Prüfnormmaß von 1,23 m × 1,48 m anzuwenden, für Fenstertüren und verglaste Türen das Maß 1,48 m × 2,18 m.

(2) … Für großflächige, verglaste Fassadenkonstruktionen sind die Abmessungen durch die Symmetrieebenen zu begrenzen.

(3) … Für Dachflächenfenster ist für den Nachweis des U-Wertes das Prüfnormmaß von 1,23 m × 1,48 m anzuwenden.

(4) … Für Türen ist das Prüfnormmaß 1,23 m × 2,18 m anzuwenden.

(5) … Für Tore ist das Prüfnormmaß 2,00 m × 2,18 m anzuwenden.

(6) … Für Decken und Böden kleinflächig gegen Außenluft darf für 2 % der jeweiligen Fläche der U-Wert bis zum Doppelten des Anforderungswertes betragen, sofern die ÖNORM B 8110-2 (Kondensatfreiheit) eingehalten wird.

Abb. 199: Auszug aus OIB-RL 6 Ausgabe 2015 – U-Werte

Die Mindesthöhe von 100 Zentimetern (110 Zentimeter ab zwölf Meter Fallhöhe) wird bei 20 Zentimeter Dämmung nicht mehr zu halten sein. Die teure Geländererhöhung (Absturzsicherung) kann mit einer schlanken Hochleistungsdämmung vermieden werden. Da kommen nur mehr teure Vakuumdämmplatten mit einem rund fünfmal höheren Dämmwert infrage.

Innendämmung

Aus drei Gründen wird eine Wärmedämmung angebracht:

1. um Energie zu sparen;
2. um den Wohnkomfort zu verbessern;
3. um hygienische Verhältnisse zu schaffen.

Ob sich eine Dämmung zur Energieeinsparung rechnet, muss man sich im Einzelfall ansehen. Allgemein betrachtet kann man es so sehen: Eine thermische Sanierung wird sich nur rechnen, wenn ohnehin Reparaturen anstehen. Wenn beispielsweise die Fassade schadhaft ist, dann muss sowieso ein Gerüst aufgestellt werden. Wenn die Fenster schon kaum mehr verschließbar und undicht sind, wenn das Dach sowieso schon ständige Reparaturen braucht, dann wird sich die Dämmung rechnen. Sonst nicht. Die Angaben der Dämmstoffhersteller und ausführenden Firmen sind jedenfalls zu hinterfragen.

Anders verhält es sich, wenn es um die Verbesserung des Wohnkomforts oder die Schaffung hygienischer Verhältnisse geht. Wenn etwa in einem kleinen Zimmer das Bett nur an der kalten Außenwand stehen kann, oder wenn die Gebäudeecken jeden Winter wieder mit Schimmelpilzen befallen sind. In diesen Fällen spielt die Amortisation eine geringere Rolle, eine Dämmmaßnahme rechnet sich nämlich immer dann, wenn man dadurch einen Raum ohne Gesundheitsgefährdung nutzen kann.

In Frankreich wird überwiegend innen gedämmt, in Österreich kennt man vorwiegend die Außendämmung. Aus bauphysikalischer Sicht ist das auch gut so, gedämmt wird in der Regel außen. Eine Außendämmung ist unter Umständen jedoch nicht sinnvoll möglich, weil

- eh nur ein Zimmer betroffen ist.
- eh nur Schimmel an den vier Außenecken auftritt.
- die schön gestaltete Altbaufassade nicht verschandelt werden soll.
- die Gebäudehülle ja völlig intakt und nicht schlecht gedämmt ist.
- eine Außendämmung rechtlich nicht möglich ist.
- eine kleinflächige Innendämmung wesentlich günstiger ist.

Zur Innendämmung gibt es noch keine Norm, nur Verarbeitungsrichtlinien. Es gibt also keine Normen, wo etwas über Putzgründe, Farben, maximale Baustofffeuchten, Taupunktbildung, Regenwassereinfluss auf die Wand und dergleichen stünde. Heikel ist eine Innendämmung allemal, schließlich verändert man die gesamte Bauphysik einer Wand. Folgendes passiert durch eine Innendämmung:

➜ Das Temperaturverhalten ändert sich.
➜ Der Feuchtegehalt ändert sich.

Vor der Innendämmung wurde die Wand durch die Heizenergie und Infrarotstrahlung erwärmt, das hat auch das Feuchteverhalten beeinflusst. Umso mehr Energie in einer Wand ist, umso besser ist ihr Verdunstungsverhalten. Wenn raumseitig gedämmt wird, fällt auch etwas von dieser Energie weg. Besonders bei mineralischem Außenputz wird eine Wand immer wieder feucht. Es kann daher nach einer Innendämmung zu einer Auffeuchtung der Wand kommen, weiters kann der Taupunkt zwischen Innendämmung und Wand unterschritten werden, sodass dann auch die Wand von innen her zeitweise auffeuchtet. Diese Schadensbilder sehe ich oft bei Leichtbau-Innenkonstruktionen, bei Mineralfaserdämmplatten auf Metallschienen beispielsweise. Diese sind weder luftdicht noch wasseraufnahmefähig (sorptiv). Dadurch kann die feucht-warme Raumluft durch die Konstruktion diffundieren oder bei Leckagen einströmen, es kommt zu einer Taupunktunterschreitung und infolgedessen zu Schimmelbefall. Daher muss bei Leichtbaukonstruktionen immer eine Dampfbremse raumseitig angebracht werden. Und damit beginnen wiederum neue Probleme:

➜ Ist die Dampfbremse überall luftdicht ausgeführt?
➜ Darf ich dann noch ein Loch bohren oder beschädige ich damit die Dampfbremse?
➜ Ist die Luftschichtdickenäquivalenz ausreichend (zu dicht, zu wenig dicht?)

Eine derartige Leichtbaukonstruktion kann schon funktionieren, ist aber nicht fehlerverzeihend. Ich rate daher davon ab. Von der Innendämmung rate ich dagegen nicht ab! Allerdings sind wasseraufnahme- und speicherfähige Systeme zu verwenden, und die Innendämmung muss weit über den Problembereich hinaus ausgeführt werden. Auch wenn ein Schimmelbefall zu einer geometrischen Wärmebrücke nur im Eckbereich vorliegt. Die Dämmung ist im Decken- und Wandbereich rund 50 Zentimeter in den Raum zu führen, sonst schimmelt es nach der Sanierung eben gleich nach der Dämmung. Man darf ja nicht vergessen, dass die Wand durch die Innendämmung kühler sein wird als ohne! Für mich kommen daher nur massive Systeme infrage:

1. Calziumsilikatplatten (redstone.de)
2. Innenwandsystem (Wienerberger.at)
3. Mineralschaumplatten, nicht hydrophobiert

Anzumerken ist dabei, dass die klassischen Wärmebrücken *der* Anwendungsfall für Calziumsilikatplatten sind. Diese Platte speichert Unmengen an Wasser, ohne Schaden zu nehmen. Die Platten müssen aber jedenfalls hohlraumfrei auf den Untergrund verklebt werden. Kleber und Platte und Spachtelmasse müssen mineralisch und vom Hersteller als System verwendet werden. Im Vordergrund stehen dabei nicht der verbesserte Dämmwert, sondern der pH-Wert und die Wasseraufnahmefähigkeit. Selbst wenn in der so verbesserten Wärmebrücke Kondenswasser anfällt, bildet sich in der Regel kein Schimmel mehr.

Bei Komfortfragen und ganzflächigen Anwendungen ist auch das Ziegelwandsystem von Wienerberger eine Überlegung wert. Hier wird der Dämmwert wirklich wesentlich verbessert, aber es geht auch Raum verloren und der Arbeitsaufwand ist nicht unwesentlich.

Kurzum: Eine Innendämmung, auch bei Kleinstaufwänden, ist *Planungssache.*

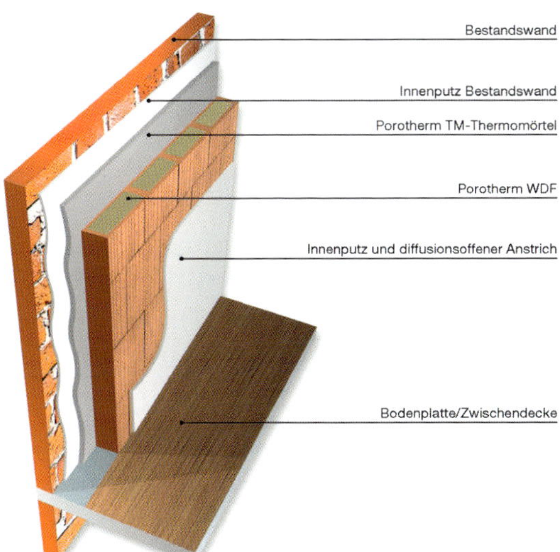

Abb. 200: Praktisch an jede kalte Außenwand kann dieses Innenwanddämmsystem angebaut werden.
Quelle: Wienerberger.at

Abb. 201: Mit 80 oder 120 Millimetern Wandstärke können praktisch alle bauphysikalischen Wert der Altbauwand oder des Altbaukellers wesentlich verbessert werden. Quelle: Wienerberger.at

Abb. 202: Die Calciumsilikatplatten von Redstone verhindern die Kondensatbildung an jeder ehemaligen Wärmebrücke durch ein hohes Wasseraufnahmevermögen. Quelle: redstone.de

Abb. 203: Die Calziumsilikatplatten lassen sich einfach und mit der Säge bearbeiten. Quelle: redstone.de

Wenig Spielraum beim Thema Sicherheit

Hinsichtlich der Bauvorschriften zur Dämmung gibt es Ausnahmeregelungen. Anders ist das bei Fragen zur Sicherheit. Sobald eine Personengefährdung bekannt wird, ist etwas dagegen zu unternehmen. Als Beispiel kann die Nachrüstung der Aufzüge mit Kabinentüren genannt werden. Der Anlassfall war, dass eine Person beim Lifttransport eines Müllcontainers zwischen Container und Liftwand erdrückt wurde, da der Container beim Hinunterfahren an der Geschoßdecke hängengeblieben war.

Um die Sicherheit geht es auch, wenn Sie beim gebrauchten Haus ein zu tief eingebautes Fenster feststellen. In diesem Fall können Sie sich nicht auf einen „Konsens“ oder ein wie auch immer geartetes „ersessenes Recht“ verlassen. Sie haben dann entweder das Fenster höher zu setzen oder eine Absturzsicherung einzubauen. Siehe dazu auszugsweise die aktuelle OIB-Richtlinie 4:

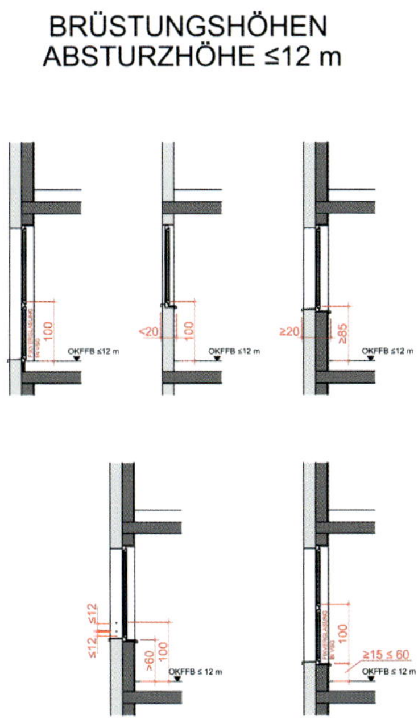

Abb. 204: Auszug aus OIB-RL 4 Ausgabe 2015 – Brüstungshöhen

Wie lange hält die Haustechnik?

Grundsätzlich ist die Lebensdauer von Heizungsleitungen und Wärmeabgabesystemen eine sehr lange. Es kann da durchaus von 30 bis 50 Jahren ausgegangen werden.

Im Auge zu behalten sind jedoch Heizungskessel und deren Abgas- bzw. Rauchgaswerte (auch die Abgasverluste). Alte Kessel erfüllen diese nämlich nicht immer, weshalb diese Anlagen dann gesperrt werden. Ein den landesgesetzlichen Bestimmungen entsprechender Überprüfungsbefund sollte vorliegen. Ein über zehn Jahre alter Heizkessel ist alles andere als neu!

HINWEIS

Eine Vorschrift, ab welchem Alter ein Kessel nicht mehr verwendet werden darf, gibt es nicht. Er hat aber die ständigen Grenzwerte zu erfüllen.

Erich Mathä, Sachverständiger (Installationsprofi GmbH)

In einigen Bundesländern darf der Kessel nicht überdimensioniert sein. Sofern bei alten Häusern eine „größere" thermische Sanierung stattgefunden hat (Fenster, Fassade, Decke zum Dachboden und Kellerdecke, ...), kann es sein, dass der Kessel als überdimensioniert zu bewerten ist (siehe OIB-Richtlinie 6). Geben Sie auch bei Ölheizungen und deren Erdtanks Acht. In einigen Bundesländern sind keine einwandigen Behälter mehr zulässig.

Die Öllagerung ist bei den meisten Gebrauchthäusern mangelhaft, die öldichten Wannen und Lagerräume entsprechen meist nicht mehr den gesetzlichen Vorgaben. Zum Schutz des Grundwassers fallen da oft teure Sanierungsarbeiten an. Auch die Ölleitungen sind oft nicht den Vorschriften entsprechend verlegt. Zudem verlaufen Wasserleitungen oftmals im Tankraum, was ebenfalls nicht so ohne Weiteres zugelassen ist.

Haltbarkeit Wasserleitungen

Derzeit gibt es beim Altbau noch sehr viele Metallwerkstoffe wie Blei oder verzinkten Stahl. Diese Werkstoffe sind allesamt problematisch. Blei ist bekanntlich giftig und sowieso nicht tragbar. Verzinkte Werkstoffe erreichen ab einem Alter von 15 bis 20 Jahren (je nach Wasserqualität) das Ende ihrer Lebensdauer, außerdem setzen verzinkte Leitungen auch Bleianteile frei. Kupferrohre sind zwar wesentlich beständiger als verzinkte Rohrleitungen, jedoch schwer einschätzbar in ihrer Lebensdauer. Sofern kein Wasserfilter im System (unmittelbar bei Hauseintritt) verbaut ist, kann schon nach kurzer Zeit Lochfraß stattfinden. Es findet punktuell etwa durch ein Sandkörnchen schnell eine Fremdrostung statt.

Allzu bekannt sind die Bleirohre, die bis in die 70er-Jahre des vorigen Jahrhunderts verwendet wurden. Diese Rohre wurden nur im Kaltwasserbereich eingesetzt. Bei den Warmwasserleitungen wurden zu dieser Zeit ausnahmslos verzinkte Eisenrohre verwendet. Das Blei würde sich durch das warme Wasser in sehr hohen Konzentrationen herauslösen und gesundheitsschädlich sein.

ACHTUNG

Verwenden Sie Rohre und Rohrbestandteile, also Fitting sowie Verbindungen, immer vom gleichen Hersteller. Vermeiden Sie NO-NAME-Produkte! So können Sie sicherstellen, dass Erweiterungen oder gar Reparaturen in mehreren Jahren möglich sind. Ein Rohrbruch kann auch aus einem angebohrten Rohr resultieren.

Beispiele aus der Gebrauchthaus-Praxis

Beim „Gebrauchthaus" lauern viele Gefahren. Es ist nahezu unmöglich, auch nur annähernd alle Unmöglichkeiten in einem Buch aufzulisten. Zur Veranschaulichung schließe ich mit ein paar hoffentlich lehrreichen und bebilderten Fallbeispielen ab:

Abb. 205: Bei diesem Altbau ist nicht nur das Dach desolat. Der Käufer sollte hier auf jeden Fall sehr versiert sein oder gute Berater haben. Zunächst ist die spätere Nutzung festzulegen. Bei einer uneingeschränkten Nutzung wird eine horizon-

tale Feuchtigkeitssperre in die Wand einzubringen sein, ein Tiefergraben bis zum Fundamentende mit anschließender Wandabdichtung wird nicht den gewünschten Erfolg bringen. Wasser kann dann immer noch vom Fuß des Fundamentes aufsteigen. Eine Alternative wäre eine Wandabdichtung kombiniert mit den „flankierenden Maßnahmen".

Abb. 206: Bei diesem Altbau liegen, oberflächlich betrachtet, Probleme mit aufsteigender Feuchtigkeit vor, nach näherer Betrachtung zeigt sich jedoch, dass die Wände fast trocken sind. Wer hier die Dachentwässerung vom Haus wegleitet und mittels „flankierender Maßnahmen", also mit einer Putzsanierung und einer entsprechenden Raumnutzung agiert, wird Geld sparen.

Abb. 207: Bei raumseitigen Verkleidungen im Keller oder im Erdgeschoß ist Vorsicht angesagt. Oft werden damit Feuchteschäden kaschiert. In diesem Fall rieselt schon das Bohrmehl vom Insektenbefall zwischen den Brettern hervor. Lassen Sie sich immer schriftlich bestätigen, dass die Wände trocken sind.

Abb. 208: Kontrollieren Sie den Sockelbereich ganz genau. Hier sieht man den rohen Ziegel, man hat die Gebäudeabdichtung „vergessen". Raumseitig wurden die vor die feuchte Wand gesetzten Vorsatzschalen schön bemalt. Im schlechtesten Fall ziehen Sie in so ein Haus ein und stehen vor einer Totalsanierung.

Abb. 209: Das Haus wurde als „totalsaniert" verkauft, mit Außenwärmedämmverbundsystem" und niedrigem Heizenergiebedarf. Kurz nach dem Einzug wurde das Haus zum Albtraum: überall Schimmel. Das Bild zeigt einen Zubau, bei dem die Abdichtung „vergessen" wurde. Die Abdichtung muss vom Fundament bis 30 Zentimeter über die Geländeoberkante geführt werden. Als Innenputz hat man auf die feuchten Wände den billigeren Gipsputz aufgebracht. Ergebnis: Totalschaden. Nach einer Klage musste der Vorbesitzer den Schaden ersetzen.

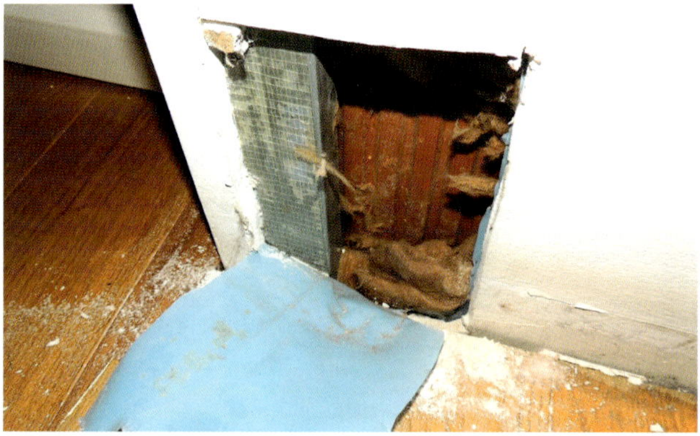

Abb. 210: Beim Keller und im Erdgeschoß ist bei jeder Art raumseitiger Wandverkleidung Misstrauen angesagt. Hier wurde eine Gipsplattenverkleidung mit Dämmung angebracht. Die benötigte Dampfbremse wurde zwar verlegt, aber fehlerhaft. Es bildete sich bereits Schimmelpilzbefall. Der vermeintlich billige Pfuscher wollte natürlich die Kosten für die teure Sanierung nicht übernehmen.

Abb. 211: Prüfen Sie jeden Schacht innen und außen. Nehmen Sie zur Besichtigung Schraubenzieher oder ähnliches Werkzeug zur Öffnung der Schachtdeckel mit. Wenn der Schacht im Wasser steht, können Sie allenfalls auf Bemessungswasserstände rückschließen, also wie hoch hier Wasser am Gebäude anstehen kann. Das Bild zeigt einen Sickerschacht (Vorfluter) und die einlaufenden Rohre vom Dachwasser und der Gebäudedrainage. Hier kann man auch erkennen, dass die falschen Dränrohre verwendet wurden.

Abb. 212: Bei alten Häusern fehlt meist eine die Wände aussteifende „Deckenscheibe“. Zwischenwände, auch nicht tragende, wirken „aussteifend“ und dürfen nicht ohne sachverständige Prüfung entnommen werden. Bei gemauerten Kellerwänden kann der Erddruck wesentlich zur Stabilisierung beitragen. Wer ein Fundament – auch das vom Nachbargebäude – ohne Unterfangung oder Stützarbeiten freigräbt, handelt fahrlässig. Hier ist eine komplette Stiegenhauswand eingestürzt.

Abb. 213: Wer vermeiden möchte, dass es bei Terrassen und Gehwegen zu späteren Setzungen kommt, sollte eine Betonplatte als Belagsuntergrund herstellen. Nur macht es – wie im Bild gezeigt – keinen Sinn, diese Platte auf eine lose Schotterlage zu betonieren. Bei derartigen Ausführungen muss es zu späteren Setzungen kommen. Das kann mit Streifen- oder Punktfundamenten verhindert werden.

Abb. 214: Im Bild erkennbar ist eine Unterspannbahn, welche Schadwasser- und Flugschneeeintritt verhindern soll. Dachdeckungen sind immer nur „regensicher". Die hier verwendeten „Gitternetzfolien" waren nicht UV-beständig und lösen sich im Besonderen bei Scheinlöchern auf. Dieser Mangel ist fachgerecht nur mit einer Dachsanierung behebbar. Weiters kann ohne Unterdach kein Dachausbau erfolgen. Diese Unterspannbahnen ersetzen auch bei intaktem Zustand das Unterdach nicht.

Abb. 215: Ein mehr als 100 Jahre alter Dachstuhl mit Schädlingsbefall. Achten Sie auf Spuren von Bohrmehl oder Fraßgänge. Insekten hinterlassen fast immer erkennbare Spuren. Ein Haus kann seine Geschichte erzählen, wenn man es lässt!

Abb. 216: Worauf Sie selbst achten können, ist der Übergang vom Dach zur Wand. Bei einem hinterlüfteten Unterdach läuft bei diesem Spalt Schadwasser ab. Dachdeckungen und Blechdeckungen sind nur „regensicher". Das heißt, bei Starkregen und Schmelzwasser wird Wasser durch die Dachhaut eintreten. Um Schäden an der ausgebauten Dachkonstruktion zu verhindern, muss dieses eindringende Schadwasser über den im Bild sichtbaren Schlitz – normalerweise sitzt dieser Spalt unter der Hängerinne – abgeführt werden. Im Bild ist erkennbar, dass die Fassade die Entwässerung teilweise verschließt. Das ist ein Mangel!

Abb. 217: Eine Stuhlsäule sollte mit 30 Zentimeter Abstand vom Boden montiert werden, sonst kann das Stirnholz Wasser tief in das Holz ziehen. Achtung bei Carports! Oft sind die Stuhlsäulen vor dem Anprall von Fahrzeugen völlig ungeschützt. Ein Schutz wäre auch dann gegeben, wenn das Carport bei Anprall eines Fahrzeuges nicht einstürzt, weil beispielsweise andere Teile die Tragefunktion übernehmen.

Abb. 218: Achten Sie bei Dachvorsprüngen darauf, ob Sie Pilzspuren bzw. feuchte Flecken (Winter) erkennen. Das deutet auf einen Schaden an der Luftdichtheitsebene (Dampfbremse) hin. Derartige, von außen erkennbare Flecken sind oftmals nur die Spitze des Eisberges. Dahinter kann sich ein massiver Fäulnisschaden verbergen.

Abb. 219: Stellen Sie immer die Frage, wo die „Luftdichtheitsebene" (Dampfbremse) sitzt. Im Bild ist die Tramdecke gedämmt und mit einer Dampfbremse versehen. Hier habe ich zur Kontrolle gleich neben der Dachbodentreppe die Konstruktion geöffnet. Die Dampfbremse ist bereits völlig zerstört und somit unwirksam. Hier muss umfangreich saniert werden.

Kapitel 14

Was uns nicht umbringt, macht uns hart - Raumluft und Wasser

Seit der Steinzeit leben Menschen mit Gefahren, die sie nicht sehen, verstehen oder beherrschen. Fragen Sie unsere lieben Vorfahren, die Neandertaler, die vor 30.000 Jahren sang- und klanglos ausgestorben sind. Manche meinen, sie seien in der Eiszeit erfroren, was kein Wunder wäre, Heizungen gab es noch nicht, von Passivhäusern ganz zu schweigen. Andere vermuten, dass sie sich nicht mehr vermehren wollten. Gut möglich, das Leben in einer Gefriertruhe fördert nicht unbedingt romantische Gefühle. Meiner unsachgemäßen Vermutung nach wurden die Neandertaler von Raubtieren als Wärmequelle angesehen und kalorisch verwertet.

Heute beherrschen wir die Kälte ganz gut, und auch gegen Raubtiere können wir uns schützen. Dafür erschaffen wir neue Gefahren und holen sie sogar ins Haus: Chemikalien in Farben, Baustoffen und Möbeln. Ich erlebe selbst jedes Jahr, wie Wohnungen über Nacht plötzlich schwarz werden. Durch die Verwendung unkontrollierbarer chemischer Bauprodukte entsteht in Räumen ein chemischer Giftcocktail, dessen Folgen heute noch niemand vollständig abschätzen kann und über den die Experten noch streiten. Die Gefahr kommt vor allem von innen, unsere Wohnungen machen uns krank!

VOC - flüchtige organische Verbindungen

Unter VOC (die Abkürzung stammt von der englischen Bezeichnung Volatile Organic Compounds) versteht man flüchtige, organische (chemische) Stoffe;

viele davon sind Lösungsmittel. In der österreichischen Lösungsmittelverordnung aus dem Jahr 1955 werden „organische Lösungsmittel“ als flüchtige organische Verbindung, die allein oder in Verbindung mit anderen Stoffen zur Auflösung oder Verdünnung von Rohstoffen, Produkten oder Abfallstoffen, als Reinigungsmittel zur Auflösung von Verschmutzungen, als Dispersionsmittel, als Mittel zur Regulierung der Viskosität oder der Oberflächenspannung oder als Weichmacher oder Konservierungsstoff verwendet wird, bezeichnet. Oder einfacher gesagt: VOC sind chemische Dämpfe, die schon bei Zimmertemperatur verdunsten. Konkret handelt es sich unter anderem um folgende Stoffe: Benzol, Toluol, Ethylbenzol, 1,3,5-Trimethylbenzol, n-Propylbenzol, Isopropylbenzol, n-Hexan, n-Heptan, n-Decan, n-Pentadecan, Cyclohexan und Trichlorethen.

Als VOC-Quellen werden Lacke, Klebstoffe, Reinigungsmittel und Bauprodukte genauso wie die unvollständige Verbrennung fester Brennstoffe, von Biomasse und Kohle angegeben. Nicht zu vergessen sind der Straßenverkehr sowie bakterielle Stoffwechselprodukte bei Gärungs- und Fäulnisvorgängen. Die Erdölindustrie liefert den größten VOC-Anteil aus industriellen Prozessen.

Klebstoffe, Farben usw. beinhalten Lösungsmittel, die sie weich machen und die beim Trocknen und auch lange danach noch entweichen. „Lösemittelfrei“ darf sich nennen, was einen Siedepunkt über 200 °C aufweist. Das liefert ein gutes Werbe- und Verkaufsargument. Bei diesen höher siedenden Stoffen reduziert sich zwar die Konzentration, dafür erhöht sich aber auch die Zeitspanne der Luftbelastungen.

Die wichtigsten Quellen für Innenraum-VOC sind: Bodenklebstoffe, trocknende Öle, Desodorierungsmittel, Salben, Kunststoffe, Lösungsmittel, wasserlösliche Farben und Lacke, Nadelhölzer, Latexfarben, Möbel, PVC, Kork, Teppichböden, Haushaltsprodukte, Duftöle, Kosmetikartikel und Zigarettenrauch.

Die VOC-Emissionen von frisch in einen Raum eingebrachten Materialien, Beschichtungen usw. verringern sich im Laufe der Zeit. Über die Zusammensetzung der Chemikalien ist sehr wenig bekannt, alle Grenzwerte sind daher in dem Spannungsfeld der Ahnungslosigkeit und der Bemühung des Gesetzgebers, keine „Wirtschaftsbarrieren“ zu schaffen, zu bewerten. Beachten Sie auf jeden Fall Folgendes:

- Nach Renovierungs-, Neubau- oder intensiven Reinigungsarbeiten steigt die Belastung oft um weit mehr als 1.000 Prozent.
- Räume in unmittelbarer Nachbarschaft von chemischen Reinigungsbetrieben oder sonstigen Gewerbebetrieben sind stärker belastet.
- Anti-Schimmelmittelzusätze für Farben, fungizid wirkende Sanitärsilikone und dergleichen sollten nicht in Innenräumen verwendet werden.

- Vorsicht bei Produkten zur „Luftverbesserung“ wie Duftölen. Diese enthalten Isoprenoide, also komplexe Kohlenwasserstoffverbindungen, die sich nur schwer abbauen und im Verdacht stehen, eine Ursache für Alzheimer zu sein.
- Weichmacher von Plastik (Phthalate wie DEHP und DINP) und Formaldehyd fallen nicht mehr unter die VOC-Definition der Weltgesundheitsorganisation. Die Gefährlichkeit dieser Stoffe ist aber zu betonen!

Ein normaler Kunstharzlack kann 50 Prozent Lösemittel enthalten, ein Nitrolack bis zu 70 Prozent. Wer damit schon einmal zu tun hatte, wird sich an die Lösemitteldämpfe erinnern. Kopfschmerzen, Schleimhautreizungen, Benommenheit, Allergien, dauerhafte Schäden am zentralen Nervensystem und den inneren Organen sowie im Extremfall der Tod sind die Folgen. Als sogenannte „Malerkrankheit“ wurden etwa die bis 1983 durch Lösemittel verursachten Hirnschädigungen an 700 Personen in Dänemark bekannt.

MVOC - mikrobiell verursachte flüchtige organische Verbindungen

Mikroorganismen wie Bakterien und Schimmelpilze bauen Stoffe zu einfacheren Verbindungen ab, indem sie sich von ihnen ernähren. Dabei entstehen Kohlendioxid, Wasser und mikrobielle Biomasse, unter anderem aber auch schädliche Stoffwechselprodukte als flüchtige Verbindungen, die MVOC (Microbially Volatile Organic Compounds). Aufgrund der niedrigen Geruchsschwelle lassen sich einige MVOC über den Geruchssinn wahrnehmen, es riecht modrig und feucht.

Doch nicht immer, wenn es nach Schimmel riecht, handelt es sich um MVOC. Die von Schimmelpilzen produzierten Gase (Terpene, Limone, Isolongifolen) können auch aus Naturharzfarben oder Klebstoffen ausdünsten. Die von einigen Mikroorganismen produzierten Aromate wie Toluol und Xylol können ein Hinweis auf Pilzbefall sein, aber auch aus dem Straßenverkehr oder den Möbeln stammen. Im Zigarettenrauch wurden ebenfalls große Mengen Methylfuran gefunden, weswegen man in Raucherwohnungen diese Substanz auch dann findet, wenn keinerlei Schimmelbefall vorhanden ist.

Wenn ein Raum permanent schlecht riecht, lohnt es sich aber auf jeden Fall, ihn nach chemischen Schadstoffen untersuchen zu lassen, insbesondere dann, wenn folgende gesundheitliche Symptome nicht erklärt werden können:

- Schleimhautreizungen der oberen Atemwege und/oder Kieferhöhlen
- Kopfschmerzen und trockene Bindehäute

- Müdigkeit, Juckreiz und Hautausschläge
- unmotivierte Aggressivität, Stimmungsschwankungen
- Gelenk- und Muskelschmerzen

Wenn beispielsweise textile Bodenbeläge mit Styrol/Butadien cis-/trans-Butadien zusammenkommen, entsteht daraus (nach Salthammer 2000) das Reaktionsprodukt Styrol, 4-Phenyl-cyclohexen (4-PC), 4-Vinyl-cyclohexen (4-VCH). Oder anders ausgedrückt: Wenn Sie den falschen Teppichboden mit dem falschen Kleber auf den falschen PVC-Bodenbelag kleben, entsteht womöglich ein hochaggressives, entzündliches Gas. So kann ein Innenraum zu einem richtigen Hexenkessel werden. Nur dass vermutlich beim Kochen von Katzenblut und Rattenohren weniger Schadstoffe entstehen.

SVOC - schwerflüchtige organische Verbindungen

SVOC sind schwerflüchtige (auf Englisch „semi-volatile") Substanzen, die zwar weniger heftig, dafür aber umso länger in Ihrem Wohnraum aktiv sein können. Sie bilden vermutlich die Hauptursache für den in der Einleitung erwähnten Schwarzstaub in Wohnungen, auch „Magic Dust" oder „Fogging" genannt: Praktisch über Nacht setzt sich an Wänden, Decke und Oberflächen ein schmieriger, schwarzer Schmutzfilm ab, der an Ruß erinnert. In stark betroffenen Wohnungen sieht es manchmal sogar wie nach einem Schwelbrand aus.

Die schwerflüchtigen Verbindungen können sich mit den vorhandenen Schwebestaubpartikeln verbinden, und so entstehen die schmierigen Beläge. Sie gasen wesentlich länger aus. Insbesondere Kunststoffweichmacher (Phthalate) spielen hier eine Rolle, aber auch Kerzen und Öllampen, allen voran Duftkerzen, sollen hier ursächlich sein. Kaufen Sie daher wenn möglich nur Produkte mit der Kennzeichnung „lösemittel- und weichmacherfrei".

Endotoxine, Bakterien, Schimmelpilze, Holz

Als wären die Attacken der MVOC nicht schon genug, müssen wir uns auch noch mit anderen Schadstoffen herumschlagen. Da wundert es nicht, dass wir in unseren Räumen zunehmend krank werden. Weder in den Bauordnungen, den technischen Normen noch in den Bauleistungsbeschreibungen und schon gar nicht in den Herstellerrichtlinien ist die Rede von chemikalienfreien oder zumindest emissionsarmen Baustoffen. Das Qualitätskriterium „Schadstoffarm" gibt es wirksam nicht.

Aber jeder, der schon einmal eine Dokumentation über Giftschlangen oder Pfeilfrösche gesehen hat, weiß: Nicht alles, was in der Natur vorkommt, ist für den Menschen bekömmlich.

Endotoxine

Endotoxine kommen in Bakterien und Blaualgen vor. Sie sind überall zu finden, wo genügend Wärme, Feuchtigkeit und organisches Material zusammentreffen. In erster Linie sind Hühner- und Schweineställe als Quelle anzugeben, es wurden aber auch große Konzentrationen in häuslichen Teppichen gemessen. Endotoxine spielen besonders bei Entzündungen eine große Rolle, sie können eine mikrobielle Vergiftung mit Fieber und Multiorganversagen verursachen.

Bakterien

Bei Raumluftmessungen werden immer Bakterien nachgewiesen. Sie sind allgegenwärtig, und auch wir Menschen tragen Bakterien ständig mit uns herum. Die meisten schaden uns nicht, viele nützen sogar, wenn wir zum Beispiel an die Darmflora denken, aber viele sind auch Krankheitserreger. Sie wachsen in Feuchtigkeit und viel Staub besonders gut, daher sollte man immer für Frischluft sorgen. Übrigens: Eine Studie hat ergeben, dass die WC-Brillen der meisten Haushalte tadellos sauber sind. Die meisten Bakterien finden sich im Eiskasten!

Schimmelpilze

In der Regel genügt ein Feuchte- und Nährstoffangebot für die Dauer von drei bis acht Stunden, und schon beginnt Schimmel zu wachsen.

Schimmelpilze brauchen eine Temperatur von null bis 50 °C, eine relative Luftfeuchtigkeit von 65 bis 100 Prozent und als Nahrung organische Substanzen wie Holzbestandteile, Tapeten, Wandfarben, Leder oder leimhaltige Substanzen. Diese Bedingungen finden sich in nahezu allen Wohnräumen. Schimmelpilze benötigen außerdem frei verfügbares Wasser. Wer kein Kondens- oder Schadwasser in seinen vier Wänden hat, hat daher auch keine Schimmelsorgen. Der optimale pH-Wert für Schimmel liegt im leicht sauren Milieu bei pH 4 bis 6. Deshalb beugen Kalkputze, im Gegensatz zu nicht saugfähigen Dispersionsfarben, mit pH-Werten über 12 dem mikrobiellem Befall vor. Außerdem wirkt Kalkputz extrem sorptiv, das heißt, er kann Wasser gut aufnehmen, somit steht dem Schimmel kaum welches zur Verfügung.

TIPP FÜR SCHIMMELFREIES WOHNEN

Um Schimmelpilzwachstum durch Kondenswasser zu vermeiden, ist die Raumluftfeuchte in Bezug zur Außentemperatur zu setzen. So soll bei 0 °C Außentemperatur die relative Luftfeuchte im Raum 55 Prozent nicht überschreiten. Für jedes Grad unter null ist die Luftfeuchte um einen Prozent herabzusetzen. Das heißt: Bei −10 °C soll die relative Luftfeuchtigkeit von 45 Prozent nicht mehr als drei Stunden lang überschritten werden.

Gut gedämmte Wohnhausanlagen sind häufiger von Schimmelbefall betroffen als schlecht gedämmte Häuser aus den 1960er-Jahren und davor. Das erklärt sich zum einen durch die unheilvolle Kombination aus Stahlbeton, Gipsputzen und Dispersionsfarben als auch durch die Bewohner, die zu wenig heizen und lüften. Verständlich, denn eingebettet in eine „warme Gebäudehülle" liefern Nachbarn und Heizleitungen ausreichend Wärme. In der Folge steigt die Raumlufttemperatur, ohne dass man großartig heizen müsste. Das führt aber dazu, dass die Raumecken (also die Bereiche der Wärmebrücken) unter den Taupunktbereich abkühlen, und dort entsteht Kondenswasser. Diese wärmeabgebenden Flächen müssen beheizt werden, obwohl die Raumluft wohlig warm ist. Dumm oder billig bauen ist nicht verboten, und für das Raumklima bleibt der Bewohner verantwortlich! Rechtlich gesehen ist der Großteil der Schimmelfälle einer fehlerhaften Raumnutzung zuzuordnen.

Schließlich möchte ich hier noch mit dem Märchen aufräumen, dass man nicht kipplüften soll. Man kann einer berufstätigen Familie nicht vorschreiben, fünfmal täglich zu lüften, um die relative Luftfeuchte auf die gewünschten Werte „herunterzutrocknen". Da hilft oft nur die Kipplüftung, die für einen permanenten Luftwechsel in den Räumen sorgt. Allerdings muss der Fensterspalt auf rund einen Zentimeter bei ein bis drei Fenstern – je nach Wohnungsgeometrie – reduziert werden. Bei voller Kipplüftung geht zu viel Wärme verloren und die umgebenden Wände kühlen aus. Für eine Spaltreduktion und Fixierung gibt es günstige Beschläge zu kaufen. Die Lüftungsdauer muss jeder für sich selbst experimentell bestimmen. Wichtig: Kaufen Sie immer zwei Hygrometer zur Kontrolle der Luftfeuchte, hängen Sie diese an die betroffenen Außenwände in Brusthöhe. Wächst der Schimmel trotz der Umsetzung meiner obigen Empfehlungen, liegt vermutlich ein Baumangel vor!

Holz

Die Inhaltsstoffe von Kiefern-Kernholz wirken sich positiv auf das Wohlbefinden aus, ein Milbenbefall wird reduziert, dafür sind Inhaltsstoffe wie Phellandren, Cadinene, Pinen etc. verantwortlich. Ähnliches gilt für Zirbenholz.

Aber auch Holz kann eine schädliche Wirkung entfalten, so wirkt etwa Holzstaub in großen Mengen schleimhautschädigend.

Zu unterscheiden sind chemisch-irritativ wirkende Holzinhaltsstoffe wie Alkaloide, Phenole oder Saponine und die kanzerogene Wirkung von Holzstauben der Buche und Eiche. Hier finden sich Aldehyde und Tannine. Das am besten bekannte Typ-1-Allergen ist im Holzstaub der Red-Cedar zu finden.

Im Allgemeinen gelten tropische Hölzer als risikoreicher als heimische. Das aus Zentralamerika kommende Cocoboloholz wird für Griffe, Holzschmuck und Musikinstrumente seit über 100 Jahren verwendet. Ebenso lange sind damit in Zusammenhang stehende Fälle von Kontaktdermatitis bekannt. Auch bei Palisander sind Kontaktallergien durch das Tragen von Holzschmuck und die Verarbeitung von Messergriffen bekannt. Ebenso sollte Teakholz-Staub keinesfalls erzeugt werden, dabei wird Desoxylapachol isoliert, ein äußerst potentes Allergen.

Formaldehyd

Formaldehyd ist ein farbloses, in hohen Konzentrationen stechend riechendes, brennbares Gas. Früher hauptsächlich zur Produktion von Kunstharzen benutzt, wird es heute für Kunststoffe und (als Harnstoff-Formaldehyd-Harz) als Bindemittel von Spanplatten eingesetzt. Wegen der fungiziden, viruziden und bakteriziden Eigenschaften ist es auch in Desinfektionsmitteln und als Konservierungsstoff in der Medizin und in Kosmetikmitteln vorhanden.

Die Innenluft wird vor allem durch Spanplatten, Sperrholz, Fertigparkett, Mineralwolle, Lacke, Kleber, Teppichböden und Farben belastet. Mehr noch, auch beim Heizen und Kochen mit Holz oder Gas entsteht Formaldehyd.

Die Aufschrift „Formaldehydfrei" heißt übrigens wieder einmal nur, dass ein bestimmter Grenzwert nicht überschritten wird, in der Regel 0,1 ppm. Das sagt rein gar nichts aus, denn entscheidend ist, ob Sie gut lüften und wie viel von dem Zeug Sie in Ihren Räumen verbauen.

Holzschutzmittel

Holzschutzmittel haben in Innenräumen nichts verloren. Auch nicht in der Konstruktion! Was für Insekten und Mikroorganismen tödlich ist, muss auch für den Menschen dauerhaft schädlich sein. Dem organisatorischen und konstruktiven Holzschutz soll der Vorrang vor dem chemischen gegeben werden. Der organisatorische Holzschutz (OHS) beginnt bei Überlegungen zum Zeitpunkt der Holzschlägerung. Befinden sich beispielsweise Schadinsekten gerade auf Hochzeitsflug, wird es nicht schlau sein, nahestehende Bäume umzuhauen. Wenn ein Sturm für ungeplanten Holznachschub gesorgt hat, kann eine Nasslagerung die Holzqualität bei Nadelholz für vier bis fünf Jahre sichern. Die Poren werden mit Wasser gefüllt und verhindern damit den Zutritt von Sauerstoff; holzzerstörenden Pilzen und Insekten wird dabei die Lebensgrundlage entzogen. Darüber hinaus soll nach dem Holzfällen schnellstmöglich entrindet werden usw. Demnach handelt es sich beim OHS im Wesentlichen um Überlegungen des Sägewerks zu Fäll- und Lagerzeiten. Der konstruktive Holzschutz beschäftigt sich mit für die Holzkonstruktion günstigen und kondenswasserfreien Bauteilen. Beispielsweise schützenden Dachvorsprüngen, Abdeckungen und Abdichtungen. Wer richtig plant und konstruiert, kann auf den chemischen Holzschutz verzichten.

Es gibt wasserlösliche Naturharzfarben, die auf Citrusterpene verzichten. Diese sind zwar auch nicht unbedenklich, aber sicher harmloser als herkömmliche Farben. Auch Produkte mit dem Umweltzeichen „Der blaue Engel" sind empfehlenswert. Bei diesen Produkten sind die Rohstoffe weitgehend natürlicher Herkunft und größtenteils erneuerbar. Solche Produkte belasten die Umwelt auch bei der Produktion wesentlich weniger. Und schließlich kann ein naturlackgestrichenes Holz im Unterschied zu einem mit Kunstharzlack gestrichenen bedenkenlos verbrannt werden.

Es gibt immer mehr Alternativen, um schadstofffrei, ökologisch und nachhaltig zu bauen. Tiefergehende Studien und Beratungen erhält man zum Beispiel beim „IBO – Österreichisches Institut für Baubiologie und Bauökologie" oder im Internet unter Raumluft.org.

REACH - Chemikalienschutzverordnung

REACH bedeutet „Registration, Evaluation and Authorisation of Chemicals" Die seit 1. Juni 2007 geltende REACH-Verordnung verlangt, dass Unternehmen, die einen chemischen Stoff in Mengen von mehr als einer Tonne pro Jahr herstellen oder importieren, diesen Stoff in einer zentralen Datenbank registrieren lassen. Für gefährliche Stoffe werden im Rahmen einer Risikobewertung die Bedingungen für einen sicheren Umgang ermittelt und mit dem Sicherheitsdatenblatt den Verwendern mitgeteilt.

Egal, ob man Wasser aus dem klarsten Gebirgsbach, Luft aus einem Reinluftgebiet, eine Bodenprobe aus dem Urwald, einen Bohrkern aus der Arktis, Nabelschnurblut oder Muttermilch untersucht: Synthetische Chemikalien werden überall nachweisbar sein. Oft in extrem geringer Konzentration, manchmal jedoch in unerwartet hoher Anzahl und Menge. Aktuelle Großvorhaben – wie die Chemiepolitik REACH – wurden erst durch die Einwirkung von Industriechemikalien und damit verbundenen negativ-medizinischen Befunden politisch durchsetzbar. Rund 100.000 Stoffe kennt der europäische Markt, aber nur ein verschwindend kleiner Teil ist so dokumentiert, dass eine Gefahrenevaluierung überhaupt sinnvoll möglich ist. Während die USA nach einem eingetretenem Schaden die Verursacher zur Kasse bitten, verfolgt die EU das Prinzip „better safe than sorry". Das Vorsorgeprinzip mahnt Maßnahmen zum Gesundheits- und Umweltschutz schon dann ein, wenn sich konkrete Gefährdungen abzeichnen. REACH (EU VO 1907/2006) sieht die Registrierung und Evaluierung von 30.000 Stoffen vor.

Hier ein paar Tipps, mit denen Sie Ihr persönliches Umfeld verbessern können:

- → Ziehen Sie so spät wie möglich in neue Räumlichkeiten ein.
- → Lüften Sie so viel wie möglich, entgegen dem Mythos schadet Zugluft nie.
- → Lackieren Sie Gegenstände soweit möglich nur im Freien und mit lösungsmittelarmen Farben.
- → Führen Sie Renovierungsarbeiten nicht im Winter durch, denn im Sommer können Sie dauerlüften.
- → Vermeiden Sie Fußboden- und sonstige Beläge aus Kunststoff/PVC.
- → Es ist besser, eine Fußbodenheizung zu verfliesen, als mit Parkettkleber Parkett zu verlegen. Erwägen Sie allenfalls eine verputzte Wandheizung.
- → Verwenden Sie nur mineralische Farben mit einem Kunstharzanteil unter fünf Prozent.
- → Ökolabels sind gut, aber nicht perfekt – „Der blaue Engel" erlaubt zehn Prozent schädliche Chemikalien.
- → Lösemittel in Wasserlacken sind keinesfalls harmlos!
- → Lösemittelfreie Kleber sind nicht lösemittelfrei, Achtung: Langzeitbelastung!
- → Räumen Sie neue, furnierte Holzwerkstoffmöbel nicht gleich ein, lüften Sie zuerst.

- Lassen Sie neue, plastikverpackte Möbel lange lüften.
- Hängen Sie Kleider aus der chemischen Reinigung nicht gleich in den Kasten.
- Vermeiden Sie Reinigungsmittel mit „frischem Limonenduft“.
- Lagern Sie keine druckfrischen Zeitungen bzw. lüften Sie.
- Vermeiden Sie PVC-Duschvorhänge, diese enthalten große Mengen Weichmacher!

Wohnraumlüftung

Wohnraumlüftungen haben einen schlechten Ruf, sie gelten als Quelle für mikrobiellen Befall, aber zu Unrecht. Das geschieht nur, wenn Wohnraumlüftungen falsch dimensioniert, falsch ausgeführt und schlecht gewartet werden, was ich leider oft zu sehen bekomme. Filter und Befeuchter müssen regelmäßig gereinigt bzw. ausgetauscht werden, und die Luftleitungen sind so zu verlegen, dass eine Wartung und Reinigung möglich ist. Ein enger Verlegeradius der Luftleitungen und Verteilerboxen mit „toten Winkeln“ sollte vermieden werden. Dann leben Sie mit permanenter Frischluft. Die Schadstoffe, die unvermeidlicherweise in Ihrem Haus vorkommen, können wenig Schaden anrichten, und auch die Viren und Bakterien, die Menschen selbst ständig in Räume hereinbringen, können sich im geschlossenen Raum nicht mehr schädlich konzentrieren.

Wasser

Wasser regelt nicht nur alle Funktionen des Organismus, den Stoffwechsel, die Verdauung, die Herz-Kreislauf-Funktion etc. Der Konsum von rund 30 Milliliter Wasser pro Kilogramm Körpergewicht beeinflusst offenbar auch unsere Stimmungslage und Denkvorgänge positiv.

Aber auch beim Trinkwasser muss auf die entsprechende Qualität geachtet werden. In der Wasserversorgung haben wir schon vor Jahrhunderten den falschen Weg eingeschlagen. Wir trennen das Trinkwasser nicht vom Brauchwasser. Aus dem gemeinsamen Leitungsnetz entnehmen wir nur in etwa zwei Prozent Trinkwasser. Der Rest wird sprichwörtlich als Brauchwasser in den Kanal gespült. Die Stadt- und Wasserwerke müssen aber zu 100 Prozent Trinkwasserqualität liefern. 99 Prozent des Trinkwassers stammt aus dem Grundwasser, in etwa 13 Prozent der Bevölkerung beziehen ihr Trinkwasser aus dem Hausbrunnen, womit knapp eine Million Menschen in Österreich nicht an die zentrale Wasserversorgung angeschlossen sind. Für die Qualität des Wassers sind demnach der Wasserversorger bis zur Übergabestelle an der Wasseruhr im Haus, der Betreiber einer Anlage und der Eigentümer verantwortlich. Und natürlich der Brunnenbesitzer, wobei davon auszugehen ist, dass 40 Prozent des Wassers aus Hausbrunnen als „nicht genusstauglich" einzustufen sind. Geprüft werden sollten der Zustand, die Abdichtung, die Versperrbarkeit und die Entlüftung. Der Brunnen muss von Düngerstätten, Jauchen-, Sicker- und Senkgruben sowie Kläranlagen so weit entfernt sein, dass die Gefahr einer Verunreinigung nicht gegeben ist. Die regelmäßige, analytische Überprüfung der Wasserqualität sollte oberstes Gebot sein. (BWT – Best Water Technology)

Trinkwasserverordnung

Wir sind zwar durch die „Trinkwasserverordnung" (Umsetzung der EU-Richtlinie 98/83 EG) geschützt, aber diese soll wiederum keine Wirtschaftsbarriere darstellen. Nitrate werden überwiegend durch die Landwirtschaft in das Trinkwasser eingebracht, Aluminium durch die Kosmetikindustrie. Dazu kommt: Die Auswirkungen vieler chemischer Verbindungen und Stoffe sind gar nicht bekannt und daher auch nicht erfasst. Die „Trinkwasserverordnung – TWV" schreibt vor, dass Mikroorganismen, Parasiten und Stoffe nur in einer Konzentration vorhanden sein dürfen, welche keine potenzielle Gefährdung der menschlichen Gesundheit darstellt.

Beispielsweise soll laut einer Verordnung aus dem Jahr 1989 der Gehalt von Nitrat im Trinkwasser „nach Möglichkeit" 25 Milligramm pro Liter (Richtwert) nicht überschreiten. Mediziner fordern einen Wert unter zehn Milligramm pro Liter, auch die WHO (Weltgesundheitsorganisation) fordert diesen Wert für Kinder.

Bedenklicher ist der Grenzwert bei Aluminium, er liegt bei 0,2 Milligramm pro Liter. Aluminium ist ein bekanntes Nervengift, es manipuliert das Immunsystem. Damit sind jegliche Grenzwerte, wie bei der Raumluft, als „gesetzlich akzeptierte Schadstoffmengen" zu bewerten, eine echte Sicherheit darf man sich da nicht erwarten.

Das Prinzip der Vermeidung funktioniert bei Wasser nicht. Trinken müssen wir ja. Was mich tröstet, ist der Umstand, dass Limonaden auch mit Wasser hergestellt werden, nur kommen da eben noch bedenkliche Inhaltsstoffe dazu. Flaschenwasser ist aus ökologischen und ökonomischen Gründen keine sinnvolle Alternative.

Blei im Trinkwasser

Bleileitungen wurden immer nur für Kaltwasserleitungen verwendet. Warmes Wasser würde wesentlich mehr Blei aus den Rohren schwemmen. Der Grenzwert für Blei liegt seit Dezember 2013 bei 0,01 Milligramm pro Liter Trinkwasser. Damit wird eine Wasserprobe aus Stagnationswasser von Bleirohren nicht mehr trinkfähig sein. Während beispielsweise die Stadt Wien alle Zuleitungen zu den Häusern bereits bis 2007 ausgetauscht hat, ist es *in den* Häusern noch Sache des Hauseigentümers. Bleileitungen wurden im Königreich Württemberg schon 1790 verboten, in Wiener Gründerzeithäusern wurden sie noch bis 1938 eingebaut! Erhöhte Bleikonzentrationen im Trinkwasser berechtigen allenfalls zur Mietminderung! *Gegenmaßnahme:* Wasser bis zu einem deutlichen Temperaturabfall laufen lassen, dann erst verwenden.

Nickel im Trinkwasser

Erhöhte Konzentrationen von Nickel und Chrom treten vor allem aufgrund verchromter Armaturen und bei Stagnationswasser auf. *Gegenmaßnahme:* Das erste Glas Wasser in den Abfluss kippen, erst das zweite trinken.

Mineralien im Trinkwasser

Ob und in welcher Form Mineralien im Trinkwasser schädlich sind, wird leidenschaftlich diskutiert. Mineralien sind in der anorganischen Form nur schwer zu verstoffwechseln, werden aber angeblich dennoch zu fünf Prozent vom Körper aufgenommen. Bevor Sie ein ebenfalls anorganisches Magnesium oder Kalzium in Tablettenform zu sich nehmen, empfiehlt es sich, Wasser mit natürlichen Mineralien zu trinken.

Aber Mineralien sind auch für das Brauchwasser entscheidend. Der Härtegrad im Wasser gibt den Gehalt gelöster Mineralien (insbesondere Kalzium- und Magnesium-Ionen) an, was für technische Geräte, Leitungsrohre und Armaturen wesentlich ist. Die Mineralien lagern sich als „Kalk" ab und beeinträchtigen die Funktion. Auch die Wirkung von Reinigungsmitteln wird bei hoher Wasserhärte stark beeinträchtigt, der Wasserverbrauch erhöht sich drastisch.

Wasserenthärter helfen bei Ekzemen

Neben genetischen Faktoren, Hausstaubmilbenallergie und allenfalls Nahrungsmittelunverträglichkeiten vermuten Forscher, dass auch die Wasserbeschaffenheit eine wesentliche Rolle bei Neurodermitis und Ekzemen spielt. Deren Auftreten häuft sich in Regionen mit hartem Wasser um bis zu 50 Prozent! Möglicherweise reizen die Mineralien die Haut oder das Trinken führt zu trockener

Haut. Aber hartes Wasser führt durch den schlechteren Reinigungseffekt auch zu einem erhöhten Verbrauch und damit zu einer verstärkten Verwendung von Reinigungsmitteln. In einer Studie der Universität Nottingham wurde ein medizinischer Wasserenthärter eingesetzt. Schon zwei Wochen nach dessen Einsatz sollen sich entscheidende Besserungen eingestellt haben.

Verfahren zur Trinkwasseroptimierung

Gleich vorab: Es gibt kein System, womit man die Qualität frischen Quellwassers erreichen kann. Dennoch kann man wesentliche Verbesserungen erzielen, aber es sind auch Wartungsarbeiten nötig, sonst wird die Wasseraufbereitung zur Gefahr für das Trinkwasser!

Wasserbelebung

Zu einer Wasserbelebung, bei der das Wasser „strukturiert", negative Frequenzen gelöscht oder positive hinzugefügt werden, oder zu Wasser, welches bei Vollmond abgefüllt wird, habe ich keine wissenschaftlichen Nachweise und auch keinen sachverständigen Kollegen zur Befürwortung gefunden. Während ich für ungeklärte Phänomene durchaus offen bin, gelingt mir das bei Wasserbelebern wie Aquavital oder Granderwasser nicht. Persönlich habe ich an einigen Blindversuchen begeisterter Granderwasser-Anhänger teilgenommen. Es war mir fast unangenehm, auch geschmacklich keinen Unterschied zwischen behandeltem und unbehandeltem Wasser feststellen zu können. Daher ordne ich derartige Systeme der reinen Geldmacherei zu, analog zu Aquapol aus dem Bereich der Mauertrockenlegung durch angebliche „Erdstrahlen". Bitte nicht!

Tischfilter – Kannenfilter

Ein Tischwasserfilter besteht aus einer Kanne, einem Trichter, einem Deckel und einer Filterkartusche mit Filtergranulat. Die Hauptbestandteile des Filtergranulates sind eine ausgewogene Mischung aus Aktivkohle und einem Ionenaustauscher. Dank ihrer großen Oberflächenstruktur bindet die Aktivkohle geschmacksbeeinträchtigende Stoffe wie Chlor an sich. Der Ionenaustauscher nimmt kalkbildende Stoffe und Schwermetalle wie Blei und Kupfer an sich auf und entzieht sie so dem Wasser. Optimalerweise gibt der Ionenaustauscher zusätzlich das wertvolle Mineral Magnesium an das Wasser ab, diese Technologie ist jedoch patentiert (BWT – Best Water Technology) und nicht bei allen Herstellern erhältlich.

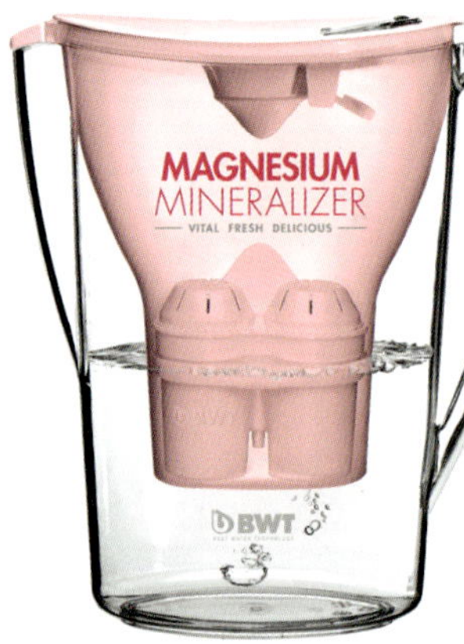

Abb. 220: Der patentierte Magnesium Mineralizer gibt kontinuierlich das Mineral Magnesium ionisch an das Wasser ab. Quelle: bwt-filter.com

Das gefilterte Wasser eignet sich perfekt für den täglichen Trinkgenuss und für die Zubereitung von Tee und Kaffee! Haushaltsgeräte werden effektiv vor Kalkablagerungen geschützt und der tägliche Magnesiumhaushalt des Körpers wird unterstützt.

Kosten: Die Geräte kosten zwischen 15 und 25 Euro und die Ersatzkartuschen circa sechs Euro. Um eine optimale Filterwirkung zu erzielen, sollte die Filterkartusche alle vier Wochen ausgetauscht werden. Die Nutzungsdauer ist abhängig von der Qualität und vom Härtegrad des Leitungswassers. Aus hygienischen Gründen wird empfohlen, das Tischwasserfiltersystem im Kühlschrank aufzubewahren.

Nachteile sind (ausgenommen BWT-Tischwasserfilter): Die Schadstoffe bleiben im Wasser. Die Filterkartuschen neigen zu Verkeimung, weswegen Desinfektionsmittel wie Silberverbindungen eingesetzt werden. Diese gelangen auch ins gereinigte Wasser. Außerdem wird der pH-Wert auf bis zu pH4 (sauer) gesenkt.

(Membran-)Aktivkohle-Blockfilter

Im Vergleich zu den Tischfiltern haben Blockfilter eine völlig andere Aufgabe, nämlich die Entfernung von Schadstoffen. Ergänzt werden neue Geräte mit einer Membran zur Filterung von Bakterien. Die meisten Filtersysteme können organische Verunreinigungen wie Pestizide, Asbestfasern, Chlor, Blei, Kupfer und mehrzellige Mikroorganismen zurückhalten. Nur wenige sind in der Lage, auch Medikamentenrückstände oder hormonähnliche Stoffe sicher zu entfernen. Vorteilhaft ist auch, dass der pH-Wert des Wassers nicht verändert wird. Die Leistung von 120 bis 500 Liter pro Stunde ist auch sehr gut.

Nachteile sind: Wie ein Schwamm kann auch der Aktivkohlefilter nur eine bestimmte Literleistung bzw. über einen bestimmten Zeitraum filtern. Im Laufe der Zeit können Bakterien durch den Filter wachsen und Nitrat und Nitrit werden nicht aus dem Wasser gefiltert. Der Filter muss nach 1.500 bis 10.000 Litern getauscht werden.

Kosten: Es handelt sich um Auf- oder Untertischgeräte. Einen Techniker benötigen Sie dazu nicht unbedingt. Gute Geräte kosten 500 bis 900 Euro, als empfohlene zentrale Anlage 2.000 bis 2.500 Euro, der Filter kostet 50 bis 130 Euro.

Die Umkehr-Osmose

Die Umkehr-Osmose kommt eigentlich aus der Meerwasseraufbereitung. Bei diesem Verfahren wird das Wasser mit Druck durch eine Membran gedrückt. Es handelt sich um eine Filterung ohne Chemie. Da die Wassermoleküle kleiner als die üblichen Schadstoffe und Mineralien sind, bleibt auf der anderen Seite der Membran nur sauberes Wasser übrig. Bei Haushaltsgeräten reicht in der Regel ein Leitungsdruck von zwei bis sechs bar.

Nachteile: Es wird neben dem Frischwasser immer auch „Abwasser" produziert. Bei guten Geräten beträgt das Verhältnis 1:3, bei schlechten 1:10. Das heißt, auf einen Liter Frischwasser kommen zehn Liter Abwasser! Offene, drucklose Systeme und Tanks neigen zur Verkeimung. Es muss daher regelmäßig gereinigt werden. Besser sind Geräte ohne Vorratstank.

Kosten: Gute Geräte kosten zwischen 1.000 und 2.500 Euro. Die Installation und Einschulung sollte ein Profi vornehmen. Zu den Wartungskosten fragen Sie den Hersteller. Ein Wartungsvertrag ist unbedingt zu empfehlen.

Der Ionenaustauscher

Es handelt sich dabei eigentlich nicht um ein Filterverfahren. Ionenaustauscher bestehen in der Regel aus einem oder zwei Behältern mit Granulat, mit dem das Wasser in Berührung kommt. In dem Moment, wo das Wasser das Granulat berührt, wird ein Magnesium- oder Kalzium-Ion festgehalten, ein anderes wird abgegeben. Ionenaustauscher werden in zwei Varianten angeboten: Anionen-Austauscher zur Entfernung von Nitrat und Kationen-Austauscher zur Entfernung von Kalzium und Magnesium. Bei Letzterem erhält man Wasser mit einem Härtegrad von 1 bis 2. In Österreich ist eine Resthärte von 8,4°dH im Lebensmittelbuch geregelt. In praktisch allen anderen EU-Ländern liegt die empfohlene Resthärte bei 4 bis 6°dH (deutsche Härte). Auch im Heizungsbereich ist eine niedrige Wasserhärte mittlerweile Voraussetzung, wobei hier andere, technisch weitergehende Forderungen einzuhalten sind.

Nachteile: Es werden Stoffe ausgetauscht, bei Kalk- oder Nitratentfernung werden Natrium-Ionen an das Wasser abgegeben. Das kann mitunter den Geschmack beeinträchtigen. Wer gerne Leitungswasser trinkt bzw. feine Geschmacksnerven hat, der lässt insbesondere im Neubau einen eigenen Strang Kaltwasser vor der Weichwasseranlage direkt in die Küche legen. Ein noch wichtigerer Aspekt ist die Hygiene: Die Granulate neigen zum Verkeimen. Damit Enthärtungsanlagen hygienisch einwandfrei arbeiten, ist eine Desinfektion notwendig, die gute Geräte selbsttätig aus dem Regeneriermittel mithilfe einer sogenannten Elektrolysezelle bewerkstelligen.

HINWEIS

Wichtig für alle Produkte, die in die Trinkwasserinstallation eingebaut werden sollen: Der Nachweis für den bedenkenlosen Trinkwassereinsatz liefert das sogenannte ÖVGW- oder auch DVGW-Prüfzeichen (Österreichischer Verein für das Gas- und Wasserfach bzw. Deutscher Verein für das Gas- und Wasserfach). Vom Kauf anderer Geräte ist abzuraten!

Damit Salz- und Trinkwasser niemals miteinander in Berührung kommen, sind bei den Weichwasseranlagen von BWT der Regenerations- und der Trinkwasserkreislauf völlig voneinander getrennt (BWT).

Abb. 221: Trinkwassergruppe mit dem E1-Einhebelfilter für hygienisches Trinkwasser, AQA perla für weiches Wasser, AQA therm Heizungs-Wasser-Gruppe für einen effizienten Heizungsbetrieb. Quelle: bwt.at

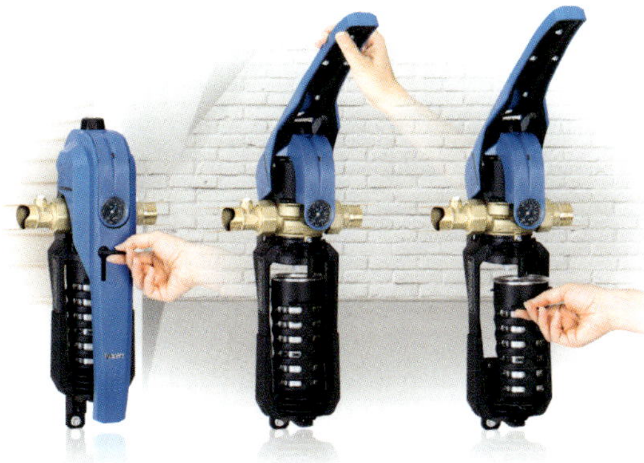

Abb. 222: Der Einbau eines Filters in jede Hausinstallation ist nach einschlägigen Normen Pflicht, z.B. den BWT-E1-Einhebelfilter. Der regelmäßige Filterwechsel für hygienisch einwandfreies Wasser ist in drei Schritten möglich:
1. Entriegeln der Sicherung und damit gleichzeitiges Absperren des Wassers
2. Hochziehen des Hebels und damit automatisches Ausstoßen des Hygienetresors
3. Einsetzen des neuen Hygienetresors. Hebel schließen. Verriegeln. Quelle: bwt.at

Kosten: Gute Geräte kosten zwischen 2.000 und 5.000 Euro, zusätzlich fallen die Kosten für Salze und Service an. Demgegenüber stehen Einsparungseffekte bei Wasch- und Reinigungsmitteln sowie eine längere Lebensdauer bei Haushaltsgeräten und geringere Reparaturaufwendungen in der Hausinstallation.

Kalkkatalysator
Ein Kalkkatalysator besteht normalerweise aus einem Gehäuse und einem Katalysatorgranulat. Wenn das Wasser das Granulat umspült, reagieren die gelösten Kalzium- und Magnesiumbestandteile und bleiben an der Oberfläche haften. Das Granulat wird dabei nicht verbraucht, es wird auch nichts an das Wasser abgegeben. Diese Systeme bieten einen guten Schutz vor Verkalkung und sind nahezu wartungsfrei.

Nachteile: Schadstoffe, Nitrat und sonstige Mineralien werden nicht gefiltert.

Kosten: Gute Geräte kosten 2.000 bis 4.500 Euro.

Insbesondere bei solchen Geräten gilt: Den Nachweis über die tatsächliche Funktion und bedenkenlose Hygiene liefert das ÖVGW- oder DVGW-Prüfzeichen. Von anderen Geräten ist abzuraten.

UV-Desinfektion
Immer häufiger können heute Verfahren eingesetzt werden, die ohne den Einsatz von Chemikalien arbeiten. Allgemein bedeutet Desinfektion eine Reduktion der in einem Wasser nachzuweisenden pathogenen Keime um 99,999 Prozent. Um diese Desinfektionsleistung zu erreichen, ist bei der UV-Desinfektion eine UV-Dosis von 400 J/m^2 erforderlich (BWT).

Wasseradern mit Wünschelruten finden
Ich habe mich mit großem Interesse auch den „Radiästheten" und den „geopathischen Störzonen" gewidmet, also dem Auffinden von Wasseradern mit Wünschelruten. Allerdings hat mich immer schon der Hinweis der Geologen ernüchtert, dass es gar kein „Wasser in unterirdischen Adern" gäbe. Wasser fließe mehr oder weniger flächig. Und: „Nach dem Stand der Wissenschaft gibt es keine geopathischen Störzonen – sie sind eine Erfindung der Wünschelrutengeher", so Ulrich Berger von der Gesellschaft zur wissenschaftlichen Untersuchung von Parawissenschaften. Ich ordne daher auch diese Dienstleistung eher dem Glauben „Da müsse es doch etwas geben" zu und rate davon ab.

Weiterführende Informationen und Anbieter:
www.bauherrenhilfe.org/fachbuch_schadstoffe

Kapitel 15

Rechtsstreit

Zur Vorbereitung für dieses Kapitel habe ich mit Anwälten Gespräche geführt und in Büchern wie „Der österreichische Bauprozess“ (Linde), „Baurecht in der Praxis“ (Linde) sowie „Leitfaden Baustelle und Recht“ (Linde) recherchiert. Darüber hinaus bringe ich 20 Jahre Selbstständigkeit in der Bauwirtschaft und damit fast zwangsläufig auch Erfahrung aus unzähligen Bauprozessen mit ein. In diesen Jahren habe ich tausende Schadensfälle begleitet und gelernt, wie man ein einmal „gegen die Wand gefahrenes“ Bauvorhaben noch retten kann. Eine gute Vorbereitungsphase, wie sie in Kapitel 1 dieses Buches dargestellt wurde, ist stets von unschätzbarem Wert. In diesem letzten Kapitel möchte ich Sie ein klein wenig mit der für Sie vermutlich unbekannten Welt der „Baurechtsprobleme“ vertraut machen.

Wie vermeidet man den Rechtsweg? Zuerst einmal, indem man immer sachlich bleibt und auch dem größten Gauner mit Respekt gegenübertritt. Wenn ich eines gelernt habe, dann, dass nahezu niemand ein Unrechtsbewusstsein hat. Wer pfuscht, tut dies meist nicht mit Absicht, er kann es nicht anders. Wer betrügt, hat dies von klein auf so gelernt, er kennt nichts anderes. Vorwürfe auf emotionaler Ebene oder Beleidigungen bestärken die Gegenseite nur. Nur wer ruhig an der Sache dranbleibt und den anderen immer noch respektiert, zeigt Stärke. Und außerdem: Auch dem besten Handwerker passieren einmal Fehler. Lassen Sie Ihr Gegenüber immer das Gesicht wahren. Verurteilen Sie nie!

Welcher Risikokategorie gehören Sie an?

1. „Gut geplant und vertragsrechtlich alles richtig gemacht“
2. „So wie Kategorie 1 plus Qualitätssicherung während der Bauphase“
3. „Rechtlich vieles im Unklaren gelassen und drauflos gebaut“

Logischerweise sind die meisten Baukatastrophen der letzten Kategorie zuzuordnen. Wer unterschreibt, was vorgelegt wird, und ungeprüft zahlt, was verrechnet wird, kann gleich sein Geld ins Casino tragen. Aber auch „Gut geplant und vorbereitet“ produziert ohne Qualitätssicherung viel zu viele „Unfälle“.

Verstehen Sie dieses letzte Kapitel nicht als Rechtsberatung. Was ich erreichen möchte, ist die Konfliktvermeidung durch Information und die Umsetzung nachfolgender „Merksätze“. Wenn es dann doch brenzlig wird, bleibt ohnehin nur der Weg zum Anwalt oder/und Sachverständigen. Nachfolgend zeige ich Ihnen am Beispiel eines Schadensfalles einen möglichen Ablauf zur Vermeidung eines Rechtsstreits.

Der Fall: Einem Häuslbauer sind Risse an der Betondecke aufgefallen. Wie kann man damit umgehen, wenn man den vermeintlichen Schaden noch während der Bauphase bemerkt, und wie, wenn das Haus schon übergeben wurde?

Was Sie bei Rechtsstreitigkeiten unbedingt beachten sollten

MERKSATZ 1

Dokumentieren Sie alle Bauphasen und im Speziellen vermutete Baufehler zum Zweck der Beweissicherung

Jede Baustelle unterliegt einem dynamischen Prozess. Was heute offensichtlich ist, bleibt morgen im Verborgenen. Eine gute Baustellendokumentation kann Konflikte vermeiden! Treten beispielsweise zu einem späteren Zeitpunkt Risse in einer Betondecke auf, so können verschiedene Ursachen vermutet werden:

- Falscher Beton: Beweissicherung: Lieferscheine verlangen, abfotografieren
- Fehlende oder falsche Betonnachbehandlung im Hochsommer: Beweissicherung: Bautagebücher führen, Wetterdaten eintragen lassen
- Beton wurde nicht ausreichend verdichtet: Beweissicherung: Betonierarbeiten filmen und fotografieren
- Die Stahlbewehrung ist ungenügend: Beweissicherung: Bewehrungsplan verlangen, Bewehrung in allen Details fotografieren
- Baugrund- und Fundamentprobleme: Beweissicherung: Verlangen Sie alle Berechnungsgrundlagen, hydraulische und statische Berechnungen – soweit vertraglich vereinbart –, fotografieren und, wo sinnvoll, filmen Sie alle Um-

stände rund um den Baugrubenaushub und die Versickerungsfähigkeit des Bodens.

Der herbeigerufene Sachverständige wird sich über eine lückenlose Beweissicherung und Baustellendokumentation freuen. Sie schlussendlich auch. Zerstörende oder gerätetechnische Untersuchungen werden dann vielleicht nicht nötig sein und Sie sparen viel Geld an Sachverständigenkosten. Ihr Vertragspartner wird nicht darauf hoffen können, dass Sie „klein beigeben". Eine lückenlose Baudokumentation hilft fast immer, Konflikte zu vermeiden!

MERKSATZ 2

Im Streitfall zuerst zum Sachverständigen, dann zum Anwalt

Technisch gilt der Grundsatz, dass Risse im Beton unvermeidbar sind. Oder anders formuliert: Erst durch den Riss wird die Stahlbewehrung wirksam. Was nun aber nicht bedeutet, dass Risse kein Mangel sind. Im Gegenteil: Risse können auf ein drohendes Totalversagen der Deckenkonstruktion hinweisen. Meist führen aber die harmlosen Risse zum Rechtsstreit. Der Anwalt kann den Sachmangel nicht beurteilen und nimmt Ihre Aufgeregtheit als Nachweis für die mangelhafte Sache an und kontaktiert die Gegenseite. Die antwortet auch wieder mit einem Anwaltsschreiben: „Es ist eh alles in Ordnung, die Decke wurde dem ‚Stand der Technik' nach errichtet." Ein Nachweis dazu wird nicht geliefert. Ein Schreiben folgt auf das andere. Schlussendlich eskaliert die Sache und Ihr Anwalt bringt die Klage ein. Warum auch nicht, Anwälte möchten auch Geld verdienen. Grundsätzlich hat Ihr Anwalt die Pflicht, Sie prozessvermeidend zu beraten. Aber es muss auch klar sein, dass der Anwalt am Prozess besser verdient als an einer raschen außergerichtlichen Einigung. Das gilt natürlich auch für Sachverständige, also bleiben Sie stets Herr der Lage. Lassen Sie *nichts* unversucht, um zu einer konfliktarmen Lösung zu kommen. Leicht schiefe Wände oder unbedeutende optische Fehler dürfen nicht zum Streit führen!

Gerichtsgutachter oder Privatgutachter?

Der Titel ist an sich schon irreführend. Wenn Sie einen Gutachter beauftragen, dann ist es immer ein „Parteiengutachter", er wird für Sie im privaten Auftrag tätig. Dabei spielt es keine Rolle, woher seine Zertifizierung kommt. Der „allgemein beeidete und gerichtlich zertifizierte Sachverständige" (existiert in der

EU nur mehr in Deutschland und Österreich) ist in Ihrem Auftrag auch nur ein „Privatgutachter". Aber die Gerichtssachverständigenliste ist eine sehr gute Quelle, um einen Sachverständigen zu finden. Daher gibt es seit einigen Jahren die international gültige Norm ISO/IEC 17024 zur Zertifizierung von Personen. In beiden Qualitätssicherungssystemen werden die Sachverständigen von einer unabhängigen und anerkannten Stelle geprüft und überwacht. Bei der Zertifizierung nach der ISO 17024 durch international anerkannte Zertifizierungsstellen wird jedoch nicht nur der Sachverständige überwacht, sondern auch der Zertifizierer und dessen Zertifizierungssystem. An dritter Stelle sind sonstige freie Sachverständige zu nennen. Jeder, der ein bestimmtes Fachgebiet mit einer entsprechenden Vorbildung und Berufspraxis ausfüllt, kann sich als Sachverständiger bezeichnen, da es keine gesetzlichen Regelungen gibt. Hier sollten Sie aber darauf achten, dass eine entsprechende Vorbildung, beispielsweise im Sinne einer Meisterprüfung, vorliegt.

Der Privatgutachter (Gerichtsgutachter, nach ISO/IEC 17024 zertifiziert, oder freier Sachverständige) ist im Falle des Falles unabdingbar für:

1. **Sachverhaltsdarstellung und Schadensevaluierung:** Liegen tatsächlich Mängel vor? Wenn ja, in welcher Form? Kein Bauprozess sollte ohne Privatgutachter begonnen werden. Darüber hinaus wird im Rahmen der Abnahme von Bauleistungen geprüft, ob überhaupt eine Abnahmefähigkeit vorliegt.
2. **Entkräftung und Erörterung des Gerichtsgutachtens:** Die effektivste Methode zur Entkräftung im Bauprozess stellt das Privatgutachten dar. Dieses steht nach der Rechtsprechung im Range einer Privaturkunde. Das Gericht ist verpflichtet, das durch die Urkunde (Privatgutachten) vorgelegte Parteivorbringen in jeder Hinsicht umfassend zu würdigen.

Wer trägt die Kosten für den Privatgutachter?

Wenn Sie einen Gutachter beauftragen, tun Sie das in der Regel mit einem Werkvertrag. Sie sind der Auftraggeber und haben daher auch unabhängig vom Verschulden die Kosten zu tragen. Ausgenommen der Fall, dass schon im Werkvertrag vereinbart wurde, dass im Konfliktfall der zu bezahlen hat, der unterliegt. Also Sie, wenn es doch keine Mängel gibt. Außerdem sollte man sich auch im Vorfeld schon auf einen Sachverständigen einigen. Am besten zu mehreren Fachbereichen.

In einem Gutachten sollten alle Sachverhalte ausreichend tief erörtert und mit Normen und Richtlinien begründet werden. Damit überhaupt klar ist, wer womit beauftragt wurde, müssen Bauverträge sowie dem Auftrag zugrunde liegende Verträge studiert werden. Ein diesbezügliches Gutachten zu den Rissen in der Decke kann schon acht Gutachterstunden in Anspruch nehmen (1.000 bis 2.000 Euro).

Ein Privatgutachten kann im Sinne vorprozessualer Kosten im Bauprozess geltend gemacht werden. Wenn es zu keinem Prozess kommt, müssen die Kosten gesondert eingeklagt werden. Ein Kostenzuspruch wird dann infrage kommen, wenn der Aufwand für die zweckentsprechende Rechtsverfolgung notwendig war. Dies wird dann der Fall sein, wenn Sie selbst den Sachverhalt nicht beurteilen können, wenn der gegenwärtige Zustand eines Bauteils eine sofortige Begutachtung erforderlich macht und auch dann, wenn der Aufwand geeignet ist, die eigentlichen Prozesskosten zu mindern! (OLG Wien 9.6.1988, 14 R 81/88 = WR 337).

Mängelliste oder Privatgutachten

Aber die Frage, ob die Sachverständigenkosten „vorprozessual", also erstattungsfähig sind, wird sich auch an einer Verhältnismäßigkeit zu orientieren haben. Ist es nötig, zu den Betonrissen gleich ein aufwändiges Gutachten zu erstellen? Der beschuldigte Vertragspartner wird vermutlich angeben, dass er sowieso reagiert hätte. Auch ohne Gutachten. Demnach empfiehlt sich, im Vorfeld nicht gleich mit einem Gutachten loszulegen. Es genügt in vielen Fällen, wenn der Gutachter eine einfache und formlose „Mängelmeldung" losschickt. In dem Sinne, dass in einer E-Mail erstmals angegeben wird, dass die Risse nicht hinzunehmen sind. Idealerweise schon mit der Angabe möglicher Ursachen. Beispielsweise in der Art:

Hinweis im Sinne der Schadensminderungspflicht:

„Ich stelle mich als beauftragter Sachverständiger der Familie Sorgsam vor. Diesbezüglich habe ich die meinem Schreiben zugrunde liegenden Betonrisse an der Decke im 1. Stock am 4.2.2015 begutachtet, zur Ausführung wurden mir Baubilder und ein Betonlieferschein sowie die auftragsgegenständlichen Angebote vorgelegt. Es zeigt sich offenbar, dass die verwendete Bewehrungsmenge bei weitem nicht der aus den Bewehrungsplänen entspricht. Den Bautagesberichten nach wurde bei sommerlicher Hitze und ohne die entsprechende Betonnachbehandlung betoniert. Der Betonlieferschein weist schlussendlich auch nicht die vertraglich vereinbarte Betonqualität auf.

In der nächsten Woche sollen die Installationsarbeiten und danach der Fußbodenaufbau verlegt werden. Um hier keinen weiteren Schaden entstehen zu lassen, habe ich Sie um Ihre Stellungnahme und Lösungsvorschläge aufzufordern. Diesbezüglich sind jedenfalls statische Nachweise auf Basis der tatsächlich verwendeten

Bewehrung und Betonqualität bis 8.2.2015 zu liefern. Die kurze Frist erscheint aufgrund der knappen Bauzeitenpläne angemessen. Wenn die Frist nicht eingehalten wird, informiere ich schon jetzt zu den dann seitens Familie Sorgsam beauftragten Privatgutachten und der Einschaltung eines Rechtsvertreters.“

Für so ein Schreiben inklusive der Durchsicht der Baubilder fallen vielleicht zwei Gutachterstunden an. Auch diese Kosten werden „abzugsfähig“ sein. In der Regel ist noch nicht alles bezahlt und Sie werden mit Ihrem Vertragspartner so verbleiben, dass die Aufwände vom Werklohn einbehalten werden. Natürlich nur, wenn nach ergebnisloser Reklamation tatsächlich „bautechnische Fehler“ vorliegen. Ich handhabe es so, dass nur Aufwände, die der Mängelverfolgung direkt zuordenbar sind, beim Verursacher eingefordert werden.

MERKSATZ 3

Zu Sachverständigenbegehungen immer auch den Vertragspartner einladen.

In vielen Fällen gab es vor einer Sachverständigenbegehung schon Streit, die Stimmung ist schlecht und der genervte Häuslbauer hat Angst, dass die Situation eskaliert, wenn der Gutachter kommt. Ich rate dennoch dazu, mit offenen Karten zu spielen. In der Regel bekommt dann Ihr Anliegen eine höhere Priorität und man wird wieder sachlicher. Außerdem ist der Gutachter emotionslos, kann gleich streitschlichtend eingreifen und Fragen zu Sachverhalten vor Ort erörtern. Die Ergebnisse werden auf der Baustelle besprochen, teure Schriftlichkeiten sind oftmals gar nicht nötig. Fragen Sie alle Parteien, ob Sie ein Tonband zur Erstellung eines Gedächtnisprotokolls laufen lassen dürfen. Erstellen Sie aber dennoch im Anschluss immer ein Protokoll zur Begehung. Außerdem kann eine „heimliche“ Ortsbegehung vom Vertragspartner negativ ausgelegt werden. In dem Sinne, dass die beanstandeten Bauteile manipuliert wurden, oder eben dahingehend, dass die Mängelbehebung verschleppt wird.

MERKSATZ 4

Klären Sie ab, ob Sie die Baustelle alleine betreten dürfen.

Bis zur Übergabe haftet der Vertragspartner für Erfolg oder Untergang des Bauwerks. Klären Sie daher vorab, ob Sie die Baustelle alleine betreten dürfen. Das gilt vor allem für den Bauträgervertrag und den Auftrag an einen Generalunternehmer.

Bei dem Beispiel mit den Deckenrissen wird man Ihnen keine Schuld zuweisen können. Aber es kommt schon vor, dass festgestellte Mängel nach unbefugter Baustellenbetretung dem Häuslbauer angelastet werden. Bedenken Sie das enorme Risiko, das Ihr Vertragspartner bis zur Übergabe hat. Kündigen Sie jede Begehung an, protokollieren Sie den Baustellenzustand wie bereits beschrieben zu jedem Baustellenbesuch.

MERKSATZ 5

Verfügen Sie niemals einen Baustopp, ohne vorher Ihren Rechtsberater gefragt zu haben!

Wenn Sie die Arbeiten auf der Baustelle einstellen, greifen Sie in bestehende Verträge ein. Schließlich steht der Installateur termingerecht vor der Türe und möchte seine Leitungen auf die Betondecke verlegen und der Estrichleger hat den Estrich für nächste Woche bestellt. Was tun, wenn möglicherweise die Deckenrisse vergossen, vielleicht sogar eine statische Verstärkung angebracht werden muss?

Kommen Sie Ihren Hinweisen weiter nach. Wenn der Vertragspartner nicht reagiert, beauftragen Sie ein Privatgutachten oder zumindest eine Beweissicherung. Greifen Sie ohne Klärung der vertragsrechtlichen Situation nicht in die Bauabläufe ein. Ein unberechtigter Baustopp kann unangenehme Rechtsfolgen nach sich ziehen. Das geht vom Ausstieg aus dem Werkvertrag bis zu massiven Bauverzögerungen, weil der Nachfolgeunternehmer (Estrichleger) einen neuen Termin finden muss. Grundsätzlich obliegt es dem Vertragspartner, wann und wie er sein Gewerk fertigstellt.

Anders verhält sich die Situation bei Baufehlern, die der Bauordnung widersprechen. Beispielsweise bei der Nichteinhaltung der Baufluchtlinien oder Bauhöhen. Aber auch wenn statische Probleme erkennbar werden, sollten Sie sich allenfalls an die Baubehörde wenden. Wenn Sie weiterbauen lassen, wird sich die Behörde später an Sie als Grundeigentümer wenden. Sie haften der Behörde gegenüber immer persönlich für Missstände. Dann kann es auch sinnvoll sein, einen Baustopp über die Baupolizei zu erwirken. Aber gehen Sie dazu jedenfalls vorher zu Ihrem Rechtsberater.

MERKSATZ 6

Wenn es keine Einigung gibt, bleibt die Beweissicherung, um auch noch später einen Werklohneinbehalt begründen zu können.

Ihr Gutachter hat nun also festgestellt, dass tatsächlich Baufehler vorliegen. Sie haben sogar ein Privatgutachten, das das begründet, und durch die Baubilder, die Sie angefertigt haben, lässt sich das auch beweisen. Ihr Bauunternehmer weigert sich dennoch zu sanieren, lässt beharrlich weiterbauen. Er spekuliert darauf, dass Sie irgendwann doch aufgeben. Ihnen bleibt vielleicht nur, mit Ihrem Anwalt einen Vertragsrücktritt anzukündigen. Weil Sie begründeterweise kein Vertrauen mehr in seine Fähigkeiten haben, was unweigerlich in einem Prozess enden wird. Oder Sie lassen weiterbauen und verweigern am Ende die Werklohnzahlung und Übernahme, was wohl auch in einem Prozess enden wird.

In diesem Fall kann eine Beweissicherung von entscheidender Bedeutung sein. Nach dem Gesetz gilt, dass der Werklohn erst nach Behebung des letzten Mangels fällig ist. Das gilt auch für Teilzahlungen bzw. einzelne Bauabschnitte. Der oberste Gerichtshof (OGH) erlaubt die Zurückbehaltung des *gesamten* Werklohns auch bei minimalen Mängeln bis zur „Schikanegrenze“. Die liegt in etwa bei zwei bis fünf Prozent des Werklohns.

Die gerichtliche Beweissicherung kann auch vor Beginn eines Rechtsstreits beim zuständigen Bezirksgericht beantragt werden. Der Antrag sollte zweckmäßig vom Rechtsanwalt eingebracht werden. Die Kosten von in etwa 2.000 bis 3.000 Euro tragen Sie als Antragsteller. Das Beweissicherungsverfahren erfolgt in der Regel sehr schnell, das Gericht bestellt innerhalb weniger Tage den Sachverständigen. Die „Beweissicherung nach § 384 Abs.2 ZPO“ dient aber nur zur Feststellung des gegenwärtigen Zustands. Die Erstattung eines Gutachtens über strittige Fragen ist *nicht* Gegenstand eines Beweissicherungsverfahrens.

Aber auch der Vertragspartner hat Zugriff auf den Befund des Gerichtsgutachters. Es kann daher passieren, dass eine „private Beweissicherung“ durch die Anfertigung von Fotografien, die Abgabe einer „eidesstattlichen Erklärung“ oder die Beauftragung eines Privatgutachtens besser für den Verlauf eines späteren Prozesses ist. Mit dem Nachteil, dass man Ihrem Privatgutachter immer die „Befangenheit“ im Sinne eines Parteiengutachters vorwerfen wird. Er wird ja von Ihnen bezahlt, seine Neutralität wird damit gerne angezweifelt.

Gewährleistung und Schadenersatz

Sie haben dem Vertragspartner mehr oder weniger unfreiwillig die Möglichkeit zur Fertigstellung gegeben. In der Hoffnung, dass es ihm doch noch gelingt, Sanierungsmaßnahmen oder Nachweise zur ordentlichen Bauausführung zu erbringen. Doch nichts dergleichen ist passiert, die Risse sind noch da und die Decke beginnt sich auch schon seltsam durchzubiegen. Trotzdem wird die Schlussrechnung gelegt und eine Werkübernahme eingefordert. Sie verweigern diese Übernahme und der Unternehmer kontert mit dem Argument, dass er dann wieder alles abbaut, er habe doch einen Eigentumsvorbehalt vereinbart.

Eigentumsübergang

In unserem Fall handelt es sich um unbewegliche Sachen, da ist der Zeitpunkt der „Vereinigung mit dem Baugrund" maßgeblich. Eigentümer wird dann der Grundeigentümer, dabei ist es egal, ob die Rechnung bezahlt wurde oder nicht. Der relevante Zeitpunkt ist der Moment, in dem die Sache nicht mehr ohne Substanzverlust vom Grundstück entfernt werden kann. Bei der Betondecke wird der Eigentumsübergang dann eintreten, wenn der Beton abgebunden hat. Eine Fußbodenheizung steht laut Rechtsprechung so lange im Eigentum des Bauhandwerkers, bis sie an das Rohrsystem angeschlossen wird.

Relevanter Mängelzeitpunkt

Gewähr muss nur für solche Mängel geleistet werden, die zum Zeitpunkt der Übergabe der Sache vorhanden sind (§ 924, erster Satz ABGB). Mängel, die durch den Gebrauch auftreten und bei der Übergabe noch nicht vorhanden waren, sind keine Gewährleistungsmängel, wobei das zu relativieren ist: Natürlich treten Mängel oft erst während der Nutzung auf, maßgeblich ist dann, ob der Ursprung dieses Mangels bereits während der Übergabe vorhanden war. Der „Übergabezeitpunkt" ist daher besonders maßgeblich!

Sie übernehmen das Werk auch, wenn Sie es bestimmungsgemäß benützen, also einziehen! Von einer Übernahme wird auch ausgegangen, wenn Sie den Werklohn bezahlen. Um hier nicht in eine Falle zu tappen, sollte unbedingt ein Übergabeprotokoll erstellt werden.

Arten von Mängeln

Das Allgemeine Bürgerliche Gesetzbuch (ABGB) unterscheidet zwischen wesentlichen und unwesentlichen wie auch behebbaren und unbehebbaren Mängeln. Wesentlich ist der Mangel, der den Gebrauch der Sache verhindert.

Der Gebrauch ist entweder vertraglich beschrieben oder es wird die Verwendbarkeit in Ermangelung einer bestimmten Vereinbarung nach der „Verkehrsauffassung" beurteilt. Ein Durchbiegen der Decke bei üblicher Belastung oder ständige Putzrisse an der Deckenuntersicht werden als unüblich, in dem Sinne als nicht gebrauchstauglich zu bewerten sein. Es liegt dann ein wesentlicher Mangel vor. Unwesentlich ist ein Mangel dann, wenn er zwar vorhanden ist, aber den Gebrauch der Sache nicht verhindert, sondern nur beeinträchtigt.

Das Gewährleistungsrecht wurde 2002 erneuert, da Österreich die Richtlinie 1999/94/EG umzusetzen hatte. Diese Richtlinie hat grundsätzlich Vorrang gegenüber dem Gesetz. Jedenfalls wird seither nur mehr zwischen „Mängeln" und „geringfügigen Mängeln" unterschieden. Zu Beurteilung ist wie zuvor die Unterscheidung zwischen „behebbaren und unbehebbaren Mängeln" von Bedeutung. Behebbare Mängel sind solche, deren Beseitigung technisch und ohne unverhältnismäßig hohen Aufwand möglich ist. Unbehebbare Mängel sind solche, die technisch nicht oder nur mit unverhältnismäßigem Aufwand beseitigt werden können.

Mängel, die in die Augen fallen – offene Mängel

§ 928 ABGB normiert, dass für Mängel, „die in die Augen fallen", vom Unternehmer keine Gewähr zu leisten ist, es sei denn, der Mangel wurde arglistig verschwiegen oder die Mängelfreiheit wäre ausdrücklich zugesichert worden, wobei ein nur für den Fachmann erkennbarer Mangel kein „offener" Mangel ist. In vielen Werkverträgen wird vereinbart, dass Mängel, die bei der Schlussbegehung oder Übergabe in die Augen fallen, also offenkundig sind, sofort gerügt werden müssen, andernfalls sie als genehmigt gelten. So eine Vereinbarung schränkt die Gewährleistungsrechte eines Verbrauchers ein, sie verstößt damit gegen § 9 Konsumentenschutzgesetz (KSchG) und ist somit unwirksam.

Gewährleistungsansprüche

Sie können je nach Qualität des Mangels folgende Forderungen stellen:

- Wandlung des Vertrages: Sie bewirkt die Auflösung des Vertrags. Es ist jener Zustand herzustellen, der vor Vertragsabschluss vorgelegen hat, was bedeutet, dass der Bauherr sein bezahltes Geld zurückerhält. Der Unternehmer hat sein „Werk" auf eigene Kosten zu entfernen.
- Preisminderung: Diese bezweckt die Herabsetzung des vereinbarten Preises, der Vertrag wird insoweit angepasst. In der Praxis wird der Preisminderungsanspruch oftmals mit der Höhe der marktüblichen Behebungskosten bemessen.

- Mängelbehebung: Diese besteht naturgemäß in einer Verbesserung oder der Nachlieferung des Fehlenden oder im Austausch der mangelhaften Sache.

Auszugsweise dazu § 932 ABGB:

(2) Zunächst kann der Übernehmer nur die Verbesserung oder den Austausch der Sache verlangen, es sei denn, dass die Verbesserung oder der Austausch unmöglich ist oder für den Übergeber, verglichen mit der anderen Abhilfe, mit einem unverhältnismäßig hohen Aufwand verbunden wäre. Ob dies der Fall ist, richtet sich auch nach dem Wert der mangelfreien Sache, der Schwere des Mangels und den mit der Abhilfe für den Übernehmer verbundenen Unannehmlichkeiten.

(3) Die Verbesserung oder der Austausch ist in angemessener Frist und mit möglichst geringen Unannehmlichkeiten für den Übernehmer zu bewirken, (...)

(4) Sind sowohl die Verbesserung als auch der Austausch unmöglich oder für den Übergeber mit einem unverhältnismäßig hohen Aufwand verbunden, so hat der Übernehmer das Recht auf Preisminderung oder, sofern es sich nicht um einen geringfügigen Mangel handelt, das Recht auf Wandlung. Dasselbe gilt, wenn der Übergeber die Verbesserung oder den Austausch verweigert oder nicht in angemessener Frist vornimmt, wenn diese für den Übernehmer mit erheblichen Unannehmlichkeiten verbunden wären oder wenn sie ihm aus triftigen, in der Person des Übergebers liegenden Gründen unzumutbar sind.

Es gilt also der Grundsatz „Vorrang der Verbesserung". Es soll dem Unternehmer die Möglichkeit gegeben werden, den Mangel selbst zu beheben. Allerdings nur einmal. Wenn die Behebung wieder mangelhaft erfolgt, können Sie in einer Ersatzvornahme einen anderen Unternehmer beauftragen. Übrigens müssten Sie dem Unternehmer zu Ihrer Mängelrüge nicht einmal eine Frist zur Behebung setzen. Er müsste von sich aus sofort nach Kenntnis des Mangels tätig werden. Ich rate aber dennoch, sich mit dem Unternehmer auf eine Frist zu einigen.

Nach der Judikatur kann ein an sich behebbarer Mangel als unbehebbar angesehen werden, wenn es der Gewährleistungsverpflichtete trotz mehrfacher Versuche nicht schafft, ihn zu beheben. Darin besteht für einen Generalunternehmer ein beträchtliches Risiko. Funktioniert die Heizung nicht und schafft es der Subunternehmer trotz mehrmaliger Versuche nicht, diese zum Laufen zu bringen, so hätte der Häuslbauer das Recht, diesen technisch an sich behebbaren Mangel als rechtlich unbehebbar anzusehen und vom Vertrag über die Errichtung des gesamten Hauses zurückzutreten (Gartner, „Leitfaden Baustelle und Recht").

Achtung: Die Mängelrüge an den Vertragspartner bewirkt weder eine Verlängerung der Gewährleistungsfrist noch eine Verlängerung der Frist zur

Einbringung der Klage. Ihre Gewährleistungsansprüche müssen durch Klage beim Bezirksgericht eingefordert werden. Ihr Vertragspartner kann aber einer Fristverlängerung zustimmen.

Gewährleistung oder Schadenersatz

Nach Fertigstellung und Übernahme beginnt die Gewährleistung zu laufen. Festgestellte Mängel kann man in einer „Gewährleistungsklage" zur Behebung bringen. Das gilt für die ersten drei Jahre. Nebenbei und bis 30 Jahre danach kann man im Schadenersatzrecht eine „Schadenersatzklage" vor Gericht einbringen. Grundsätzlich bewirkt die Gewährleistung nur die Behebung des Mangels selbst. Im Schadenersatz erwirken Sie die Beseitigung sämtlicher Folgen eines Fehlers. In unserem Fall die De- und Remontage des Fußbodenaufbaus.

Ein Schadenersatzanspruch, der sich auf § 933a ABGB stützt, muss innerhalb der allgemeinen Verjährungsfrist – sohin binnen drei Jahren ab Kenntnis von Schaden und Schädiger, spätestens nach 30 Jahren (§ 1489 ABGB) – geltend gemacht werden.

Gemäß § 933a Abs 1 ABGB kann ein Übernehmer (bei allen entgeltlichen Verträgen, insbesondere bei Kauf- und Werkverträgen) wegen einer vom Übergeber verschuldeten Mangelhaftigkeit der Leistung statt Gewährleistung auch Schadenersatz verlangen.

Wenn die Verbesserung oder der Austausch hingegen unmöglich oder für den Übergeber mit einem unverhältnismäßig hohen Aufwand verbunden sind, aber auch wenn der Übergeber die – *zufolge einer Behebbarkeit des Mangels grundsätzlich mögliche* – Verbesserung verweigert, kann der Übernehmer gemäß § 933a ABGB Geldersatz verlangen. Dieser besteht in der Höhe der Differenz zwischen dem Wert der mangelhaften und jenem der mangelfreien Leistung, so der OGH.

Wenn ein Mangel nur teilweise behebbar ist, ist er als vollständig unbehebbarer Mangel zu qualifizieren und der Übernehmer zum sofortigen Geldersatz berechtigt (vgl. Zöchling-Jud in Kletecka/Schauer, ABGB-ON 1.01, Rz 13 zu § 933a ABGB).

Bei Missachtung des Vorrangs der Naturalrestitution (*„voreilige Selbstvornahme"*) des Übernehmers, das heißt, wenn der Übernehmer dem Übergeber keine zweite Chance gewährt und den Mangel selbst behebt bzw. auf eigene Kosten beheben lässt, besteht dennoch Anspruch auf (*zumindest teilweisen*) Ersatz der Verbesserungskosten. In analoger Anwendung von Anrechnungsregeln wie § 1168 Abs 1 und § 1155 ABGB muss der Übergeber jedoch (nur) jene Kosten ersetzen, die er selbst für die Mängelbehebung aufwenden hätte müssen (vgl. OGH 02.09.2008, 8 Ob 14/08d).

Ersatz „fiktiver Verbesserungskosten"

Damit einher geht auch die Frage, ob der Anspruch auf Ersatz der Verbesserungskosten voraussetzt, dass der Übernehmer die Verbesserung tatsächlich durchführen lässt oder ob er eben auch „fiktive Verbesserungskosten" verlangen kann (vgl. Zöchling-Jud in Kletecka/Schauer, Rz 19 zu § 933a ABGB).

Der OGH vertritt aktuell die Ansicht, dass der Ersatz der Verbesserungskosten nur zuzusprechen ist, wenn der Übernehmer die Verbesserung auch tatsächlich durchführen lässt.

Einen *Sonderfall* stellt jedoch jene Konstellation dar, in der ein Übernehmer die Sache selbst verbessert. In diesem Fall hat der Übernehmer (unter der Voraussetzung, dass die Verbesserung tatsächlich stattfindet) Anspruch auf Ersatz der marktüblichen Verbesserungskosten (vgl. B. Jud, Schadenersatz, 263 f. im Anschluss an Ch. Huber, Schadensberechnung, 200 ff.).

Der Vorteil des „Schadenersatzes statt Gewährleistung" nach § 933a ABGB liegt in einer erheblichen Verlängerung der kurzen Gewährleistungsfristen.

KONTAKTADRESSEN

Schlussendlich bleibt die Hoffnung, dass Sie nie tiefer in die Rechtsmaterie eintauchen müssen. Für den Fall der Fälle führen wir ausgesuchte Personen und Unternehmer in unserer Firmendatenbank an. Bau- und Handwerksbetriebe werden regelmäßig und im Rahmen der Vereinsarbeit überprüft. Baukoordinatoren, Sonderfachleute und Anwälte werden ebenfalls speziell ausgewählt.

http://bauherrenhilfe.org/firmensuche/

Danke

Ich danke Cornel Neata von der Produktionsfirma „ON-Media", er hat mich motiviert, dieses Buch zu schreiben.

Ich danke Martin Gastinger von ATV und Theresa Weiglhofer vom Linde Verlag, mit Ihrer Hilfe hoffe ich auch für die zweite Auflage auf eine entsprechende Verbreitung und Aufklärungsarbeit.

Ich danke auch dem Visionär und Solarteur Wolfgang Gurnhofer, der mir seit vielen Jahren die Welt der erneuerbaren Energien offenbart.

Allen voran danke ich meiner sehr geduldigen Familie und den Kunden, für die ich nicht ganz so gut erreichbar war.

Außerdem bedanke ich mich bei den folgenden Personen/Firmen für die Unterstützung und Zurverfügungstellung von Bildmaterial:
- DI Christian Karner von Karner Consulting (Statik)
- Erich Mathä, Sachverständiger Haustechnik
- Andreas Berger, Sachverständiger Haustechnik
- Univ.-Prof. Gerd Hauser, Universität Kassel
- Karin Banas, ABB AG
- Elisabeth Schindler, ACO GmbH
- Richard Thoma, Archäologischer Dienst GesmbH
- Mag. Stefan Hollaus, Austrotherm GmbH
- Roswitha und Alfred Buschek, Bautenschutz Buschek Gmbh
- Dipl.-Ing. Karl Landl, Büsscher & Hoffmann GmbH
- Gerald Nussbaumer, BWT Austria GmbH, BWT Wassertechnik GmbH
- Ing. Josef Kitzmüller, Dapek Dach- und Abdichtungstechnik GmbH
- Nadine Kiskanoglou, Elk Fertighaus GmbH
- Heinz-Jörg Kasper, MBA, Eternit-Werke Ludwig Hatschek AG
- Ing. Bernd Ludwig, Fenster Ludwig F&T Elementebau GmbH
- Sandra und Ronald Steininger, Hausan Bau GmbH
- Ing. Jaqueline Zibarth, HL Hutterer & Lechner GmbH
- Karin Stirner, KSV1870 Information GmbH
- Günther Schaffelner, helopal – Lottmann Fensterbänke GesmbH
- Mag. Thomas Tischler, MABA Fertighaus GmbH
- Herbert Stadler, Rascor Abdichtungen GmbH

- Julia Busch und Jürgen Hefel, redstone GmbH
- Daniela Pausackl und Michael Buschhoff, Redwell Manufaktur GmbH
- Mag. Christoph Lang, Robert Bosch AG
- Carina Lassel, Saint-Gobain Weber Terranova GmbH
- Martin Peterseil, Schiedel GmbH
- DDI. Wolfgang Schnauer, Schnauer Energie-, Solar- und Umwelttechnik GmbH & Co KG
- August Nussbaumer, Siblik Elektrik GmbH & Co KG / Kaiser Elektro
- Günther Rittinger, SITAS Handelsgesellschaft mbH
- Peter Eichmayer, Synthesa Chemie Gesellschaft m.b.H., Capatect Baustoffindustrie G.m.b.H.
- Gerold Gusenbauer, Thermofeuchtschutz GmbH
- Sarah Opitz & Werner Jandrisits, Triflex GmbH & Co.KG
- Lisa-Johanna Kern, URETEK Injektionstechnik GmbH
- Firma Watterkotte GmbH
- Ing. Gerhard Staudinger & Mag. Nicole Fink, Wienerberger Ziegelindustrie GmbH

Stichworte

E

F

G